新文京開發出版股份有限公司

NEW WCDP

新世紀‧新視野‧新文京 ─ 精選教科書‧考試用書‧專業參考書

New Wun Ching Developmental Publishing Co., Ltd.

New Age · New Choice · The Best Selected Educational Publications — NEW WCDP

物理性

第**9**版

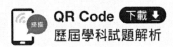
作業環境監測

含甲、乙級技能檢定
學科試題

陳淨修　編著

Physical
Workplace Monitoring

9th Edition

　　物理性危害因子為職場中普遍存在之危害，包括極端溫濕環境、噪音、振動、採光照明、輻射、異常氣壓等，尤其是高溫危害及噪音危害更常見於勞工之職業病中。為改善物理性作業環境，政府規定該等作業環境需定期委由持有甲級或乙級物理性作業環境監測證照人員實施量測，以作為診斷、評估、改善作業環境之依據，確保勞工之身體健康。

　　物理性作業環境監測涉及範圍很廣，限於篇幅，本書僅就證照考試的範疇、溫濕環境監測及噪音監測，有關其相關因子、法規要求、如何量測、計算及評估控制加以整理，希望能提供讀者準備證照之方向。本書共計九章，第一章為物理性作業相關法規，第二章至第四章介紹溫濕環境認知、量測儀器評估方法及控制，第五章至第七章介紹噪音之量測儀器、評估方法及控制，第八章至第九章則特別針對通風監測及照度監測，分別介紹其基本概念、實驗步驟及結果討論，這二章雖非物理性作業環境監測證照考試範圍，但也是職業衛生之重點工作。此外，每章皆附有相關考試考古題可供練習，以期熟能生巧。

　　想要防止職業病發生，硬體上除針對危害源採取工程改善及減少勞工暴露時間外，在軟體上尤其需注意人員之管理以避免人為疏忽，而人為疏忽又與人的觀念、態度、習慣及情緒有關。有鑑於此，本書特於每章後附上心靈加油站，盼對讀者之 EQ 能有提醒、啟發及省思之作用，不僅有知識，更有智慧。

　　此次改版主要增加 111~112 年度相關證照考題、更新資訊，並全面檢視勘誤修正，以利考照。本書雖經多次校正，但匆促付梓之際，疏漏之處在所難免，期望諸賢達先進不吝指正是幸。

陳淨修　謹識

陳淨修

| 學 歷 |

國立中央大學大氣物理研究所碩士、博士

| 經 歷 |

嘉南藥理大學職業安全衛生系　專任副教授

行政院環境保護署綜合計畫處、空保處　技正

| 專 長 |

氣象、環境保護、職業安全衛生法規及管理

| 現 職 |

嘉南藥理大學職業安全衛生系　兼任副教授

| 著 作 |

《物理性作業環境監測》、《化學性作業環境監測》、《危害物質管理》、《職業衛生技師歷年經典題庫總彙》、《工業安全技師歷年經典題庫總彙》、《生命教育》

目 録 CONTENTS

歷屆甲、乙級物測學科試題及解析

PHYSICAL
WORKPLACE MONITORING

物理性危害因子
及相關法規

01
CHAPTER

本章大綱

1.1 危害之分類

勞工於工作場所可能暴露之危害，可分為四類，即化學性(Chemical)危害、物理性(Physical)危害、生物性(Biological)及人體工學(Ergonomics)危害，各危害因子類別，則如圖 1.1 所示，茲分述如後：

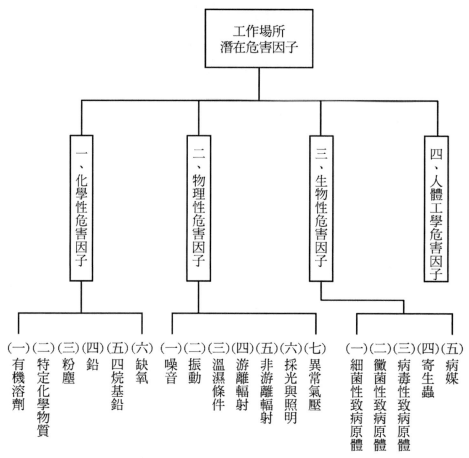

● 圖 1.1　工作場所潛在危害因子

一、化學性危害

由化學物質所造成之危害，據美國標準協會(American Standards Institute, ASI)將危害性化學物質如粉塵、燻煙、霧滴、蒸氣和氣體等定義如下：

(一) 粉　塵

粉塵(dust)係一種由固體微粒所組成的物質，這種微粒之粒徑十分微小，依粒徑大小可分吸入性粉塵、胸腔性粉塵、呼吸性粉塵。

(二) 燻　煙

燻煙(fume)係一種由氣態凝結而成的固體微粒，大都伴隨燃燒，這種微粒，小得只能在顯微鏡下才看得出來。

(三) 霧　滴

霧滴(mist)係懸浮於空氣中極微小的液滴，常經由如噴霧等機械方法所形成或由氣態凝結而成，例如：硫酸霧滴、農藥霧滴。

(四) 蒸　氣

蒸氣(vapor)係一種在常態下易揮發為氣態之液體或固體物質，例如：有機溶劑等。

(五) 氣　體

氣體(gas)係一種物質能均勻擴散於其被圍之空間者，例如：二氧化硫、二氧化碳等。

二、物理性危害

物理性危害(physical stresses)係指一些非物質或能量因子所造成之危害，如圖1.2 所示，包括：

(一) 異常的溫度、濕度。

(二) 噪音。

(三) 振動。

(四) 採光照明不適當。

(五) 游離和非游離輻射。

(六) 異常氣壓。

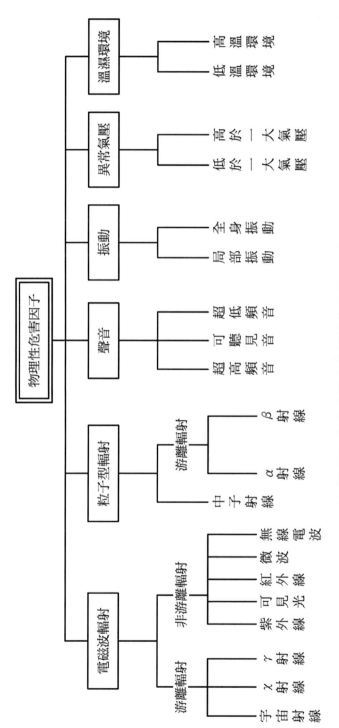

● 圖 1.2 作業環境中物理性危害因子分類

(一) 異常之溫濕危害

某些類別的工作場所，易因溫度、濕度偏高或偏低，致勞工不舒服而衍生熱危害或低溫危害，故溫濕之妥善控制亦為工作場所中重要之衛生管理因素。

(二) 噪音危害

噪音普遍存在於各種環境、職場中，尤其是後者，勞工過度暴露噪音環境的結果會造成永久性的聽力損失。職場中各種機械、設備所發出之頻率高低、音量大小對人耳之影響差別甚大，人耳對低頻較不易感知，而對高頻較敏感，因此，如何量測區分各機械設備之頻率，亦為噪音控制之重要因素。

(三) 振動危害

1. 全身振動

立姿工作台或地面之振動會由腳傳至全身，而坐姿時則由臀部傳至身體，傳遞至人體之振動可能與不同部位之器官產生共振現象而引起不適，例如：頭痛、頭暈、噁心、嘔吐等。

2. 局部振動

長時間操作振動手工具如破碎機、鏈鋸等，振動會對操作勞工的手部神經及血管造成傷害，發生手指蒼白、麻痺、疼痛、骨質疏鬆等症狀，稱為白指病或白手病，一般高海拔寒冷地區操作鏈鋸之伐木工人較易罹患。

(四) 採光照明

良好的採光照明條件可避免視覺疲勞、增進工作效率、減少失誤率，亦可降低事故發生機會。

1. 照明要件

(1) 量的要求

照度過低易導致視覺疲勞，工作失誤增加，照度過高除浪費能源外，亦會造成視覺疲勞，因此不同之工作場所，各有其適量之照度要求，在《職業安全衛生設施規則》中，對不同場所之人工照明有詳明規定，例如：辦公場所需 300 米燭光以上的照度、室外走道的照度為 20 米燭光。

(2) 質的要求

① 光源色彩以接近自然日光為優。

② 視野內要避免有刺眼光點或光源。

③ 視野內之照度分布要均勻。

④ 工作面上應有適當陰影。

（五）輻射危害

1. 游離輻射之危害

能使物質產生游離現象之輻射能稱為游離輻射，係指輻射具有的能量約在 10,000 伏特以上，10,000 伏特以下，則稱為非游離輻射。常見之游離輻射為 α、β、γ、X 射線及中子射線等。游離輻射對人體主要危害為造血器官如骨髓、脾臟、淋巴以及性腺等。若長期低劑量暴露，亦可能造成細胞染色體突變或致癌。

2. 非游離輻射之危害

(1) 紅外線：常由灼熱物體產生，如眼睛經常直視紅熱物體易導致白內障，高溫作業場所易有紅外線產生。

(2) 紫外線：會破壞眼角膜，引起角膜炎、皮膚暴露過久會導致紅斑，甚至皮膚癌。焊接作業為最常暴露之工作。

(3) 微波：微波對水分之熱效應極強，可穿透肌肉組織造成人體深部蛋白質之凝結，對眼睛亦可能造成白內障。

(4) 雷射：為高能量光線，可能為可見光，亦可視為不可見光，但皆具有高度熱效應，被高能雷射照射後會產生類似灼傷之結果。

（六）異常氣壓之危害

人類暴露於異常氣壓之環境如潛水作業、高壓室內作業環境，會使體內之血液溶氮量增加、產生麻醉作用，稱為氮醉症；當減壓時，若減壓時間不足，將使血液中飽和之氮氣形成氣泡於關節或其他部位而發生栓塞之症狀，稱為減壓症或空氣栓塞症。異常氣壓作業最重要的是控制作業及減壓時間，使血中之氮氣能充分釋出。

三、生物性危害

係指任何有生命之物質所引起之傷害或疾病者，包括：

（一）各種致病之微生物有

1. **細菌**：如因處理罹病動物的毛髮或皮革而致接觸（由皮膚傷口進入）或吸入炭疽桿菌而發生的炭疽病。

2. **病毒**：如醫護人員因有較多機會接觸患者的血液、分泌物或排泄物而致較常人易罹患 B 型肝炎。

3. **衣形病毒**：如家禽和其他鳥類飼養者，因吸入禽類已乾的排泄物而致罹患的飼鳥病。

4. **立克次體**：如屠宰場和牛奶場工作者，吸入病獸的胎盤和產液所污染的粉塵而罹患的 Q 熱症。

5. **黴菌**：如農夫以雞糞或含有大量有機物之堆肥施肥，而吸入被蝙蝠、雞和其他鳥類排泄物污染的土壤中所含的夾膜組織漿菌，而罹患的組織漿菌病。

6. **寄生蟲**：如礦工較易罹患之鉤蟲病。

(二) 動植物、動植物製品，包括樹木、花草、木材、木屑和皮膚等

有些動植物會分泌或內含毒液，可致病菌或致癌。但其致病或致癌之物，卻乃屬某種化學品，因此生物性危害和化學性危害彼此有些重疊。即使如細菌和微菌等，有時也可視為有生命的有機粉塵生物氣懸膠(Aerosol)。

四、人體工學(Ergonomics)危害

按國際勞工組織（International Labor Organization，簡稱 ILO）對人體工學所下之定義為：「人體工學乃為應用人體生物科學及各種工程科學，來達成人與其工作間最好的相互調合，其效益可用人體的工作效率和舒適感的觀點予以度量」，由此定義，可知人體工學危害包括：
(一) 工具和作業場所之設計不良。
(二) 不正確提舉和搬運。
(三) 採光不良。
(四) 在不適當的姿勢下作重覆性的動作。
(五) 單調而令人生厭的工作。

簡言之，人體工學就是設計工具、工作站、工作環境及人機介面等來符合人的能力，而非以人來適應工作。

1.2 物理性危害因子相關法規

《職業安全衛生法》立法之目的在保障工作者之安全與健康，避免職業災害之發生，因此有關職業安全與健康之保護設施在《職業安全衛生法》及其附屬法規中有詳盡的規範，而作業環境監測之實施僅為其中免於作業勞工過分暴露，維持良好工作條件之一環。惟作業環境監測之實施，應先就作業環境實施調查，以確認存在之危害因子，再確定實施監測之目的為何？目的是為瞭解勞工之暴露實況，或作業環境之品質狀況，或是要瞭解控制設備之能力。如此始能針對實際需要作有效率的規劃、選擇適用監測儀器設備，才能達到實施作業環境監測之積極目的。因此物理

性因子作業環境監測相關之職業安全衛生法規，除了《職業安全衛生法》及其施行細則外，尚包括了下列與認知、評估、控制相關的法規：

1. 勞工作業環境監測實施辦法。

2. 職業安全衛生設施規則。

3. 高溫作業勞工作息時間標準。

4. 勞工健康保護規則。

1.3　勞工作業環境監測實施辦法

　　《勞工作業環境監測實施辦法》為中央主管機關依據《職業安全衛生法》之授權訂定，以為作業環境監測標準及監測人員資格之規範。除本辦法應實施作業環境監測之項目列為勞工作業環境監測之範圍外，其他職業安全衛生法規規定雇主應監測或勞工暴露不得超過規定而須實施作業環境監測始能判定者，如有缺氧之虞、工作場所之事前監測、作業場所有引火性液體之蒸氣或可燃性氣體之滯留而有爆炸、火災之虞者，作業前之監測及採光、照明之監測等未納入勞工作業環境監測實施辦法中者，視為自動檢查之一部分，仍應依各相關法規規定辦理。

1.3.1　作業環境監測意義

　　指為掌握勞工作業環境實態與評估勞工暴露狀況，所採取之規劃、採樣、監測及分析之行為。

1.3.2　作業環境監測分類、監測項目及期限

一、化學性因子作業環境監測

(一) 設置中央管理方式之空氣調節設備之建築物室內作業場所，應每六個月監測二氧化碳濃度一次以上。

(二) 礦場地下礦物之試掘、採掘場所；隧道掘削之建設工程之場所；礦場地下礦物之試掘、採掘或建設工程之場所已完工或通行之地下通道等坑內作業場所，應每六個月監測粉塵、二氧化碳濃度一次以上。

(三) 《粉塵危害預防標準》所稱特定粉塵作業場所，應每 6 個月或作業條件改變時監測粉塵濃度一次以上。

(四) 《有機溶劑中毒預防規則》所稱之下列有機溶劑之室內作業場所及其他中央主管機關指定之有機溶劑作業場所，應每六個月監測濃度一次以上。

應實施作業環境監測之有機溶劑為三氯乙烷、1.1.2.2.-四氯乙烷、四氯化碳、1.2.-二氯乙烯、1.2.-二氯乙烷、二硫化碳、三氯乙烯、丙酮、異戊醇、異丁醇、異內醇、乙醚、乙二醇乙醚醋酸、鄰－二氯苯、二甲苯、甲酚、氯苯、乙酸戊酯、乙酸異戊酯、乙酸異丁酯、乙酸異丙酯、乙酸乙酯、乙酸丙酯、乙酸丁酯、乙酸甲酯、苯乙烯、1.4.-二氧六環、四氯乙烯、環己醇、環己酮、1.-丁醇、2-丁醇、甲苯、二氯甲烷、甲醇、甲基異丁酮、甲基環己醇、甲基環己酮、甲丁酮、1.1.1.-三氯乙烷、1.1.2.-三氯乙烷、丁酮、二甲基甲醯胺、四氫呋喃、正己烷等。

(五) 製造、處置或使用《特定化學物質危害預防標準》所稱之下列特定化學物質之室內作業場所暨其他經中央主管機關指定者，應每六個月監測其濃度一次以上。

應實施作業環境監測之特定化學物質為二氯聯苯胺及其鹽類、α－萘胺及其鹽類、鄰－二甲基聯苯胺及其鹽類、二甲氧基聯苯胺及其鹽類、鈹及其化合物、多氯聯苯、次乙亞胺、氯乙烯、苯、丙烯、氯、氰化氫、溴化甲烷、二異氰酸甲苯、對一硝基氯苯、氟化氫、碘化甲烷、硫化氫、硫酸二甲酯、石綿、鉻酸及其鹽類、煤焦油、三氧化二砷、鎘及其化合物、氰化鉀、氰化鈉、汞及其無機化合物、五氯化酚及其鈉鹽、錳及其化合物等。

(六) 接近煉焦爐或於其上方從事煉焦之場所，應每六個月監測溶於苯之煉焦爐生成物之濃度一次以上。

(七) 《鉛中毒預防規則》所稱鉛作業之室內作業場所，應每一年監測鉛濃度一次以上。

(八) 《四烷基鉛中毒預防規則》所稱四烷基鉛作業之室內作業場所，應每一年監測四烷基鉛濃度一次以上。

(九) 其他經中央主管機關指定者。

二、物理性因子作業環境監測

(一) 勞工噪音暴露工作日，8 小時日時量平均音壓級 85 分貝以上之作業場所，應每 6 個月監測噪音一次以上。

（二）下列之一之作業場所，其勞工工作日時量平均綜合溫度熱指數超過中央主
管機關規定值時，應每三個月監測綜合溫度熱指數一次以上。

1. 於鍋爐房或爐間從事工作之作業場所。

2. 灼熱鋼鐵或其他金屬條塊壓軋及鍛造之作業場所。

3. 鑄造間處理熔融鋼鐵或其他金屬之作業場所。

4. 鋼鐵或其他金屬物料加熱或熔爐高溫溶料之作業場所。

5. 處理搪瓷、玻璃、電石及熔爐高溫熔料之作業場所。

6. 蒸氣火車、輪船機房從事工作之作業場所。

7. 從事蒸氣操作、燒窯等之作業場所。

8. 其他經中央主管機關指定者。

以上場所如臨時性作業、作業時間短暫或作業期間短暫之作業場所不在此限。

1. **臨時性作業**：指正常作業以外之作業，其作業期間不超過 3 個月，且 1 年內不
再重複者。

2. **作業時間短暫**：指雇主使勞工每日作業時間在 1 小時以內者。

3. **作業期間短暫**：指作業期間不超過 1 個月，且確知該作業終了日起 6 個月，不
再實施該作業者。

1.3.3　實施作業環境監測之人員或機構

1. 雇用乙級以上作業環境監測人員辦理。

2. 委由執業之工礦衛生技師辦理。

3. 委由經中央主管機關認可之作業環境監測機構辦理。
   (1) 作業環境監測機構應有固定事務所，並經中央主管機關認可。
   (2) 須設有 3 人以上甲級作業環境監測人員。

1.3.4　作業環境監測人員之分類

1. 化學性因子作業環境監測
   (1) 甲級化學性因子作業環境監測人員。
   (2) 乙級化學性因子作業環境監測人員。

2. 物理性因子作業環境監測
   (1) 甲級物理性因子作業環境監測人員。
   (2) 乙級物理性因子作業環境監測人員。

1.3.5 作業環境監測人員應具備之資格

1. 甲級物理性（化學性）因子作業環境監測人員應具有下列資格之一者：
   (1) 領有工礦衛生技師證書者。
   (2) 領有中央主管機關發給作業環境監測服務人員證明並經講習者。
   (3) 領有物理性（化學性）因子作業環境監測甲級技術士證照者。

2. 乙級物理性（化學性）因子作業環境監測人員應具之資格如下：
   領有物理性（化學性）因子作業環境監測乙級技術士證照者。

1.3.6 參加作業環境監測技術技能檢定之資格要件

1. 具有下列資格者得參加物理性（化學性）因子作業環境監測甲級技術士技能檢定。
   (1) 專科以上學校畢業曾修習物理性（化學性）因子作業環境監測相關課程 9 學分（12 學分）以上者。
   (2) 專科以上學校理、工、農、醫科系畢業，參加中央主管機關核備之甲級物理性（化學性）因子作業環境監測訓練結業者。
   (3) 具物理性（化學性）因子作業環境監測乙級技術士資格，且有現場五年以上作業環境監測經驗，並經中央主管機關核備之甲級物理性（化學性）因子作業環境監測訓練結業者。

2. 具有下列資格者得參加物理性（化學性）因子作業環境監測乙級技術士技能檢定：
   高中（職）以上學校畢業或普通考試及格，參加中央主管機關核備之乙級物理性（化學性）因子作業環境監測訓練結業者。參加物理性因子作業環境監測甲級技術士技能檢定相關課程及其認定之最高學分數如表 1.1 所示。

表 1.1　作業環境監測技能檢定相關課程及其最高學分認定標準表

相關課程名稱	認定之最高學分數
一、　工業衛生概論或工業衛生學或工業衛生	3 學分
二、　噪音學	3 學分
三、　作業環境監測	3 學分
四、　作業環境監測實習（或實驗）	3 學分
五、　普通物理	2 學分
六、　工業通風	2 學分
七、　生理學或勞動生理學	2 學分
八、　勞工衛生管理或衛生管理實務	2 學分
九、　人體工學或人因工程	2 學分
十、　其他經中央主管機關指定	1 學分

1.3.7　作業環境監測人員及機構之管理

監測機構應具備下列資格條件：

1. 必要之採樣及監測儀器設備。

2. 3 人以上甲級監測人員或 1 人以上執業工礦衛生技師。

3. 專屬之認證實驗室。

4. 2 年內未經撤銷或廢止認可。

作業環境監測機構辦理前項申請時，應檢附下列文件：

1. 申請書及機構設立登記或執業證明文件。

2. 採樣及監測儀器設備清單。

3. 作業環境監測人員名冊及資格證明影本。

4. 認證實驗室及化驗分析類別之合格證明文件影本。

5. 委託或設置實驗室之證明文件影本。

6. 具結符合第十四條第四款之情事。

7. 其他經中央主管機關規定者。

1.3.8 作業環境監測實施、紀錄及管理

1. 雇主實施作業環境監測前，應就作業環境危害特性及中央主管機關公告之相關指引，規劃採樣策略，並訂定含採樣策略之作業環境監測計畫確實執行，並依實際需要檢討更新。前項監測計畫，雇主應於作業勞工顯而易見之場所公告或以其他公開方式揭示之，必要時應向勞工代表說明。雇主於實施監測 15 日前，應將監測計畫依中央主管機關公告之網路登錄系統及格式，實施通報。但依前條規定辦理之作業環境監測者，得於實施後 7 日內通報。前條監測計畫，應包括下列事項：

   (1) 危害辨識及資料收集。

   (2) 相似暴露族群之建立。

   (3) 採樣策略之規劃及執行。

   (4) 樣本分析。

   (5) 數據分析及評估。

2. 事業單位從事特別危害健康作業之勞工人數在 100 人以上，或依本辦法規定應實施化學性因子作業環境監測，且勞工人數 500 人以上者，監測計畫應由下列人員組成監測評估小組研訂之：

   (1) 工作場所負責人。

   (2) 依職業安全衛生管理辦法設置之職業安全衛生人員。

   (3) 受委託之執業工礦衛生技師。

   (4) 工作場所作業主管。

3. 雇主實施作業環境監測時，應設置或委託監測機構辦理。但監測項目屬物理性因子或得以直讀式儀器有效監測之下列化學性因子者，得僱用乙級以上之監測人員或委由執業之工礦衛生技師辦理：

   (1) 二氧化碳。

   (2) 二硫化碳。

   (3) 二氯聯苯胺及其鹽類。

   (4) 次乙亞胺。

   (5) 二異氰酸甲苯。

   (6) 硫化氫。

   (7) 汞及其無機化合物。

   (8) 其他經中央主管機關指定公告者。

4. 雇主所定監測計畫，實施作業環境監測時，應會同職業安全衛生人員及勞工代表實施。監測結果記錄，應保存三年。但屬二氯聯苯胺及其鹽類、α-萘胺及其鹽鹽類、鄰－二甲基聯基胺及其鹽類、二甲氧基聯苯胺及其鹽類、鈹及其化合物、次乙亞胺、氯乙烯、苯、石綿、煤焦油及三氧化二砷等特定管理物質之監測紀錄應保存三十年；粉塵之監測紀錄應保存十年。監測結果，雇主應於作業勞工顯而易見之場所公告或以其他公開方式揭示之，必要時應向勞工代表說明。

   雇主應於採樣或監測後 45 日內完成監測結果報告，通報至中央主管機關指定之資訊系統。所通報之資料，主管機關得作為研究及分析之用。

5. 作業環境監測機構或工礦衛生技師於執行作業環境監測 24 小時前，應將預定辦理作業環境監測之行程，依中央主管機關公告之網路申報系統辦理登錄。

6. 監測機構應訂定作業環境監測之管理手冊，並依管理手冊所定內容，記載執行業務及實施管理，相關紀錄及文件應保存 3 年。

7. 作業環境監測機構之甲級作業環境監測人員及執業工礦衛生技師，應參加中央主管機關認可之各種勞工作業環境監測相關講習會、研討會或訓練，每年不得低於 12 小時。

⚒ 1.4 職業安生衛生設施規則衛生相關規定

　　《職業安全衛生設施規則》適用於所有事業，一般安全衛生相關事項均有其規定，與物理性環境有關者如下：

1. 雇主對於處理有害物，或勞工暴露於強烈噪音、振動、超音波及紅外線、紫外線、微波、雷射、射頻波等非游離輻射或因生物病原體污染等之有害作業場所，應去除該危害因素，採取使用代替物、改善作業方法或工程控制等有效之設施。

2. 雇主應於明顯易見之處所標明，並禁止非從事作業有關之人員進入下列工作場所：
   (1) 處置大量高熱物體或顯著濕熱之場所。
   (2) 處置大量低溫物體或顯著寒冷之場所。
   (3) 強烈微波、射頻波或雷射等非游離輻射之場所。
   (4) 氧氣濃度未滿 18%之場所。

(5) 有害物超過容許濃度之場所。

(6) 處置特殊有害物之場所。

(7) 生物病原體顯著污染之場所。

3. 雇主對於發生噪音之工作場所，應依下列規定辦理：

(1) 勞工工作場所因機械設備所發生之聲音超過 90 分貝時，雇主應採取工程控制，減少勞工噪音暴露時間，使勞工噪音暴露工作日 8 小時時量平均不得超過表 1.2 所列之規定值或相當之劑量值，且任何時間不得暴露於峰值超過 140 分貝之衝擊性噪音或 115 分貝之連續性噪音；對於勞工工作日 8 小時時量平均音壓級超過 85 分貝或暴露劑量超過 50%時，雇主應使勞工戴用有效之耳塞、耳罩等防音防護具。

① 勞工暴露之噪音壓級及其工作日容許暴露時間如表 1.2。

表 1.2 音壓級及工作日容許暴露時間

工作日容許暴露時間（小時）	A 權噪音音壓級 dBA
16	85
8	90
6	92
4	95
3	97
2	100
1	105
$\frac{1}{2}$	110
$\frac{1}{4}$	115

② 勞工工作日暴露於二種以上之連續性或間歇性音壓級之噪音時，其噪音劑量之計算方法為：

$$\frac{第一種噪音音壓級之暴露時間}{該噪音音壓級對應容許暴露時間} + \frac{第二種噪音音壓級之暴露時間}{該噪音音壓級對應容許暴露時間} + \ldots = 1$$

其和大於 1 時，即屬超出容許暴露劑量。

③ 監測勞工 8 小時日時量平均音壓級時，應將 80 分貝以上之噪音以增加 5 分貝降低容許暴露時間一半之方式納入計算。

    (2) 工作場所之傳動馬達、球磨機、空氣鑽等產生強烈噪音之機械，應予以適當之隔離，並與一般工作場所分開為原則。

    (3) 發生強烈振動及噪音之機械應採消音、密閉、振動隔離、或使用緩衝阻尼、慣性塊、吸音材料等，以降低噪音之發生。

    (4) 噪音超過 90 分貝之工作場所，應標示並公告噪音危害之預防事項，使勞工周知。

4. 雇主對於勞工八小時日時量平均音壓級超過 85 分貝或暴露劑量超過 50% 之工作場所，應採取下列聽力保護措施，作成執行紀錄並留存 3 年：

    (1) 噪音監測及暴露評估。

    (2) 噪音危害控制。

    (3) 防音防護具之選用及佩戴。

    (4) 聽力保護教育訓練。

    (5) 健康檢查及管理。

    (6) 成效評估及改善。

前項聽力保護措施，事業單位勞工人數達一百人以上者，雇主應依作業環境特性，訂定聽力保護計畫據以執行；於勞工人數未滿一百人者，得以執行紀錄或文件代替。

5. 雇主僱用勞工從事振動作業，應使勞工每天全身振動暴露時間不得超過下列各款之規定：

    (1) 垂直振動三分之一八音度頻帶中心頻率（單位為赫、Hz）之加速度(m/s^2)，不得超過表 1.3 規定之容許時間。

    (2) 水平振動三分之一八音度頻帶中心頻率之加速度，不得超過表 1.4 規定之容許時間。

表 1.3　垂直方向全身振動暴露最大加速度值

加速度 m/s² ＼ 容許時間 1/3 八音度頻帶中心頻率	8 小時	4 小時	2.5 小時	1 小時	25 分	16 分	1 分
1.0	1.26	2.12	2.80	4.72	7.10	8.50	11.20
1.25	1.12	1.90	2.52	4.24	6.30	7.50	10.00
1.6	1.00	1.70	2.24	3.80	5.60	6.70	9.00
2.0	0.90	1.50	2.00	3.40	5.00	6.00	8.00
2.5	0.80	1.34	1.80	3.00	4.48	5.28	7.10
3.15	0.710	1.20	1.60	2.64	4.00	4.70	6.30
4.0	0.630	1.06	1.42	2.36	3.60	4.24	5.60
5.0	0.630	1.06	1.42	2.36	3.60	4.24	5.60
6.3	0.630	1.06	1.42	2.36	3.60	4.24	5.60
8.0	0.630	1.06	1.42	2.36	3.60	4.24	5.60
10.0	0.80	1.34	1.80	3.00	4.48	5.30	7.10
12.5	1.00	1.70	2.24	3.80	5.60	6.70	9.00
16.0	1.26	2.12	2.80	4.72	7.10	8.50	11.20
20.0	1.60	2.64	3.60	6.00	9.00	10.60	14.20
25.0	2.00	3.40	4.48	7.50	11.20	13.40	18.00
31.5	2.50	4.24	5.60	9.50	14.20	17.00	22.4
40.0	3.20	5.30	7.10	12.00	18.00	21.2	28.0
50.0	4.00	6.70	9.00	15.00	22.4	26.4	36.0
63.0	5.00	8.50	11.20	19.00	28.0	34.0	44.8
80.0	6.30	10.60	14.20	22.16	36.0	42.4	54.0

表 1.4 水平方向全身振動暴露最大加速度值

加速度 m/s² / 1/3 八音度頻帶中心頻率	容許時間 8 小時	4 小時	2.5 小時	1 小時	25 分	16 分	1 分
1.0	0.448	0.710	1.00	1.70	2.50	3.00	4.0
1.25	0.448	0.710	1.00	1.70	2.50	3.00	4.0
1.6	0.448	0.710	1.00	1.70	2.50	3.00	4.0
2.0	0.448	0.710	1.00	1.70	2.50	3.00	4.0
2.5	0.560	0.900	1.26	2.12	3.2	3.8	2.0
3.15	0.710	1.120	1.6	2.64	4.0	4.72	6.30
4.0	0.900	1.420	2.0	3.40	5.0	6.0	8.0
5.0	1.120	1.800	2.50	4.24	6.30	7.50	10.0
6.3	1.420	2.24	3.2	5.2	8.0	9.50	12.6
8.0	1.800	2.80	4.0	6.70	10.0	12.0	16.6
10.0	2.24	3.60	5.0	8.50	12.6	15.0	20
12.5	2.80	4.48	6.30	10.60	16.0	19.0	25.0
16.0	3.60	5.60	8.0	13.40	20	23.6	32
20.0	4.48	7.10	10.0	17.0	25.0	30	40
25.0	5.60	9.00	12.6	21.2	32	38	50
31.5	7.10	11.20	16.0	26.4	40	47.2	63.0
40.0	9.00	14.20	20.0	34.0	50	60	80
50.0	11.20	18.0	25.0	42.4	63.0	75	100
63.0	14.20	22.4	32.0	53.0	80	91.4	126
80.0	18.00	28.0	40	67.0	100	120	160

六、雇主僱用勞工從事局部振動作業，應使勞工使用防振把手等之防振設備外，
並應使勞工每日振動暴露時間不超過表 1.5 所規定之時間：

表 1.5 局部振動每日容許暴露時間表

每日容許暴露時間	水平及垂直各方向局部振動最大加速度值 公尺／平方秒（m/s²）
4 小時以上，未滿 8 小時	4
2 小時以上，未滿 4 小時	6
1 小時以上，未滿 2 小時	8
未滿 1 小時	12

1.4.1 溫度及濕度

1. 對於顯著濕熱、寒冷之室內作業場所，對勞工健康有危害之虞者，應設置冷氣、暖氣或採取通風等適當之空氣調節設施。

2. 對於室內作業場所設發散熱大量熱源之熔解爐、爐灶時，應將熱空氣直接排出室外或採取隔離、屏障、換氣或其他防止勞工熱危害之適當措施。

3. 對於已知加熱之窯爐，非在適當冷卻後不得使勞工進入其內部從事作業。

4. 人工濕潤工作場所濕球溫度超過攝氏 27 度，或濕球與乾球溫度相差攝氏 1.4 度以下時，應立即停止人工濕潤。

5. 雇主對坑內之溫度，應保持在攝氏 37 度以下；溫度在攝氏 37 度以上時，應使勞工停止作業。

1.4.2 通風及換氣

1. 勞工經常作業之室內作業場所，除設備及自地面算起高度超過 4 公尺以上之空間不計外，每一勞工原則上應有 10 立方公尺以上空間。

2. 對坑內或儲槽內部作業，應設置適當之機械通風設備。

3. 勞工經常作業之室內作業場，其窗戶及其他開口部分可直接與大氣相通之開口部分面積，應為地板面積之二十分之一以上。

4. 室內作業場所之氣溫在攝氏 10 度以下換氣時，不得使勞工暴露於每秒 1 公尺以上之氣流中。

表 1.6 不同工作場所條件之新鮮空氣量表

工作場所每一勞工 所占立方公尺數	每分鐘每一勞工所需之 新鮮空氣之立方公尺數
未滿 5.7	0.6 以上
5.7 以上，未滿 14.2	0.4 以上
14.2 以上，未滿 28.3	0.3 以上
28.3 以上	0.14 以上

5. 對於勞工工作場所應使空氣充分流通，必要時，應依下列規定以機械通風換氣：
   (1) 應足以調節新鮮空氣、溫度及降低有害物濃度。
   (2) 其換氣標準如表 1.6 所示。

1.4.3 採光照明

1. 對於勞工工作場所之採光照明，應依下列規定辦理：
   (1) 各工作場所須有充足之光線。
   (2) 光線應分布均勻，明暗比並應適當。
   (3) 應避免光線之刺目、眩耀現象。
   (4) 各工作場所窗面面積比率不得小於室內地面面積十分之一。
   (5) 採光以自然採光為原則。但必要時得使用窗簾或遮光物。
   (6) 作業場所面積過大、夜間或氣候因素自然採光不足時，可用人工照明，依表 1.7 所規定予以補足。
   (7) 燈盞裝置應採用玻璃罩及日光燈為原則，燈泡需要完全包蔽於玻璃罩中。
   (8) 窗面及照明器具之透光部分，均須保持清潔。

2. 對於下列場所之照明設備，應保持其適當照明，遇有損壞應即修復：
   (1) 階梯、升降機及出入口。
   (2) 電氣機械操作部分。
   (3) 高壓電氣、配電盤處。
   (4) 高度 2 公尺以上之勞工作業場所。
   (5) 堆積或拆卸作業場所。
   (6) 修護鋼軌或行於軌道上之車輛更換、連接作業場所。
   (7) 其他易因光線不足引起勞工災害之場所。

表 1.7　不同工作場所應補足人工照明之照度及種類

照　度　表		照明種類
場所別或作業別	照明（米燭光數）	場所別採全面照明、作業別採局部照明。
室外走道、及室外一般照明。	20 米燭光以上	全面照明。
一、走道、樓梯、倉庫、儲藏室堆置粗大物件處所。 二、搬運粗大物件，如煤炭、泥土等。	50 米燭光以上	一、全面照明。 二、局部照明。
一、機械及鍋爐房、升降機、裝箱、精細物件儲藏室、更衣室、盥洗室、廁所等。 二、須粗辨物體，如半完成之鋼鐵產品、配件組合、磨粉、粗紡棉布及其他初步整理之工業製造。	100 米燭光以上	一、全面照明。 二、局部照明。
須細辨物體如零件組合、粗車床工作、普通檢查及產品試驗、淺色紡織及皮革品、製罐、防腐、肉類包裝、木材處理等。	200 米燭光以上	局部照明。
一、須精辨物體如細車床、較詳細檢查及精密試驗、分別等級、織布、淺色毛織等。 二、一般辦公場所。	300 米燭光以上	一、局部照明。 二、全面照明。
須極細辨物體，而有較佳之對襯，如精密組合、精細車床、精細檢查、玻璃磨光、精細木工、深色毛織等。	500~1000 米燭光以上	局部照明。
須極精辨物體而對襯不良，如極精細儀器組合、檢查、試驗、鐘錶珠寶之鑲製、菸葉分級、印刷品校對、深色織品、縫製等。	1000 米燭光以上	局部照明。

🔧 1.5 ▶ 勞工健康保護規則

1.5.1 醫護人員臨廠服務

1. 事業單位之同一工作場所，勞工人數在 300 人以上者，應視該場所之規模及性質，分別依表 1.8 與表 1.9 所定之人力配置及臨廠服務頻率，僱用或特約從事勞工健康服務之醫護人員（以下簡稱醫護人員），辦理臨廠健康服務。

表 1.8 從事勞工健康服務之醫師人力配置及臨廠服務頻率表

事業性質分類	勞工人數	人力配置或臨廠服務頻率	備註
第一類	300~999 人	1 次／月	勞工人數超過 6000 人者，其人力配置或服務頻率，應符合下列之一之規定：
	1000~1999 人	3 次／月	一、 每增 6000 人者，增專任從事勞工健康服務醫師 1 人。
	2000~2999 人	6 次／月	
	3000~3999 人	9 次／月	
	4000~4999 人	12 次／月	二、 每增勞工 1000 人，依下列標準增加其從事勞工健康服務之醫師臨廠服務頻率：
	5000~5999 人	15 次／月	
	6000 人以上	專任職業醫學科專科醫師一人	
第二類	300~999 人	1 次／2 個月	(一) 第一類事業：3 次／月
	1000~1999 人	1 次／月	
	2000~2999 人	3 次／月	(二) 第二類事業：2 次／月
	3000~3999 人	5 次／月	
	4000~4999 人	7 次／月	(三) 第三類事業：1 次／月
	5000~5999 人	9 次／月	
	6000 人以上	12 次／月	
第三類	300~999 人	1 次／3 個月	
	1000~1999 人	1 次／2 個月	
	2000~2999 人	1 次／月	
	3000~3999 人	2 次／月	
	4000~4999 人	3 次／月	
	5000~5999 人	4 次／月	
	6000 人以上	6 次／月	

表 1.9　從事勞工健康服務之護理人員人力配置表

勞工 作業別及人數		特別危害健康作業勞工人數			備註
		0~99	100~299	300 以上	所置專任護理人員應為僱用及專職，不得兼任其他與勞工健康服務無關之工作。
勞工人數	1~299		專任 1 人		勞工總人數超過 6000 人以上者，每增加 6000 人，應增加專任護理人員至少 1 人。
	300~999	專任 1 人	專任 1 人	專任 2 人	
	1000~2999	專任 2 人	專任 2 人	專任 2 人	事業單位設置護理人員數達 3 人以上者，得置護理主管一人。
	3000~5999	專任 3 人	專任 3 人	專任 4 人	
	6000 以上	專任 4 人	專任 4 人	專任 4 人	

2. 前項工作場所從事特別危害健康作業之勞工人數在 100 人以上者，應另僱用或特約職業醫學科專科醫師每月臨廠服務一次，300 人以上者，每月臨廠服務二次。

3. 特別危害健康作業如表 1.10：

表 1.10　特別危害健康作業名稱表

項次	作業名稱
一	高溫作業勞工作息時間標準所稱之高溫作業。
二	勞工噪音暴露工作日 8 小時日時量平均音壓級在 85 分貝以上之噪音作業。
三	游離輻射作業。
四	異常氣壓危害預防標準所稱之異常氣壓作業。
五	鉛中毒預防規則所稱之鉛作業。
六	四烷基鉛中毒預防規則所稱之四烷基鉛作業。
七	粉塵危害預防標準所稱之粉塵作業。
八	有機溶劑中毒預防規則所稱之下列有機溶劑作業： (一) 1, 1, 2, 2-四氯乙烷。 (二) 四氯化碳。 (三) 二硫化碳。 (四) 三氯乙烯。 (五) 四氯乙烯。 (六) 二甲基甲醯胺。 (七) 正己烷。

表 1.10 特別危害健康作業名稱表（續）

項次	作業名稱
九	製造、處置或使用下列特定化學物質或其重量比（苯為體積比）超過 1% 之混合物之作業： （一）聯苯胺及其鹽類。 （二）4-胺基聯苯及其鹽類。 （三）4-硝基聯苯及其鹽類。 （四）β-萘胺及其鹽類。 （五）二氯聯苯胺及其鹽類。 （六）α-萘胺及其鹽類。 （七）鈹及其化合物（鈹合金時，以鈹之重量比超過 3% 者為限）。 （八）氯乙烯。 （九）2, 4-二異氰酸甲苯或 2, 6-二異氰酸甲苯。 （十）4, 4-二異氰酸二苯甲烷。 （十一）二異氰酸異佛爾酮。 （十二）苯。 （十三）石綿（以處置或使用作業為限）。 （十四）鉻酸及其鹽類。 （十五）砷及其化合物。 （十六）鎘及其化合物。 （十七）錳及其化合物（一氧化錳及三氧化錳除外）。 （十八）乙基汞化合物。 （十九）汞及其無機化合物。
十	黃磷之製造、處置或使用作業。
十一	聯吡啶或巴拉刈之製造作業。
十二	其他經中央主管機關指定之作業： （一）鎳及其化合物之製造、處置或使用作業（混合物以鎳所占重量超過 1% 者為限）。

4. 雇主應使醫護人員臨廠服務辦理下列事項：

   (1) 勞工體格（健康）檢查結果之分析與評估、健康管理及資料保存。勞工之健康教育、健康促進與衛生指導之策劃及實施。

   (2) 協助雇主選配勞工從事適當之工作。工作相關傷病之防治、健康諮詢與急救及緊急處置。

(3) 辦理健康檢查結果異常者之追蹤管理及健康指導。

(4) 辦理未滿 18 歲勞工、有母性健康危害之虞之勞工、職業傷病勞工與職業健康相關高風險勞工之評估及個案管理。

(5) 職業衛生或職業健康之相關研究報告及傷害、疾病紀錄之保存。

(6) 勞工之健康教育、衛生指導、身心健康保護、健康促進等措施之策劃及實施。

(7) 工作相關傷病之預防、健康諮詢與急救及緊急處置。

(8) 定期向雇主報告及勞工健康服務之建議。

(9) 其他經中央主管機關指定公告者。

5. 為辦理前條第四款及第七款業務,雇主應使醫護人員配合職業安全衛生及相關部門人員訪視現場,辦理下列事項:

(1) 辨識與評估工作場所環境、作業及組織內部影響勞工身心健康之危害因子,並提出改善措施之建議。

(2) 提出作業環境安全衛生設施改善規劃之建議。

(3) 調查勞工健康情形與作業之關連性,並採取必要之預防及健康促進措施。

(4) 提供復工勞工之職能評估、職務再設計或調整之諮詢及建議。

(5) 其他經中央主管機關指定公告者。

1.5.2 急救有關事項

1. 事業單位應參照工作場所大小、分布、危險狀況及勞工人數,備置足夠急救藥品及器材,並置合格急救人員辦理急救事宜。

2. 急救人員不得有失聰、兩眼裸視或矯正視力後均在 0.6 以下失能及健康不良等,足以妨礙急救情形並具下列資格之一:

(1) 醫護人員。

(2) 經職業安全衛生教育訓練規則所定急救人員之安全衛生教育訓練合格。

(3) 緊急醫療救護法所定救護技術員。

3. 急救人員,每一輪班次應至少置 1 人、勞工人數超過 50 人者,每增加 50 人,應再置 1 人。急救人員因故未能執行職務時,雇主應即指定合格者,代理其職務。

1.5.3 體格檢查與健康檢查

1. 雇主僱用勞工時，應就下列規定項目實施一般體格檢查：
   (1) 作業經歷、既往病史、生活習慣及自覺症狀之調查。
   (2) 身高、體重、腰圍、視力、辨色力、聽力、血壓及身體各系統或部位之理學檢查。
   (3) 胸部 X 光（大片）攝影檢查。
   (4) 尿蛋白及尿潛血之檢查。
   (5) 血色素及白血球數檢查。
   (6) 血糖、血清丙胺酸轉胺酶(ALT)、肌酸酐(creatinine)、膽固醇、三酸甘油酯、高密度脂蛋白膽固醇之檢查。
   (7) 其他經中央主管機關指定之檢查。

   體格檢查紀錄應至少保存七年。

2. 雇主對在職勞工，應依下列規定，定期實施一般健康檢查：
   (1) 年滿 65 歲以上者，每年檢查一次。
   (2) 年滿 40 歲以上未滿 65 歲者，每 3 年檢查一次。
   (3) 未滿 40 歲者，每 5 年檢查一次。

   一般健康檢查紀錄應至少保存 7 年。

3. 從事特別危害健康作業，應於其受僱或變更作業時，實施各該特定項目之特殊體格檢查。檢查紀錄應保存 10 年以上。但游離輻射、粉塵、三氯乙烯、四氯乙烯作業之勞工及聯苯胺及其鹽類、4-胺基聯苯及其鹽類、4-硝基聯苯及其鹽類、β-萘胺及其鹽類、二氯聯苯胺及其鹽類、α-萘胺及其鹽類、鈹及其化合物、氯乙烯、苯、鉻酸及其鹽類、砷及其化合物、鎳及其化合物、1,3-丁二烯、甲醛、鎘及其化合物、石綿之處置或使用作業之勞工，其紀錄應保存 30 年。

1.5.4 體格檢查及健康檢查後應再採取之措施

1. 雇主使勞工從事特別危害健康作業時，應建立健康管理資料，並依下列規定分級實施健康管理：
   (1) 第一級管理：特殊健康檢查或健康追蹤檢查結果，全部項目正常，或部分項目異常，而經醫師綜合判定為無異常者。
   (2) 第二級管理：特殊健康檢查或健康追蹤檢查結果，部分或全部項目異常，經醫師綜合判定為異常，而與工作無關者。

(3) 第三級管理：特殊健康檢查或健康追蹤檢查結果，部分或全部項目異常，經醫師綜合判定為異常，而無法確定此異常與工作之相關性，應進一步請職業醫學科專科醫師評估者。

(4) 第四級管理：特殊健康檢查或健康追蹤檢查結果，部分或全部項目異常，經醫師綜合判定為異常，且與工作有關者。

前項健康管理，屬於第二級管理以上者，應由醫師註明其不適宜從事之作業與其他應處理及注意事項；屬於第三級管理或第四級管理者，並應由醫師註明臨床診斷。

雇主對於第一項屬於第二級管理者，應提供勞工個人健康指導；第三級管理以上者，應請職業醫學科專科醫師實施健康追蹤檢查，必要時應實施疑似工作相關疾病之現場評估，且應依評估結果重新分級，並將分級結果及採行措施依中央主管機關公告之方式通報；屬於第四級管理者，經醫師評估現場仍有工作危害因子之暴露者，應採取危害控制及相關管理措施。

2. 雇主於勞工經一般體格檢查、特殊體格檢查、一般健康檢查、特殊健康檢查或健康追蹤檢查後，應採取下列措施：

(1) 參照醫師依表 1.11 之建議，告知勞工並適當配置勞工於工作場所作業。

(2) 對檢查結果異常之勞工，應由醫護人員提供其健康指導；其經醫師健康評估結果，不能適應原有工作者，應參採醫師之建議，變更其作業場所、更換工作或縮短工作時間，並採取健康管理措施。

(3) 將檢查結果發給受檢勞工。

(4) 彙整受檢勞工之歷年健康檢查紀錄。

前項勞工體格及健康檢查紀錄之處理，應保障勞工隱私權。

表 1.11　作業名稱及考量不適合從事作業之疾病對照表

作業名稱	考量不適合從事作業之疾病
高溫作業	高血壓、心臟病、呼吸系統疾病、內分泌系統疾病、無汗症、腎臟疾病、廣泛性皮膚疾病。
低溫作業	高血壓、風濕症、支氣管炎、腎臟疾病、心臟病、周邊循環系統疾病、寒冷性蕁麻疹、寒冷血色素尿症、內分泌系統疾病、神經肌肉系統疾病、膠原性疾病。
噪音作業	心血管疾病、聽力異常。
振動作業	周邊神經系統疾病、周邊循環系統疾病、骨骼肌肉系統疾病。
精密作業	矯正後視力 0.8 以下或其他嚴重之眼睛疾病。

表 1.11 作業名稱及考量不適合從事作業之疾病對照表（續）

作業名稱	考量不適合從事作業之疾病
游離輻射作業	血液疾病、內分泌疾病、精神與神經異常、眼睛疾病、惡性腫瘤。
非游離輻射作業	眼睛疾病、內分泌系統疾病。
異常氣壓作業	呼吸系統疾病、高血壓、心血管病、精神或神經系統疾病、耳鼻科疾病、過敏性疾病、內分泌系統疾病、肥胖症、疝氣、骨骼肌肉系統疾病、貧血、眼睛疾病、消化道疾病。
高架作業	癲癇、精神或神經系統疾病、高血壓、心血管疾病、貧血、平衡機能失常、呼吸系統疾病、色盲、視力不良、聽力障礙、肢體殘障。
鉛作業	神經系統疾病、貧血等血液疾病、腎臟疾病、消化系統疾病、肝病、內分泌系統疾病、視網膜病變、酒精中毒、高血壓。
四烷基鉛作業	精神或神經系統疾病、酒精中毒、腎臟疾病、肝病、內分泌系統疾病、心臟疾病、貧血等血液疾病、接觸性皮膚疾病。
粉塵作業	心血管疾病、慢性肺阻塞性疾病、慢性氣管炎、氣喘等。
四氯乙烷作業	神經系統疾病、肝臟疾病等。
三氯乙烯、四氯乙烯作業	慢性肝炎患者、酒精性肝炎、腎臟疾病、心血管疾病、神經系統疾病、接觸性皮膚疾病等。
二甲基甲醯胺作業	慢性肝炎患者、酒精性肝炎、腎臟疾病、心血管疾病、神經系統疾病、接觸性皮膚疾病等。
正己烷作業	周邊神經系統疾病、接觸性皮膚疾病等。
4-胺基聯苯及其鹽類、4-硝基聯苯及其鹽類、α-萘胺及其鹽類之作業	膀胱疾病。
3,3'-二氯聯苯胺及其鹽類之作業	腎臟及泌尿系統疾病、接觸性皮膚疾病。
聯苯胺及其鹽類與 β 萘胺及其鹽類之作業	腎臟及泌尿系統疾病、肝病、接觸性皮膚疾病。
鈹及其化合物作業	心血管疾病、慢性肺阻塞性疾病、慢性氣管炎、氣喘、接觸性皮膚疾病、慢性肝炎、酒精性肝炎、腎臟疾病等。
氯乙烯作業	慢性肝炎患者、酒精性肝炎、腎臟疾病、心血管疾病、神經系統疾病、接觸性皮膚疾病等。
二異氰酸甲苯、二異氰酸二苯甲烷、二異氰酸異佛爾酮作業	心血管疾病、慢性肺阻塞性疾病、慢性氣管炎、氣喘等。

表 1.11 作業名稱及考量不適合從事作業之疾病對照表（續）

作業名稱	考量不適合從事作業之疾病
汞及其無機化合物、有機汞之作業	精神或神經系統疾病、內分泌系統疾病、腎臟疾病、肝病、消化系統疾病、動脈硬化、視網膜病變、接觸性皮膚疾病。
重體力勞動作業	呼吸系統疾病、高血壓、心血管疾病、貧血、肝病、腎臟疾病、精神或神經系統疾病、骨骼肌肉系統疾病、內分泌系統疾病、視網膜玻璃體疾病、肢體殘障。
醇及酮作業	肝病、神經系統疾病、視網膜病變、酒精中毒、腎臟疾病、接觸性皮膚疾病。
苯及苯之衍生物之作業	血液疾病、肝病、神經系統疾病、接觸性皮膚疾病。
石綿作業	心血管疾病、慢性肺阻塞性疾病、慢性氣管炎、氣喘等。
二硫化碳之作業	精神或神經系統疾病、內分泌系統疾病、腎臟疾病、肝病、心血管疾病、視網膜病變、嗅覺障礙、接觸性皮膚疾病。
脂肪族鹵化碳氫化合物之作業	神經系統疾病、肝病、腎臟疾病、糖尿病、酒精中毒、接觸性皮膚疾病。
氯氣、氟化氫、硝酸、硫酸、鹽酸及二氧化硫等刺激性氣體之作業	呼吸系統疾病、慢性角膜或結膜炎、肝病、接觸性皮膚疾病、電解質不平衡。
鉻酸及其鹽類之作業	呼吸系統疾病、接觸性皮膚疾病。
砷及其化合物之作業	精神或神經系統疾病、貧血、肝病、呼吸系統疾病、心血管疾病、接觸性皮膚疾病。
硝基乙二醇之作業	心血管疾病、低血壓、精神或神經系統疾病、貧血等血液疾病、接觸性皮膚疾病。
五氯化酚及其鈉鹽之作業	低血壓、肝病、糖尿病、消化性潰瘍、精神或神經系統疾病、接觸性皮膚疾病。
錳及其化合物之作業	精神（精神官能症）或中樞神經系統疾病（如巴金森氏症候群）、慢性呼吸道疾病、精神疾病、肝病、腎臟疾病、接觸性皮膚疾病。
硫化氫之作業	角膜或結膜炎、精神或中樞神經系統疾病、嗅覺障礙。
苯之硝基醯胺之作業	貧血等血液疾病、肝病、接觸性皮膚疾病、神經系統疾病。
黃磷及磷化合物之作業	牙齒支持組織疾病、肝病、接觸性皮膚疾病。
有機磷之作業	精神或神經系統疾病、肝病、接觸性皮膚疾病。
非有機磷農藥之作業	呼吸系統疾病、肝病、精神或神經系統疾病、接觸性皮膚疾病。

表 1.11 作業名稱及考量不適合從事作業之疾病對照表（續）

作業名稱	考量不適合從事作業之疾病
聯吡啶或巴拉刈作業	皮膚疾病如接觸性皮膚炎、皮膚角化、黑斑或疑似皮膚癌病變等。
鎳及其化合物之作業	呼吸系統疾病、皮膚炎。

備註：

(1) 本表所使用之醫學名詞，精神或神經系統疾病包含癲癇，內分泌系統疾病包含糖尿病。

(2) 健檢結果異常，若對配工及復工有疑慮時，建請照會職業醫學科專科醫師。

3. 雇主實施勞工特殊健康檢查及健康追蹤檢查，應填具表 1.12 之勞工特殊健康檢查結果報告書，報請事業單位所在地之勞工及衛生主管機關備查，並副知當地勞動檢查機構。

表 1.12 勞工特殊健康檢查結果報告書

作業名稱：		檢查日期：		年	月	日

事業種類	事業單位名稱			事業單位地址及電話		
行業標準分類				（電話）		

勞工人數		男	女	合　計	
從事特別危害健康作業勞工人數					
接受特殊健康檢查人數					
特殊健康檢查人數中需實施健康追蹤檢查人數					
接受健康追蹤檢查人數					
粉塵作業勞工 X 光照片像型別及其人數	正常				
	一型				
	二型				
	三型				
	四型				
健康檢查結果屬第一級管理人數					
健康檢查結果屬第二級管理人數					
健康檢查結果屬第三級管理人數					
健康檢查結果屬第四級管理人數					
檢查醫師姓名及證書字號					
檢查醫療機構名稱、電話及地址					

1. 試說明工作場所中存在之危害因子之種類及危害因子，並以半導體業為例說明其有哪些危害因子？

2. 何謂人體工學危害，試舉五例。

3. 何謂作業環境監測？

4. 哪些場所應實施作業環境監測？

5. 作業環境監測紀錄應保存幾年？紀錄之項目有哪些？

6. 試列甲級物理性因子作業環境監測人員資格、條件。

7. 依勞工作業環境監測實施辦法，物理性因子作業環境監測之分類為何？試述之。

8. 依職業安全衛生設施規則，雇主對發生噪音之工作場所，應如何辦理哪些事項？

9. 依職業安全衛生設施規則，雇主對勞工工作場所之採光照明，應如何辦理？

10. 試列舉從事噪音超過 85 分貝作業勞工之特殊體格檢查項目。

11. 依勞工健康保護規則規定，第一類事業單位醫護人員臨廠服務頻率如何？辦理之事項？體格檢查及健檢後應採取之措施為何？

12. 雇主使勞工從事特別危害健康作業時，應建立健康管理資料，如何分級實施健康管理？

13. 為協助雇主與職業安全衛生人員實施職業病預防及工作環境之改善，雇主應使醫護人員配合職業安全衛生及相關部門人員訪視現場，辦理哪些事項？

心靈加油站

設定目標

★ 最貧窮的人不是身無分文的人，

而是沒有 dream 的人。（你有夢想？）

★ 一艘船若沒有目標，

無論吹什麼風都不會是順風。（你有目標？）

★ 忘記背後，努力向前，向著標竿直跑。

所以我奔跑，不像無定向的。

我鬥拳，不像打空氣的。

★ 大目標可分成幾個小目標，逐步跨越完成，

因一碼接著一碼非常困難，一吋接著一吋卻很簡單。

★ 目標不宜多，容易分心失敗，

因為一次丟所有硬幣，你會接不住。

★ 人只要不失去方向，就不會失去自己。

★ 思想如鑽子，必須集中在一點，鑽下去才有力量。

當你心生意念想撈起那條你認為最美的魚時，

要衡量過你手中所握的魚網是否有能耐，

追求不是壞事，但要瞭解自己的實力。

MEMO

PHYSICAL
WORKPLACE MONITORING

熱危害環境認知

02
CHAPTER

2.1 熱危害環境之認知

　　人體體心溫度維持在 37°C±1°C 間之範圍，為人體器官機能得以持續正常動作的重要條件。影響人體體熱主要來源包括新陳代謝熱與環境熱。人體總產生熱即為新陳代謝熱，其量在休息時約為每公斤體重每分 1 千卡(Kcal)，中等粗重工作時約為每公斤體重每分 5 千卡，所謂 1 千卡之熱量可使 1 公斤的水溫度升高 1°C。環境熱則包含空氣溫度或由燃燒設備、加熱設備、乾燥設備、電氣設備、熱輻射物體、化學反應、物質或物體摩擦、蒸氣或熱媒輸送等產生而來。身體與環境間之熱交換應達到熱平衡才能維持體心溫度在一定範圍內，如未能維持熱平衡，則人體即可導致熱危害，如中暑、熱痙攣、熱衰竭、熱昏厥、失水。對於極冷環境可導致感覺遲鈍而衍生災害，對肢體末端因循環不良而生凍瘡或體溫過低而死亡。人體為維持熱平衡必須考慮人體與環境熱交換速率，人體熱交換速率與空氣溫度、空氣濕度、汗的蒸發、空氣流動速度、輻射源型態、輻射源之溫度及其發散之輻射量、衣服及穿著有關。

　　人體熱量產生後，為維持正常之生理機能，必須將熱量釋放或儲存，其調適情形取決於熱交換速度。而人體和環境間熱交換主要之形式有傳導對流熱交換、蒸發對流熱交換與輻射熱交換等三種，傳導為熱量由物體之一端傳至他端，或藉著物理接觸以傳播熱量。對流為藉氣體或液體的流動而轉移熱量，風速的增加，可加速對流的進行。輻射為不同溫度間，藉電磁波的方式以散發能量；太陽的熱量即是以輻射的方式傳播到地球的表面。蒸發為物質吸收能量由液態轉變為氣態之過程，如海水蒸發之蒸氣上移至大氣層，再降為水，而改變大氣溫度。因此，影響熱交換速度最主要的四個要素為空氣溫度、濕度（以空氣中水蒸氣壓或相對濕度表示）、風速及輻射熱，稱為溫濕四要素。

　　考慮人體新陳代謝熱與環境熱之熱量進出平衡，人體潛熱變化可以下式表示：

$$M \pm C \pm R - E = \triangle H \cdots\cdots\cdots\cdots\cdots\cdots\cdots\cdots\cdots\cdots\cdots\cdots (2.1)$$

△H：人體潛熱的變化（淨熱交換率）

　M：人體總新陳代謝熱。

　C：傳導對流熱交換，可依作業人員身體裸露之表面積加以調整。

　R：輻射熱交換，約與熱輻射平均輻射絕對溫度四次方成正比。

　E：蒸發熱交換，出汗率 1 公斤/hr 約相當於蒸發熱散失 539Kcal/hr。

　　若△H＝0 代表熱平衡

　　　△H＞0 代表熱量累積體溫升高

　　　△H＜0 代表熱量散失體溫降低

　　人體代謝熱通常以標準體重 70 公斤，體表面積 1.8m² 之工人為基準值，估計其工作能量損耗，其基礎代謝熱為 1Kcal/min，不同作業姿勢之新陳代謝熱如下：

基礎 代謝熱	坐　姿	立　姿	走　路	每爬升 一公尺加
1.0Kcal/min	0.3Kcal/min	0.6Kcal/min	0.8Kcal/min	2~3Kcal/min

至於不同作業型態或工作負荷之新陳代謝熱為：

手工作業	單臂作業	雙臂作業	全身作業
0.2~1.2Kcal/min	0.7~2.5Kcal/min	1.0~3.5Kcal/min	2.5~15.0Kcal/min

　　人體產生之新陳代謝熱可依上表由身體姿勢、作業型態及基礎代謝率相加而得。如以每小時產生新陳代謝熱區分工作類型，則輕工作為新陳代謝熱低於 200 千卡／小時；中度工作為 200~350 千卡／小時；重工作大於 350 千卡／小時。亦可以氧氣攝取量估計工作能量消耗或工作負荷，一般人體攝取 1 公升的氧約可產生 5Kcal 之新陳代謝熱。

2.2　人體與環境間熱交換速率

一、傳導對流熱交換率(C)

　　熱量由物體之一端傳至他端稱為傳導。而對流係指藉液體或氣體的流動而輕移熱量。當人體皮膚與環境空氣接觸時，由於空氣溫度(t_a)與皮膚平均溫度(skin average temperature, $\overline{t}_{sk}$)的不同，兩者之間即產生熱交換，其熱交換率之大小決定於二者溫度的差異及當時空氣流動速度(V_a)，以式子表示如下：

　　　正常穿著者：$C = 7.0\ V_a^{0.6}\ (t_a - \overline{t}_{sk})$ ·························· (2.2)

　　　半裸者：$C = (7.0/0.6)V_a^{0.6}\ (t_a - \overline{t}_{sk})$ ·························· (2.3)

式中傳導對流熱交換率(C)以千卡／小時(Kcal/hr)，空氣流動速度(V_a)以公尺／秒(m/s)，t_a 及 $\overline{t}_{sk}$ 以°C 等單位表示。此處所謂正常穿著者為著單層長袖工作服及長褲之勞工，而皮膚平均溫度一般假設為 35°C。

二、輻射熱交換率(R)

輻射量隨物體大小、形狀、溫差等因素而異。輻射熱交換率之大小決定於周圍平均輻射溫度($\overline{t}_r$)與皮膚平均溫度($\overline{t}_{sk}$)之差值，其計算公式如下：

$$正常穿著：R = 6.6 \, (\overline{t}_r - \overline{t}_{sk}) \quad\cdots\cdots (2.4)$$

$$半裸者 \, R = (6.6/0.6) \, (\overline{t}_r - \overline{t}_{sk}) \quad\cdots\cdots (2.5)$$

式中輻射熱(R)及周圍平均輻射溫度($\overline{t}_r$)之單位，分別為千卡／小時(Kcal/hr)及°C。而周圍平均輻射溫度一般可以黑球溫度 t_g 加以估算。其法如下：

$$\overline{t}_r = t_g + 1.86V_a^{0.5}(t_g - t_a) \quad\cdots\cdots (2.6)$$

三、最大蒸發熱交換率(E_{max})

物質吸收能量由液態轉變為氣態之過程為蒸發作用。人體在高溫環境下，透過排汗蒸發散熱量是最主要的方式，由於工作或運動所造成之人體表面汗水蒸發之最大熱交換率(maximum evaporation heat, E_{max})與空氣流動速度(V_a)、大氣水蒸氣壓(P_a)（絕對濕度）及皮膚飽合水蒸氣壓(P_{sk})有關，其關係可列式如下：

$$正常穿著者：E_{max} = 14V_a^{0.6}(P_{sk} - P_a) \quad\cdots\cdots (2.7)$$

$$半裸者：E_{max} = (14/0.6)V_a^{0.6}(P_{sk} - P_a) \quad\cdots\cdots (2.8)$$

式中最大蒸發熱交換率(E_{max})之單位為千卡／小時(Kcal/hr)，P_{sk} 及 P_a 皆以 mmHg 為單位，而 V_a 以公尺／秒(m/s)為單位，一般狀況，P_{sk} 可假設為 42mmHg，而 P_a 則可依圖 2.1 所示由乾球溫度（氣溫）及濕球溫度的交點決定，由圖中可知，當乾球溫度等於濕球溫度時，大氣相對濕度為 100%，亦即大氣中水氣處於飽和狀態，當乾球溫度與濕球溫度差異越大時，則相對濕度越低，代表大氣越乾燥。

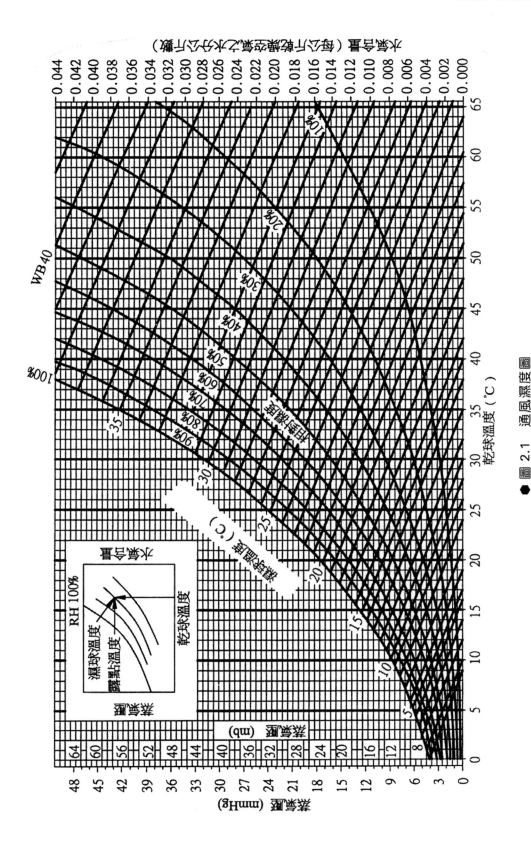

● 圖 2.1　通風濕度圖

2.3　熱危害疾病

　　工作或活動時所產生大量新陳代謝熱，若因外界溫濕條件而使人體之新陳代謝熱不易散發時，人體皮下微血管會擴張、心跳會加速，使流經體表之血液量增加，及增加出汗等方式促使體熱透過輻射熱交換、傳導對流熱交換、蒸發對流熱交換加速排出，但產生之代謝熱若無法維持熱平衡，所造成之熱蓄積如超出人體所能承受之程度時，則會導致熱危害。熱危害一般主要之急性生理影響可分為四種：

一、中暑

　　當人體調節體溫機能喪失，且體溫持續上升到能忍受之臨界溫度時即發生中暑(heat stroke)，中暑之主要症狀為皮膚乾且熱、發紅、有雜色或呈淺藍色斑點；體溫上升達 41°C 以上，並有持續上升之趨勢；精神混淆、無理性行為、意識不清、痙攣、乏汗。若體溫上升太高將導致死亡。

　　中暑之急救方法為盡快有效降低體溫。一般由於工作負荷引發新陳代謝熱增加加上環境熱，致使體溫持續上升，常導致熱中暑。發現有人中暑時，應先將患者置於陰涼處，移除其外衣，濕潤其皮膚，增加空氣流動速度，以促進蒸發使身體冷卻，並隨時更換濕潤身體用水，直至醫療診治降低體溫為止，非經醫師許可不得送回家及免除醫療照護。

二、熱衰竭

　　因熱環境影響，導致脫水及血液大量流經四肢及身體表面，致流經腦部之血液量減少而使腦部氧氣供應量不足所引起之虛脫現象稱為熱衰竭(heat exhaustion)，其症狀為脈搏加快、血壓降低、疲倦、頭痛、噁心、虛脫無力、眩暈、皮膚濕而冷、臉色蒼白，嚴重時可導致失去知覺，體溫正常或略微升高，如由坐姿改採立姿時，往往會昏倒。

　　處理方法可將患者移離熱環境至通風良好之處，使患者平躺並抬高腳部，補充飲料、食鹽水及保暖。

三、熱痙攣

　　熱痙攣(heat cramp)通常是一種隨意肌痙攣，這種現象係由於血液中氯化鈉濃度降低至危險值以下，其原因為出汗過多所致，例如在熱環境從事重體力作業因出汗量過多致電解質流失過多，喝水僅能補充水分，而不能補充電解質，故於熱環境中從事重工作，預防熱痙攣方法應增加電解質之攝取。

四、失水

熱危害初期時，由於出汗量過多會導致體內水分大量流失，即血液容積減少，促進熱衰竭之發生。失水(dehydration)使體內新陳代謝熱、新陳代謝產物與體熱無法有效排出，造成器官功能失常，失水症狀為肌肉無效率、分泌減少、胃口消失、吞咽困難、組織內積蓄代謝物、神經過敏，進而引發尿毒症，嚴重時會死亡。預防方法為給予適量食鹽水，但勿供給冰水以免干擾人體體溫調解功能。

五、其他熱環境可能引起之危害

新僱用或變更在高溫度環境下作業勞工，因缺乏熱適應，常因熱疲勞而協調功能或工作效率降低；未蒸發之汗液長時間貯存於濕潤皮膚而產生熱疹子；導致熱浮腫；引起身體和心智工作能力降低或喪失；長期暴露熱環境可能導致男性精子活動力降低而致不孕；長期直視紅熱之高溫熔融金屬可能因暴露紅外線而引起白內障。

2.4 熱適應

所謂熱適應係一般健康者首次暴露於熱環境下工作時，身體會受熱的影響，諸如心跳速度增加，體內溫度降低、出汗率降低，但經過幾天之重覆性熱暴露後，這些現象會減輕而逐漸適應之過程稱之。

人們於原居地區遇到熱波或遷移至炎熱地區（或新從事高溫作業），常會發生頭幾天內，各種行為能力均顯著降低。在冷環境（或原環境）下很容易完成的任務，一旦在熱環境下倍感困難，因熱而生的不適感，可妨害睡眠與飲食。未熱適應之影響如下：

1. 失去心神活力。
2. 失去正確動作之能力。
3. 須更專心始能工作。
4. 個性改變。

不過，當熱暴露持續多日後，一切行為能力又恢復正常，因熱而生的不適感也相繼減退。

熱適應方法如下：

1. **熱適應日程**：在高溫濕環境作業之新僱勞工，原則上給與一週之熱適應，其方法為第一天使其工作負荷與工作時間占全部工作之 20%，隨後每日增加 20%。

2. **作業與休息之調配**：雇主僱用勞工於高溫濕環境中工作，應減少其工作量（以減少體內代謝熱之產生）及配合適當之休息。

3. 供給適當飲用水和食鹽於高溫濕作業場所勞工取用。

2.5　溫濕環境評估指標

一個良好的熱危害評估指標必須具備下列條件：

1. 量測方法簡單且不影響勞工工作。
2. 量測可行且具精確性。
3. 量測結果能真實反應勞工熱暴露。
4. 考慮了所有重要因素如溫濕四要素、體內代謝熱。

目前應用較廣泛的計有熱危害指數、有效溫度、修正有效溫度及綜合溫度熱指數等，其中以綜合溫度熱指數應用最廣，分項簡介如後：

2.5.1　熱危害指數

此一指數及根據身體熱平衡所需蒸發散失的熱負荷量(E_{req})，再根據一個人的體型大小、體重、體溫以及環境中空氣流速等估計蒸發的最大散熱量(E_{max})，其比值即為熱危害指數(Heat Stress Index, HSI)。以式子表示如下：

$$HSI = (E_{req} / E_{max}) \times 100 \quad\quad\quad\quad\quad\quad\quad\quad\quad\quad (2.9)$$

E_{req} 為身體達熱平衡所需之蒸發交換率，當身體處於熱平衡時，$\triangle H=0$，即 $E_{req}= M \pm R \pm C$，E_{req} 越大，則 HSI 越大。所以 HSI 可被用來評估勞工八小時熱量之生理及心理影響，當 HSI 等於 10~30，表輕度危害，若其值為 40~60，表中度危害，若 HSI 值為 70~90，表高度危害，100 為經熱適應之平常人們能承受之最大熱負荷。

應用熱危害指數之優點如下：

1. 熱危害指數能夠定量且可以明顯表示出相關危害的程度（HSI 值越高，危害程度越嚴重）。

2. 熱危害指數能夠利用環境中存在的各種相關條件資料計算求得。例如，空氣流速、空氣中水蒸氣壓。

3. 熱危害指數已將生理影響有關的因素考量了，例如，體重、體溫…。

其缺點為：(1)必須量測空氣流動速度(V_a)，氣溫(t_a)，濕球溫度及平均輻射溫度$(\bar{t}_r)$等環境因素並估算人體代謝熱(M)，量測困難；(2)HSI 無法應用於非常高之熱危害條件，例如 E_{req} 與 E_{max} 皆為 300，500 時，HSI 值皆為 100，但顯然後者熱危害較大，卻無法由 HSI 判別。

例題 1

HSI 之應用說明：

當某作業環境監測結果 t_a=30°C，t_{wb}=25°C，V_a=4.0 公尺／秒，t_g=40°C，而作業勞工工作負荷代謝率(M)=330Kcal/hr，其熱危害指數(HSI)為多少，並檢討正常衣著與半裸工作何者較佳。

▶ 解

(1) 正常衣著工作之 HSI 值

$\bar{t}_r = 40 + 1.86(4)^{0.5} \times (40 - 30) = 77.2$ °C

$R = 6.6 \times (77.2 - 35) = 279$ Kcal/hr

$C = 7.0 \times (4)^{0.6} \times (30-35) = -80$ Kcal/hr

$E_{req} = 330 + 279 - 80 = 529$ Kcal/hr

P_a 查圖 2.1 之通風濕度表，當 t_a=30°C，t_{wb}=25°C 時，P_a = 21mmHg

$E_{max} = 14 \times (4)^{0.6} \times (42 - 21) = 675$ Kcal/hr

$\therefore HSI = \dfrac{529}{675} \times 100 = 78$

(2) 半裸工作之 *HSI*

$R = 6.6 \div 0.6 (77.2 - 35) = 464$ Kcal/hr

$$C = (7.0 \div 0.6) \times (4)^{0.6} \times (30 - 35) = -134 \text{ Kcal/hr}$$

$$E_{req} = 330 + 464 - 134 = 660 \text{ Kcal/hr}$$

$$E_{max} = \frac{14}{0.6} \times (4)^{0.6} \times (42 - 21) = 1126 \text{ Kcal/hr}$$

$$\therefore HSI = \frac{660}{1126} \times 100 = 59 \quad \text{所以正常穿著的熱危害指數較高。}$$

2.5.2 有效溫度

有效溫度(effective temperature, ET)是利用量測空氣溫度、濕度及空氣流動速度所得之一種指數，建立 ET 的方法是要求受測者比較各種不同溫濕組合之房間，找出感受冷暖程度相同之條件。亦即在某氣濕、氣溫、氣動條件下，勞工坐姿且穿著長襯衫長褲，輕工作時，與在氣動為零，且相對溫度(Relative Humidity, RH)為100%下的熱感覺相同時，其所對應之溫度。如圖 2.2 所示為基於上述條件正常穿著下，試驗所得之計算圖，當乾球溫度為 30°C（A 點），濕球溫度為 27°C（B 點）及風速為 1.0m/s 時，對應之有效溫度為 27°C。意謂此種條件下，與乾球溫度、濕球溫度均為 27°C，風速為 0m/s 時之皮膚熱感覺相同，所以有效溫度可做為室內溫度之指標來衡量空調之舒適程度。

有效溫度(ET)若加上輻射熱之考慮修正，即圖 2.2 中以黑球溫度來替代乾球溫度，濕球溫度也以虛擬濕球溫度(pseudo wet temperature)替代而得修正有效溫度(corrected effective temperature, CET)。虛擬濕球溫度係以圖 2.1 所示通風濕度表求之。例如乾球溫度為 30°C，濕球溫度為 28°C，則其蒸氣壓為 27mmHg，若此時黑球溫度為 40°C（橫座標），則對應之濕球溫度即虛擬濕球溫度為 30°C。

依世界衛生組織(WHO)之建議，未熱適應之勞工個體，在正常衣著下暴露於熱環境，修正有效溫度(CET)限值，在坐姿輕工作時，勿超過 30°C，中度工作時勿超過 28°C，重工作時勿超過 26.5°C；對已具熱適應之勞工，其忍受限值可提高約2°C。

此種方法無法考慮衣著條件與代謝率外，對高濕場所之濕度影響有高估之傾向，另對低氣動場所則有低估之傾向。整體而言，該指標對熱危害是高估的（即偏向安全側）。

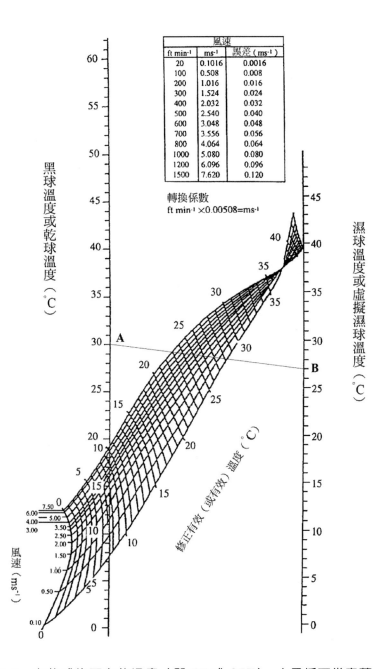

風速

ft min⁻¹	ms⁻¹	誤差（ms⁻¹）
20	0.1016	0.0016
100	0.508	0.008
200	1.016	0.016
300	1.524	0.024
400	2.032	0.032
500	2.540	0.040
600	3.048	0.048
700	3.556	0.056
800	4.064	0.064
1000	5.080	0.080
1200	6.096	0.096
1500	7.620	0.120

轉換係數
ft min⁻¹ ×0.00508=ms⁻¹

● 圖 2.2　有效或修正有效溫度（即 ET 或 CET），人員採正常穿著

例題 2

　　某一勞工在鋁熔融澆注台邊，以坐姿從事鑄模作業，其穿著為薄長袖長褲，在其四周測定暴露溫度如下：黑球溫度為 40°C；在 Va = 4.6m/s 強制通風下的濕球溫度為 28°C，乾球溫度為 36°C；風速為 0.5m/s，請修正有效溫度(CET)評估。

▶ **解**

(1) 將乾球溫度 36°C 及濕球溫度 28°C 代入圖 2.1 得大氣蒸氣壓為 24mmHg，再由 Pa=24mmHg 及黑球溫度 40°C（橫座標）求出濕球溫度即虛擬濕球溫度，為 29°C。

(2) 將黑球溫度 40°C，虛擬濕球溫度 29°C 及風速 0.5m/s 代入圖 2.2 修正圖表，得修正有效溫度(CET)為 31.6°C。

(3) 依世界衛生組織(WHO)之建議：若該勞工未熱適應前之忍受度之 *CET* 值為 30°C，但若已具熱適應時則可達 32°C，因此該勞工應先使熱適應，否則應降低其暴露時間。

2.5.3　綜合溫度熱指數

　　我國職業安全衛生法之附屬法規〈高溫作業勞工作息時間標準〉及〈勞工作業環境監測實施辦法〉均規定以綜合溫度熱指數(Wet Bulb Globe Temperature，簡稱 WBGT)作為評估高溫作業之指標，其評估方法如下：

1. 戶內或戶外無日曬時。

$$WBGT = 0.7 \times Tnwb + 0.3 \times Tg \quad\cdots\cdots\cdots\cdots\cdots\cdots\cdots\cdots\cdots\cdots\cdots (2.10)$$

2. 戶外有日曬時。

$$WBGT = 0.7 \times Tnwb + 0.2 \times Tg + 0.1 \times Tdb \quad\cdots\cdots\cdots\cdots\cdots\cdots (2.11)$$

　Tnwb：係指自然濕球溫度，為溫度計球部包覆濕潤紗布，且未遮斷附近氣流所測得之溫度，代表空氣溫度、空氣中濕度、空氣流動等之綜合效應，因此對 WBGT 之數值影響最大。

　Tg：係指黑球溫度，通常使用直徑 15cm、厚度 0.5mm 規格，外表為塗上不會反光之黑色塗料之中空銅球，溫度計球部插入黑球中心所測出之溫度，代表輻射熱之效應。

Tdb：係指乾球溫度，為溫度計量測空氣所得之溫度，代表單純空氣溫度之效應。

綜合溫度熱指數測定裝置於組裝完成後，應經約 30 分後，待溫度計讀值穩定才可讀取讀數。同一地點所量的三個溫度，黑球溫度一定是最高，最低的是自然濕球溫度，乾球溫度大於自然濕球溫度，其差值越大代表空氣越乾燥，即相對濕度越小。

有關綜合溫度熱指數測定裝置如圖 2.3 所示。

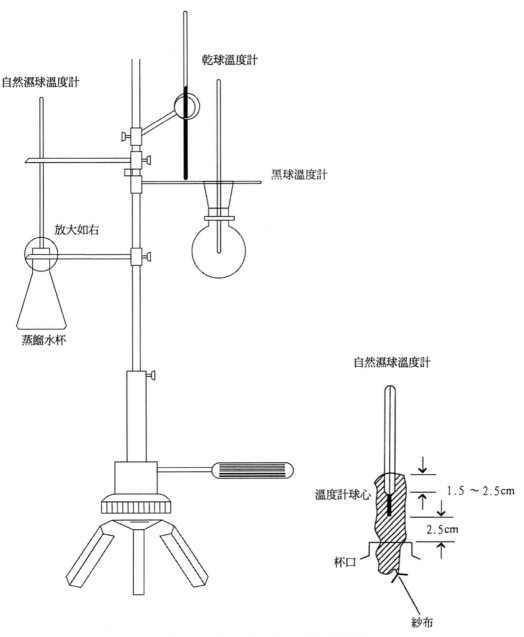

● 圖 2.3　綜合溫度熱指數監測裝置

作業場所勞工之熱暴露非屬均勻時，即不同時段具不同之綜合溫度熱指數值暴露時，其時量平均綜合溫度熱指數($WBGT_{TWA}$)計算方法如下：

$$WBGT_{TWA} = \frac{WBGT \times t_1 + WBGT \times t_2 + \cdots + WBGT \times t_n}{t_1 + t_2 + \cdots + t_n} \quad\cdots\cdots\cdots\cdots\cdots\cdots\quad (2.12)$$

$WBGT_1$、$WBGT_2$、$\cdots$、$WBGT_n$ 代表在 t_1、t_2、$\cdots$、t_n 時間暴露之綜合溫度熱指數。

WBGT 由於其測定設備簡單、便宜且易操作，計算簡單，已被國際標準組織(International Standard Organization, ISO)推薦為勞工熱危害之評估方法，且為美、瑞典、澳、日等為所使用，我國亦使用該指數。

例題 3

某一製瓶機台作業勞工，固定位置工作，今在其位置旁測得自然濕球溫度平均為 27.5°C，黑球溫度平均 41.5°C，則該勞工暴露之綜合溫度熱指數(WBGT)？

▶ **解**

由於工作在製瓶機台旁固定位置，直接以平均值代入式(2.10)：

WBGT = 0.7 × 27.5 + 0.3 × 41.5 = 31.7 °C

例題 4

有一鑄造廠勞工，在三個位置（整料、加熱爐旁、澆注）作業，以三組相同精度的溫度計在這三個位置測定溫度，該勞工平均每小時在這三位置點暴露時間及測定平均資料如下表，計算該勞工時量平均下之 WBGT 值。

位置	整料區	加熱爐旁	澆注位置
平均暴露時間	20 分鐘	30 分鐘	10 分鐘
平均黑球溫度	34°C	38°C	42°C
平均自然濕球溫度	25°C	32°C	33.5°C

▶ **解**

(1) 各測點之 WBGT 值

整料區 $WBGT_1 = 0.7 \times 25 + 0.3 \times 34 = 27.7\ ^\circ C$

加熱爐區 $WBGT_2 = 0.7 \times 32 + 0.3 \times 38 = 33.8\ ^\circ C$

澆注位置 $WBGT_3 = 0.7 \times 33 + 0.3 \times 42 = 36.1\ ^\circ C$

(2) 時量加權之 WBGT 值

$$\frac{27.7 \times 20 + 33.8 \times 30 + 36.1 \times 10}{20 + 30 + 10} = 32.15\ ^\circ C$$

茲將 ET、CET、HSI 及 WBGT 之使用條件及優缺點比較如下：

	ET	CET	WBGT	HSI
使用條件	濕球、乾球、風速	虛擬濕球、黑球、風速	自然濕球、黑球、乾球、風速	最大蒸發熱、身體熱負荷量
單位	℃	℃	℃	無單位
特點	為一評量人體對溫濕感覺的主觀判斷	修正 ET 的缺點，考慮輻射與蒸發散熱之作用	1. 同時考慮了氣溫、氣濕、氣動、輻射熱之溫濕四要素 2 設備簡單、便宜易操作、計算亦便利	1. 在一定範圍能顯示暴露者生理與心理之危害程度 2. 作業環境改變時，各項交換適時修正反應 3. 能計算容許暴露時間和最短恢復時間
缺點	1. 過度強調濕度在寒冷情況下的效應，而低估濕度在炎熱情況下的效應 2. 未充分解釋濕熱情況下空氣流速之影響	1. 無法考慮衣著條件與代謝率 2. 對高濕場所之濕度影響有高估之傾向 3. 對低氣動場所則有低估之傾向		

1. 溫熱要素是由何組合變化而成？

2. 在熱危害控制領域裡有所謂之 ET (Effective Temperature)，其意為何？又 ET 與 CET (Corrected Effective Temperature)，WBGT (Wet Bulb Globe Temperature)及 HSI (Heat Stress Index)間有哪些不同之處？請分項說明之。

3. (1) 何謂有效溫度(Effective Temperature)？

   (2) 何謂修正有效溫度(Corrected Effective Temperature)？

   (3) 又在評估熱危害時常以 HSI(Heat Stress Index)為指數而不以有效溫度為指數，其理何在？請依序分項說明之。

4. 請說明人體對熱適應的生理反應及熱適應的方法。

5. 影響氣溫的環境因素有哪些？

6. 設洗衣機係屬中度勞動之工作，工作負荷為 200Kcal/hr，該洗衣作業場所之環境，空氣溫度為 35°C，風速幾乎測不到，而且熱輻射可以忽略，請回答下列問題：

   (1) 工人在上述情況下感覺溫度(Effective Temperature)為多少？

   (2) 環境之綜合溫度熱指數(Wet Blub Globe Temperature, WBGT)為多少？

   (3) 當空氣溫度、牆壁溫度與皮膚溫度等溫（假設為 35°C），空氣流速為 20m/min 且室內濕度高（水蒸氣壓為 25mmHg）時，若工人僅著短褲背心，在此熱情況下，求經由流汗蒸發所可能達到的散發熱量？（全濕皮膚在 35°C 時的水蒸氣壓為 42mmHg）

   (4) 承上題，在此情況下若將室內空氣流速由 20m/min 升高至 60m/min，則經由流汗蒸發所可能達到的散發熱量，是原來可能之散發量的多少倍？（註：全濕皮膚在 35°C 的水蒸氣壓為 42mmHg）

7. 試說明熱之健康危害及其防制方法。

8. 計算綜合溫度熱指數時需量測乾球溫度、自然濕球溫度及黑球溫度，試分別說明其量測設備及組裝。（104 年 7 月甲衛師）

心靈加油站

留白

★ 偶爾，該給自己留一份空白，裝下生命的沉重負荷。

★ 退一步瞭望海闊天空，慢一會體驗流水落葉，
靜一下聆聽花開花謝。

★ 事情是做不完的，少了你還有人可以取代你，
人如果會給自己空白，不要背太多的壓力與負擔，
通常可以獲得更多的寧靜與省思。

★ 中國山水國畫中，
留白是最高境界，
很難，
但總得要去嘗試，學習。

MEMO

熱危害監測及評估

03
CHAPTER

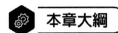 本章大綱

3.1 熱環境監測

　　為瞭解在熱環境下作業的勞工，所可能引起的生理反應，最直接的方法是測量勞工的體溫、心跳及出汗率等。然因在工廠現場不易直接測量生理值，故以監測環境各種溫度，來間接推定勞工的熱暴露或熱危害程度。環境溫度除了與工作熱源有相關外，亦可能受天候影響，也會因測量地點位置不同而有差異，因此，如欲瞭解勞工的最大熱暴露，則應於天氣較熱的夏季，溫度較高的近午時段，於勞工工作時最接近熱源的通常位置測量。依勞工作業環境監測實施辦法之規定，高溫作業場所每三個月監測綜合溫度熱指數一次以上，為瞭解勞工的熱暴露，其各種溫度之測量必須能代表該勞工之工作暴露狀況，因此測量時應考慮下列各項。

3.1.1 監測位置

　　測量綜合溫度熱指數時，溫度計應架應設於勞工作業位置，接近熱源處，以不干擾作業而最具代表勞工暴露之位置為原則。如勞工於工作時間內，移動至其他位置作業，則該位置亦需測量其溫度。若休息區與作業區溫度情況不相同時，休息區之溫度也要另外量測，因此若勞工作業非屬固定工作點，而係為變換工作位置者，作業環境監測人員應先取得該勞工之工作時間紀錄，瞭解其作業過程，如此才能於各作業位置實施監測。

3.1.2 溫度計架設高度

　　監測綜合溫度熱指數時，溫度計之架設高度（即溫度計球部之高度）以勞工之腹部高度為原則，因此溫度計架設之高度並非固定而是隨著作業勞工之身高及作業姿勢之不同而異。但在一熱不均勻的高溫作業場所，溫度隨著離地面高度不同而異時（差異大於 5%），勞工之熱暴露就無法以監測腹部高度單一溫度為代表，而需分別測量頭部、腹部、腳踝三處不同之溫度，再以 1:2:1 之比重用四分法算出。如採坐姿作業則參考高度為 1.1 公尺、0.6 公尺、0.1 公尺；而立姿作業時則為 1.7 公尺、1.1 公尺及 0.1 公尺。例如頭部、腹部、腳踝之綜合溫度熱指數分別為 30°C、40°C、34°C 則綜合溫度熱指數應為（30°C × 1 ＋ 40°C × 2 ＋ 34°C × 1）÷ 4 ＝ 36.0°C。

3.1.3 監測時間

　　綜合溫度熱指數測定所需時間之長短依作業環境溫度之變化情況及勞工作業型態、作息時間而定。主要必須包含勞工各種活動暴露時段並能代表整天的暴露情

形。如係連續熱暴露之作業則其監測時間最少需 1 小時，若為間歇性暴露或作業過程較長之工作，則監測時間最少需 1 小時。

3.1.4 監測條件

綜合溫度熱指數監測之目的係為瞭解勞工於高溫作業環境可能的熱暴露，因此監測時必要使作業條件（如作業型態、製程控制）及環境條件（如通風冷卻設備、個人防護裝備等）保持平常運轉操作狀態。如此才能測得具代表性且與實況相近之溫度值。

🏭 3.2 溫度計規格

監測綜合溫度熱指數所使用之溫度計，一般規格如下：

1. 乾球及自然濕球溫度計之測定範圍為–5°C~＋50°C，其靈敏度為±0.5°C。

2. 黑球直徑為 15 公分（6 吋），其溫度計範圍為–5°C~+100°C，靈敏度為±0.5°C。

3. 除了水銀溫度計外，其他型式之溫度計如數位型溫度計只要在相同情況下，能有符合上述條件之精度者，亦可使用。

🏭 3.3 綜合溫度熱指數量測注意事項

1. 三個溫度計測前皆需經過校正。

2. 檢查溫度計是否有斷線情形。

3. 感溫元件（溫度計球部）應置於黑球之中心，架設時三個溫度計的高度要一致。

4. 架設溫度計時，自然濕球溫度計及乾球溫度計要設法遮蔽(shield)防止輻射熱之影響，黑球溫度計則不得被陰影(shaded)影響，三個溫度計之架設應不致干擾空氣之流動。

5. 黑球外表不可有龜裂，且黑漆不可剝落，避免造成誤差。

6. 黑球要面對熱源以避免受陰影影響。

7. 黑球溫度計架設後需一段時間才達熱平衡,因此需等約 25 分鐘才能讀取溫度。

8. 自然濕球溫度計之紗布應使用吸水性良好之材質(如棉質)、保持清潔,並於量測前半小時以注水器充分潤濕,不可僅靠毛細管現象潤濕。

9. 自然濕球溫度計潤濕用紗布其包紮範圍除了溫度計球部外,尚需向上延伸的一球部長度。

10. 自然濕球溫度計感應球應距燒杯口一段距離約 2 公分,避免遮蔽風速效應。

11. 水杯中的蒸餾水應適時約 50 分鐘更換。

12. 濕球溫度需為自然濕球溫度計,不得使用強制通風式之溫度計代替。

3.4 監測紀錄

綜合溫度熱指數監測結果應有紀錄並保存 3 年,紀錄內容參考如表 3.1 所示。黑球溫度應為最高,其次為乾球溫度,最低者為濕球溫度,乾球溫度與濕球溫度之差異即代表相對濕度之大小,差得越小,表示空氣越潮濕。

表 3.1　高溫作業場所環境監測紀錄表

高溫場所作業環境監測紀錄表					
監測場所及位置:(如需要繪圖附上)					
監測日期:　　　　　　監測人員簽名:					
監測時間:					
天候情況及作業條件:					
勞工熱適應情形:　　　　勞工穿著情形:					
監測條件及方法:　　　　工作類別:					
記錄時間					
自然濕球溫度					
黑球溫度					
乾球溫度					
WBGT (°C)					
工作負荷					
作息時間:　　　　　　評估結果:是否為高溫環境					
防範措施:　　　　　　改善建議:					

3.5　熱環境監測結果評估

一、判定是否高溫作業環境

高溫作業環境必須具備下列條件。

(一) 該勞工所從事之工作應為高溫作業勞工作息時間標準第二條所列之作業。

1. 於鍋爐房或鍋爐間從事工作之作業場所。

2. 灼熱鋼鐵或其他金屬條塊壓軋及鍛造之作業場所。

3. 鑄造間處理融熔鋼鐵或其他金屬之作業場所。

4. 鋼鐵或其他金屬類物料加熱或熔煉之作業場所。

5. 處理搪瓷、玻璃、電石及熔爐高溫熔料之作業場所。

6. 蒸氣火車、輪船機房從事工作之作業場所。

7. 從事蒸氣操作、燒窯等之作業場所。

8. 其他經中央主管機關指定者。

(二) 其全天工作時間（以 8 小時為原則）之加權平均綜合溫度熱指數，超過高溫作業勞工作息時間標準第五條連續作業之綜合溫度熱指數，即連續作業下，輕工作為 30.6 °C，中度工作時為 28 °C，重工作則為 25.9 °C。所謂輕工作指以坐姿或立姿進行手臂動作以操縱機器者，中度工作則指於走動中提舉或推動一般重量物體，重工作指鏟、掘、推等全身運動之工作。

(三) 判定基準如表 3.2 所示

表 3.2　勞工熱暴露不同工作型態下，WBGT 之暴露時間表

每小時作業 時間比例		連續 作業	75%作業 25%休息	50%作業 50%休息	25%作業 75%休息
時量平均綜合溫 度熱指數 (WBGT)°C	輕工作	30.6	31.4	32.2	33.0
	中度工作	28.0	29.4	31.1	32.6
	重工作	25.9	27.9	30.0	32.1

例題 **1**

　　某勞工從事玻璃熔爐之管理工作，其工作負荷代謝率為 180 千卡／小時，屬輕工作，測量作業環境得其 8 小時加權平均綜合溫度熱指數為 29°C，試評估該作業場所。

▶ **解**

上述條件，因屬輕工作且其綜合溫度熱指數低於 30.6°C，顯示該勞工不屬高溫作業勞工。若在同一環境，另一位勞工其工作較重，工作負荷代謝率假設為 250 千卡／小時，則屬於中度工作，因 WBGT 值 29°C 高於連續作業之 WBGT 容許值 28°C，故屬高溫作業，因此每日工作時間不得超過 6 小時。若黑球溫度高於 50°C 時，雇主應提供給勞工身體熱防護設備並教導其使用。

🔲 **3.6** 熱環境監測儀器

　　要評估溫濕條件，須以儀器分別測量溫濕四要素。茲將各相關測量儀器介紹如下：

一、空氣溫度部分

　　空氣溫度為氣候因素中最容易測量的一種，是以溫度計量取周圍空氣的溫度，其測量時須注意下列幾點：

(一) 欲測量的溫度需在所使用溫度計的測量範圍。

(二) 測量的時間要大於使溫度計達到穩定的時間。

(三) 測量的感應元件必須與欲測物體接觸或盡可能與其接近。

(四) 在輻射熱影響下（例如在日光下或周圍表面溫度與空氣溫度不同時）感應元件應加遮蔽。

二、空氣濕度部分

　　濕度是在一定空間中所含水蒸氣的總量，通常以相對濕度 % (Relative Humidity, RH) 表示，即空氣中所含水蒸氣的量與該溫度下所含飽和水蒸氣量的百分

比。濕度是一重要的氣候因素，它會影響到人體與環境間藉揮發而形成的熱交換。當我們要計算流汗揮發所散失的熱量時，需要知道該空間之水蒸氣壓。主要使用儀器為阿斯曼通風式乾濕球溫度計，頂端裝有電動式內扇，能產生一氣流，通過溫度計球部，氣流速度為 3.0~3.7 公尺／秒，量測紀錄時，先紀錄濕球溫度後再紀錄乾球溫度。

三、風速部分

人體的移動或空氣的流動形成風。風速的單位是每秒公尺(m/sec)或是每分英呎(ft/min)。風速是影響人體與環境熱交換的重要因素，尤其是熱的對流與蒸發，常用來測量風速的儀器如下：

(一) 輪葉風速計

輕便適合於現場測定，且經適當校準後精度良好。

(二) 熱風速計

利用電阻變化及電橋來測定空氣的流速，優點為輕便，適合現場使用但目視估算平均風速為其缺點。

四、輻射熱部分

輻射熱有二類，即人為的（如鋼鐵類、玻璃業等產生的紅外線熱）與天然的（如太陽的輻射熱）。測量輻射熱在人體的熱載(thermal load)最常使用的是黑球溫度計。它是一直徑 15 公分，中空的銅球，外層塗上不具光澤的黑色漆以吸收入射的紅外線輻射熱，銅球中心內裝溫度計。測量時應盡量不使黑色銅球受到他物的遮蔽，藉由熱輻射及對流的得失達平衡穩定後，讀出黑球溫度。

🔧 3.7　熱環境監測實習

3.7.1　綜合溫度熱指數監測與評估

一、儀器組裝與架設

(一) 監測使用的溫度計必須先經過校正才能使用，自然濕球溫度計與乾球溫度計應全浸入式校正，而黑球溫度計則以溫度計球部校正即可。

(二) 腳架調整高度（單層架設約 1.2 公尺，三層架設約 1.8 公尺）。裝設黑球溫度計，自然濕球溫度計，乾球溫度計於適當高度（各溫度計球心高度依立姿或坐姿分別為 110cm 或 65cm 高，或以暴露者腹部高度為原則）。

(三) 黑球溫度計球心是否在黑球中心檢核。

(四) 自然濕球溫度計紗布包紮長度檢核。

(五) 三支溫度計的刻度版要面向同一方向，方便讀取。三個溫度計的高度要一致。

(六) 黑球表面不可有龜裂、凹洞等不平之況，以免造成誤差。

二、監測注意事項

(一) 監測點之選擇考慮因素
  1. 勞工在熱環境四周停留的位置。
  2. 勞工休息區。
  3. 勞工作業動線上的特殊點。
  4. 室外陰涼處（背景資料）。

(二) 黑球應面對熱源以避免受陰影影響。

(三) 每隔 25 分鐘記錄測點的自然濕球溫度、黑球溫度及乾球溫度。

(四) 工作流程中若因特殊狀況致使溫度遞升，黑球溫度高於 50°C 時，應著熱防護設備，並縮短時間紀錄。

(五) 每隔 50 分鐘須將自然濕球溫度計所用之蒸餾水置換。

(六) 監測時間：連續暴露作業之監測時間至少需 1 小時；若為間歇性暴露或作業過程較長的工作，則監測時間至少需用 2 小時，若屬高溫作業判定之監測，則以全天 8 小時工作之記錄計算日時量平均綜合溫度熱指數作為評估基準。

三、資料處理及評估

(一) 將自然濕球溫度、黑球溫度及乾球溫度依不同時段記錄結果，計算算術平均。

(二) 將各小時的自然濕球溫度、黑球溫度及乾球溫度平均值代入公式，計算各小時綜合溫度熱指數(WBGT)，如表 3.3 所示。

(三) 依勞工作業型態、工作姿勢估計其工作負荷代謝率(M)。

(四) 將勞工工作時間記錄，代入公式計算日時量平均綜合溫度熱指數(WBGT)$_{TWA}$。

（五）由勞工工作負荷代謝率(M)及(WBGT)$_{TWA}$ 代入表 3.2，判定是否為高溫作業工作者。

（六）若為高溫作業工作者，則利用表 3.2 探討該勞工作息時間中每小時作業與休息時間的比例。

表 3.3　作業勞工綜合溫度熱指數記錄表

勞工姓名：＿＿＿＿＿＿＿＿　　　　工作場所名稱：＿＿＿＿＿＿＿＿

監測日期：＿＿＿＿＿＿＿＿　　　　監測人員姓名：＿＿＿＿＿＿＿＿

監測點位置 （上班中停留位置）		勞工下班中 停留時間	Td (℃)	Tw (℃)	Tg (℃)	監測 時間	WBGT	WBGT
☐：戶外有日曬 ☑：戶內或戶外無 　　日曬 　　鍋爐區		360 分鐘		30	35	30 分鐘	31.5	29.84
				31	35	30 分鐘	32.2	
				30	35	30 分鐘	31.5	
				30	35	30 分鐘	31.5	
				31	35	30 分鐘	32.2	
				30	35	30 分鐘	31.5	
				30	35	30 分鐘	31.5	
				30	35	30 分鐘	31.5	
				25	30	30 分鐘	26.5	
				25	29	30 分鐘	26.2	
				25	30	30 分鐘	26.5	
				24	29	30 分鐘	25.5	
☐：戶外有日曬 ☑：戶內或戶外無 　　日曬 　　休息區		120 分鐘		24	30	30 分鐘	25.8	25.58
				24	29	30 分鐘	25.5	
				24	29	30 分鐘	25.5	
				24	29	30 分鐘	25.5	
WBGT$_{TWA}$＝	28.78	工作類別	☐：輕工作 ☐：中度工作 ☐：重工作		測定 結果	☐：是屬高溫作業勞工 ☐：不屬高溫作業勞工		

例題 **2**

　　某鋼鐵廠精鍊爐區如圖 3.1 所示，某勞工於該區之作業位置為 A、B、C，為瞭解各位置之熱暴露，分別於三個作業位置選擇能具代表之測定點，量測綜合溫度熱指數，並各位置之工作時間及工作負荷代謝率，資料如下：則其作息時間應如何安排？

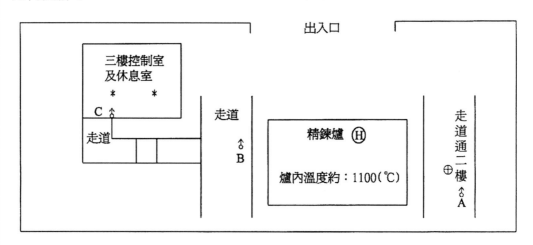

（人員：⇡，風扇：*，熱源：Ⓗ）

● 圖 3.1　某鋼鐵廠精鍊爐熱源配置圖

位置	時間	WBGT(℃)	工作負荷代謝率（千卡／小時）
A	9:00~9:15	31	340
C	9:15~9:25	25	170
A	9:25~9:40	31	250
B	9:40~10:00	29	300
C	10:00~10:15	25	170
A	10:15~10:30	32	340
C	10:30~10:40	25	170
B	10:40~11:00	30	320

▶ 解

$(WBGT)_{TWA}=(31×15+25×10+31×15+29×20+25×15+32×15+25×10+30×20)÷120$ 分

$\qquad =28.9°C$

$(M)_{TWA}=(340×15+170×10+250×15+300×20+170×15+340×15+170×10+320×20)÷120$

$\qquad =269$ Kcal/hr

該時段之時間加權平均 WBGT 為 28.9°C，新陳代謝率為 269 千卡／小時，屬中度工作，因 WBGT 大於 28.0°C 故屬高溫作業，改善之道可以調整勞工作息時間，即作息時間應為每小時 75%作業，25%休息。

例題 3

在一熱不均勻之室外高溫作業環境測定各種熱環境溫度讀數如下：

時　間	測定高度	乾球溫度	黑球溫度	自然濕球溫度
13:00~13:15	頭部	28℃	38℃	26℃
	腹部	28℃	35℃	26℃
	腳踝	28℃	30℃	27℃
13:15~13:35	頭部	28℃	39℃	26℃
	腹部	28℃	36℃	27℃
	腳踝	28℃	30℃	27℃
13:35~14:00	頭部	28.5℃	39.5℃	26.5℃
	腹部	28.5℃	35.5℃	27℃
	腳踝	28.5℃	31℃	28℃

評估其工作負荷下之暴露指標。

▶ 解

各時段之頭、腹、腳踝及全身平均 WBGT 分別為

時　段	WBGT 值(℃)			
	頭　部	腹　部	腳　踝	全身平均
13:00~13:15	28.6	28	27.7	28.1
13:15~13:35	28.8	28.9	27.7	28.6
13:35~14:00	29.3	28.9	28.7	29

所以時間加權平均綜合溫度熱指數(WBGT)$_{TWA}$ 為

$$(WBGT)_{TWA} = (28.1 \times 15 + 28.6 \times 20 + 29 \times 25) \div 60 = 28.6°C$$

若該工作屬重工作，則作息時間為 50%作業 50%休息，即每小時工作 30 分鐘，休息 30 分鐘。

3.7.2 熱危害指數(HSI)與修正有效溫度(CET)之監測與評估

一、儀器架設

(一) 腳架高度依勞工立姿或站姿作業調整。

(二) 架設黑球溫度計、阿斯曼通風式溫度計使球面在同一高度，並準備無方向性風速計。

(三) 檢查黑球溫度計球心是否在黑球中心。

(四) 檢查阿斯曼溫度計電池及風扇轉動。

二、監測結果

(一)～(二)項同 3.6.1 節所述。

(三) 每隔 25 分鐘記錄測點的黑球溫度，記錄前 5 分鐘將阿斯曼溫度計通風開關啟動，使風扇轉動，同時啟動風速計，待 5 分種後記錄通風式濕球溫度、乾球溫度及空氣流動速度。

(四) 阿斯曼濕球溫度計所用的蒸餾水每隔 50 分鐘置換一次。

三、資料處理與評估

(一) 熱危害指數(HSI)計算與評估

1. 將黑球溫度、通風式濕球溫度及乾球溫度、及空氣流動速度依不同小時段記錄結果計算算術平均。

2. 將通風式濕球溫度與乾球溫度代入圖 2.1 所示通風濕度表可得相對濕度(RH)、大氣水蒸氣壓(Pa)。

3. 代入 2.2 節所示公式計算傳導對流熱交換率(C)、輻射熱交換率(R)、及最大蒸發熱交換率(E_{max})。

4. 依勞工作業型態、工作姿勢估計其工作負荷代謝率(M)。

5. 上述各參數代入公式計算 HSI 值。

6. 依 HSI 值高低決定熱危害程度。

(二) 修正有效溫度計算

1. 與 HSI 計算相同。

2. 將通風式濕球溫度及乾球溫度代入圖 2.1 所示通風濕度表,可得虛擬濕球溫度。

3. 將黑球溫度、虛擬濕球溫度及空氣流動速度代入圖 2.2 可得修正有效溫度(CET)並評估之。

例題 ④

　　某次熱危害測定數據如下表,試計算有效溫度、修正有效溫度、WBGT、M 及 HSI 並評估之。

次 數	第一次 (25 分)	第二次 (25 分)	第三次 (25 分)	第四次 (25 分)	平均值
記錄時間	19:55	20:20	20:45	21:10	
乾球溫度(ta)	27.7℃	27.9℃	27.7℃	27.7℃	27.75℃
濕球溫度(tw)	24.0℃	24.3℃	23.8℃	23.80℃	23.975℃
黑球溫度(tg)	35.0℃	35.5℃	35.8℃	36℃	35.575℃
阿斯曼乾球溫度	28.0℃	27.5℃	27.0℃	27.0℃	27.375℃
阿斯曼濕球溫度	27.1℃	26.5℃	26.2℃	26.2℃	26.5℃
直讀式 WBGT	27.8℃	27.9℃	27.9℃	27.7℃	27.825℃
熱線式風速計	0.16m/s	0.12m/s	0.15m/s	0.14m/s	0.1425m/s

▶ 解

◎ 結果計算

(1)**有效溫度(ET)**:乾球溫度為 27.75°C,濕球溫度為 23.975°C,風速為 1m/s;經查圖 2.2 得 24.6°C。

(2)**修正有效溫度(CET)**:濕球溫度為 23.975°C,乾球溫度 27.75°C,查圖 2.1 得大氣水蒸氣壓為 26.2mmHg;與黑球溫度 35.575°C 再查圖 2.1 得虛擬濕球溫度為 28.5°C;風速為 1m/s 之狀況下,經查圖 2.2 而得 CET 為 30.0°C。

(3)綜合溫度熱指數(WBGT)：公式為 0.7×濕球溫度+0.3×黑球溫度

$$WBGT_1 = (0.7×24)+(0.3×35) = 27.3°C；$$

$$WBGT_2 = (0.7×24.3)+(0.3×35.5) = 27.66°C$$

$$WBGT_3 = (0.7×23.8)+(0.3×35.8) = 27.4°C；$$

$$WBGT_4 = (0.7×23.8)+(0.3×36) = 27.46$$

$$WBGT_{TWA} = (27.3+27.66+27.4+27.46) ÷ 4 = 27.455°C$$

(4)熱危害指數(HSI)

設此作業為採坐姿工作且正常穿著，其作業型態為雙手作業姿勢連續作業工作。

經查表得其工作負荷代謝熱（坐姿）：0.3Kcal/min；基礎代謝熱：1 Kcal/min
雙手運動作業：2 Kal/min，風速(Va)……以 0.1425m/s 代入公式。

① 工作負荷代謝熱

$M = (0.3×60)+(1×60)+(2×60)=198Kcal/hr$ 屬輕工作

② 最大蒸發熱

$E_{max}=14(V_a)^{0.6}×(P_sk − P_a)$
Psk 為 42mmHg；Pa 查圖 2.1 得 26.2mmHg

$=14 × (0.1425m/s)^{0.6} × (42mmHg – 26.2mmHg) = 68.72 Kcal/hr$

③ 傳導對流熱

$C = 7.0 × (V_a)^{0.6}×(t_a − t_sk)$ 皮膚平均溫度 t_sk 為 35°C

$= 7.0 × (0.1425)^{0.6} × (27.375°C–35°C) = –16.58 Kcal/hr$

④ 輻射熱

$R = 6.6 × (t_r − t_{sk})$
其中 $t_r = t_g+1.86V_a^{0.5} × (t_g − t_a)$

$= 35.575+1.86 × (0.1425)^{0.5} × (35.575°C −27.375°C)$

$= 41.33 Kcal/hr$ 代入公式

$R = 6.6 × (41.33°C −35°C) = 41.778 Kcal/hr$

⑤ 蒸發交換熱

$E_{req} = M ± R ± C = 198+41.778 – 16.58 = 223.198 Kcal/hr$

⑥　$HSI = (E_{req} \div E_{max}) \times 100$

$= (223.198 \text{ Kcal/hr} \div 68.72 \text{ Kcal/hr}) \times 100 = 325$

◎ 結果判定

(1)此作業環境為輕工作，其 WBGT 標準為 30.6°C，而實驗結果之數據為 27.455°C，所以判定此場所非為高溫作業場所。

(2)此作業場所之熱危害指數為 325，超過正常人每日工作之忍受值甚多，應施以工程改善或使勞工不再暴露於此環境下作業。

例題 5

　　某燒窯之鏟煤勞工，WBGT = 27°C 屬重工作，現改為機械作業，變為輕工作，問每天可增加多少工作時間。

▶ 解

(1)燒窯之鏟煤工作是屬重工作，溫度超過 25.9°C 即須工作 6 小時，且每小時須工作 75%，休息 25%，因此每日工作之時數為

$$60 \times \frac{3}{4} \times 6 = 270 \text{ 分}$$

(2)若改為機械作業則變為輕工作，在 30.6°C 以下之溫度可連續作業不須休息，因此每日可工作 8 小時（不含加班）。

(3)改善後每日可增加之工作時間

$$8 \times 60 - 270 = 210 \text{ 分 } = 3 \text{ 時 } 30 \text{ 分}$$

例題 6

　　某一中度工作之工人，每小時作息時間如下：工作 09:00~09:30 ⇒ WBGT = 30°C，休息 09:30~09:45 ⇒ WBGT = 25°C，工作 09:45~10:00 ⇒ WBGT = 31°C 問如此工作，是否違反規定？

▶ 解

$$\text{WBGT}_{(\text{TWA})} = \frac{30 \times 30 + 25 \times 15 + 31 \times 15}{60} = 29°C$$

29°C > 28°C，故不可以連續工作，要有休息

29°C < 29.4°C，查表 3.2 在 28°C ~ 29.4°C，要工作 75%，25%休息，故此工人之工作，休息時間合乎法規規定。

例題 **7**

　　某鋼鐵工廠電解爐作業，鋼鐵熔作業平均週期為一小時，作業勞工在開爐加料或傾倒時須直接暴露於爐邊（約 15 分鐘，測定自然濕球溫度在 34°C 及黑球溫度為 53°C），其餘時間均在控制室以電腦螢幕監控爐內反應（控制室自然濕球溫度為 23°C，黑球溫度為 28°C），試評估該等勞工是否從事高溫作業，且雇主應如何負責？

▶ 解

(1) 該作業為高溫作業規定的作業類型。

(2) 由於作業勞工暴露在兩種不同環境的作業場所，因此綜合溫度熱指數應採用時量平均計算：

電解爐邊 $\text{WBGT}_1 = 0.7 \times 34 + 0.3 \times 53 = 39.7°C$（15 分鐘）

控制室內 $\text{WBGT}_2 = 0.7 \times 23 + 0.3 \times 28 = 24.5°C$（45 分鐘）

時量平均 $\text{WBGT} = \dfrac{39.7 \times 15 + 24.5 \times 45}{(15 + 45)} = 28.3°C$

(3) 由於爐邊加料或傾倒的工作常需鏟、掘或推的全身運動，屬於重工作。比較表 3.2，28.3°C > 25.9°C 故不可連續作業，宜 50%作業、50%休息，故本例勞工工作休息時間合乎規定（25%作業、75%休息），因此該勞工不屬高溫作業勞工。

(4) 雖然不為高溫作業勞工，但爐邊作業是為高溫灼熱物體之附近且黑球溫度超過 50°C，因此雇主除應充分供應飲水及食鹽外，應供給該勞工身體熱防護設備，使其暴露於爐邊作業時使用。

EXERCISE

習題

1. 若測量結果如下所列攝氏溫度，其 WBGT 為何？作息時間應如何？

	頭	腹	足踝
黑球溫度	44	42	40
乾球溫度	28	28	28
濕球溫度	26	26	25

2. 某勞工坐著於室內從事玻璃瓶燒製工作，請架設溫度計測其綜合溫度熱指數。如該作業為輕工作，且 11:00~12:00 間各溫度計測得溫度如下：乾球 28°C、濕球 26°C，試問該作業是否屬高溫作業？如是，則作息時間應如何？

3. (1) 某室內立姿作業之鍋爐管理勞工，其每小時代謝熱 199 千卡，今想評估其溫度熱指數，則有關測定之裝置應如何組裝、架設？

   (2) 如實測結果，在下午 13:00~14:00 間其熱暴露情形如下：

工作位置	暴露時間	乾球溫度	自然濕球 (T)	黑球溫度	WBGT	WBGT
A	13:00~13:10	33°C	35°C	35°C	31.5°C	
B	13:10~13:40	34°C	31°C	36°C	32.5°C	32.6°C
C	13:40~14:00	34°C	32°C	36°C	33.2°C	

   試求在 13:00~14:00 間之時量平均綜合熱指數？

   (3) 試依我國高溫作業勞工作息時間標準，評估上述勞工在 13:00~14:00 間之作業及休息時間應如何才合理。

   (4) 法規規定高溫作業的勞工，其測定結果應如何記錄，請擬一記錄表格說明之。

4. (1) 張三和李四為採立姿作業之火車司機，其代謝熱均不大於 200 千卡／小時，且其駕駛室上均有加頂蓋，如要評估其綜合溫度熱指數，則相關測定裝置應如何組裝、架設？

   (2) 如張三和李四之實驗室之溫濕條件在工作時日內，不論上午或下午均為穩定幾無變化，假設經測定後發現，張三工作位置之乾、濕及黑球溫度分別為 31°C、30°C 及 35°C 而李四工作位置之乾、濕及黑球溫度分別為 30°C、29°C 及 38°C，試求張三及李四 WBGT？張三和李四工作是否屬於高溫作業？

(3) 如依高溫作業勞工作息時間標準之精神，張三及李四每小時作業及分配應當如何才合理？

(4) 又請擬一記錄表格，便將測定結果妥適記錄下來。

5. 李先生以立姿及中度工作負荷在室內鑄造及車床間工作：

(1) 請架設濕度計測鑄造傷之 WBGT

(2) 若鑄造與車床之 WBGT 分別為 33°C 及 25°C 且工作時間均分，每半小時即變換。請問該作業是否屬高溫作業，如是，作息時間應如何？

(3) 請製作記錄表並記錄之。

6. 張先生係管理鍋爐之勞工，其工作每小時需輪流至下列各鍋爐以立姿用手臂操作，每座鍋爐均操作 10min 然後回休息室 5min 再至另一座鍋爐，如此周而復始直至下班，各鍋爐操作位置之 WBGT 溫度如下圖

34°C	36°C	36°C	34°C
甲鍋爐	乙鍋爐	丙鍋爐	丁鍋爐

休息室

(1) 請架設溫度計測量考場之 WBGT 並以測值當作上圖休息室之 WBGT （假設為 28°C）

(2) 張先生之工作是否屬高溫作業，如是，則其作息時間應如何？

7. 一勞工之高溫作業，WBGT 值分別如下，試問雇主是否違反規定？

09:00~09:30　WBGT=30.6°C（工作）

09:30~09:45　WBGT=24°C（休息）

09:45~10:00　WBGT=32.1°C（工作）

工作類別：推置放鑄造物之台車，並搬至輸送帶上。

8. 某一勞工作業，WBGT 值分別如下（係屬中度工作），試問雇主是否違反規定？若違反規定，應如何處理？

09:00~09:30　WBGT = 30°C（工作）

09:30~09:45　WBGT = 25°C（休息）

09:45~10:00　WBGT = 31°C（工作）

9. 試回答下列有關高溫作業之問題：

(1) 何謂高溫作業場所？

(2) 某中度工作之勞工，工作場所戶內作業環益二測得之濕球濕度為 30°C，乾球溫度為 33°C，黑球溫度為 37°C 試問依法令規定，該勞工工作與休息時間的分配為何？

中度工作勞工作業及休息時間分配表如下：

每小時作息 時間比例	連續作業	75%作業 25%休息	50%作業 50%休息	25%作業 75%休息
中度工作時量 平均綜合溫度 熱指數值(°C)	28.0	29.4	31.1	32.6

(3) 請由環境控制（或工程管理）與行政管理方面說明熱危害的預防對策。（95 年 7 月甲衛管理師）

10. 勞工在鑄造工廠從事澆鑄的工作，需要進行熱暴露的評估，請回答下列相關的問題：

(1) 若要計算該工作場所勞工暴露之綜合溫度熱指數(WBGT)，需要測量環境的那些變項？

(2) 若勞工之熱暴不均勻時，如何獲得該勞工代表性之綜合溫度熱指數(WBGT)？

(3) 若某工作者每小時內花 45 分鐘的時間進行澆鑄工作，15 分鐘的時間在休息室休息；工作現場的綜合溫度熱指數為 31°C，而休息室的綜合溫度熱指數為 27°C；又從事澆鑄工作的新陳代謝速率為 360 千卡／小時；休息時之體能消耗為 120 千卡／小時，請分別計算該勞工熱暴露之綜合溫度熱指數及其新陳代謝速率。（94 年 6 月甲衛管理師）

心靈加油站

天下沒有白吃的午餐

★ 你去釣魚不一定會釣到魚，但你若不去釣魚就永遠釣不到魚。

　給自己環境就是給自己機會，機會是給隨時有準備的人。

★ 流淚播種的，必歡呼收割。種的是什麼，收的也是什麼。

★ 最小的行動，勝過最多的打算。千里之行，始於足下。

★ 不敢踏出第一步的人，永遠不會贏。

★ 那些能展翅翱翔的人，是那些拒絕坐下來等待事情改變的人。

★ 未經一番寒徹骨，焉得梅花撲鼻香。

★ 看風的必不撒種，望雲的必不收割。

★ 我遵守今日事今日畢，只是常忘記而已。

　——你可能是烏龜學會的會員。

★ 我確信工作的流程絕非計畫、動手、完成，

　而是等一下、慢一點、再考慮一下，這也是烏龜會員。

PHYSICAL
WORKPLACE MONITORING

熱危害環境控制
與改善

04
CHAPTER

本章大綱

4.1 高溫作業環境控制

欲以工程改善的方式來減少熱對人體的危害，可從熱平衡方程式(2.1)來加以考慮，亦即可藉由代謝熱的產生量、對流熱交換、輻射熱交換以及蒸發熱交換之控制來達成。

代謝熱負荷之控制主要是透過高溫作業環境的管理以及個人防護具的使用，經由高溫作業環境的工程改善如通風工程、空調工程、熱屏障或熱絕緣工程甚至操作程序的修改，來達到降低環境熱量。簡單的說，就是針對熱平衡方程式中的 C（對流熱交換）、R（輻射熱交換）、及 E（蒸發熱交換）等三個參數來實施工程改善。

一、對流熱之控制

熱可藉空氣的自然或強制流動而人體表面（或四周環境）轉移至四周環境（或人體表面），此即為對流熱交換。

關於人體與周遭環境間對流熱交換的兩個重要因素是乾球(t_a)及空氣的流動速度(V_a)。當空氣溫度大於皮膚平均溫度（t_{sk}，約 35°C）時，人體將從環境獲得熱，至於熱獲得率則與人體和環境間溫度差($t_a - t_{sk}$)及空氣流動速度(V_a)有很大的關係；同理當人體體表溫度大於周圍環境溫度時，熱將由人體散逸到環境中，故欲控制對流熱交換的方法主要就是改變空氣溫度和空氣流動速度。

(一) 降低空氣溫度(t_a)

在高溫作業場所中，因 t_a 大於 t_{sk}，亦即大多數的情況都是人體由環境中獲得熱量，故欲避免熱危害，必須降低空氣溫度。空氣溫度可藉由引進溫度較低的空氣或空氣的蒸發冷卻來降低。另一方面也因為空氣溫度大於人體溫度，所以空氣流速應盡可能小到只容許人體汗水自由蒸發的程度，否則熱由環境對流至人體的熱量也將相對增加，期間的取捨是相當重要的。一般而言，對流熱傳的大小與空氣流速的0.6 次方成正比。即：

$$正常穿著者：C = 7.0\ V_a^{0.6}\ (t_{a-}\ t_{sk})$$

$$半\quad裸\quad者：C = (7.0/0.6)V_a^{0.6}\ (t_a - t_{sk})$$

$$其中，C = 對流熱交換率(Kcal/hr)$$

$$V_a = 空氣流動速度(m/s)$$

t_a = 空氣溫度(°C)

t_{sk} = 人體皮膚平均溫度(°C)

(二) 局部冷卻

另一方法就是直接對暴露勞工局部冷卻,以局部送風的方法或引進室外較低溫的空氣,經導管直接送到勞工工作位置;當室外溫度很高時,可將導入之空氣經空調系統處理後再送入作業場所。

當使用局部送風時,一定要確定此一裝置不會對作業環境中廢氣的排放造成干擾。由基本通風原理知道,吹氣開口面外 30 倍直徑距離處的氣流速度仍具有導管出口氣流速度的十分之一,所以很可能因為局部送風裝置的設置造成作業環境有害氣體的擴散而不利排放。因此當高溫作業環境中尚存在有害污染物時,最效的工程改善方法就是局部排氣裝置的設置,將熱當成主要污染源,採用只留操作口的包圍式氣罩(enclosing hood)或頂蓬接收式氣罩(canopy hood)加以排除。但不論是只留操作口的包圍式氣罩或接收式氣罩,連接導管應設在氣罩上部,使吸入氣流與熱對流方式一致。包圍式氣罩中所需排氣量(Q)與操作口開口處風速及操作口截面積有關:

$$Q = 60AV$$

式中 Q = 所需排氣量（米³／分鐘）

A = 操作口截面積（米²）

V = 操作口處風速（米／秒），一般保持 0.25~0.5m/s。

接收式氣罩,由於熱氣流在上升的過程中,會不斷的混入周圍空氣,導致其流量及橫斷面積增大。接收式氣罩的設計原則是罩口截面積形狀要能涵蓋熱源的水平投影,並盡可能大些。為了使罩口吸氣均勻,氣罩開口角度宜小於 60°,開口角度越大,速度的均勻性就越差,會產生中間風速大,邊緣風速小的現象。

二、輻射熱之控制

人體皮膚與高溫熱源間的輻射熱交換量和熱源溫度之四次方成正比,因此熱輻射的控制主要就是將周圍平均輻射溫度（熱源溫度）降低或是輻射傳熱路徑的阻絕。其方法為:

(一) 降低製程溫度。

(二) 熱源加以隔絕(insulating)或冷卻(cooling)。

(三) 在作業者與高溫熱源間裝設熱屏障或隔熱牆。

(四) 在高溫熱源表面塗以顏料,降低其放射係數(ε)。

上述四種控制方法可以個別實施,也可以同時實施,如果同時進行則效果可能相輔相成。

三、蒸發熱之增強

人體藉著皮膚汗水的蒸發來降低體熱,蒸發所散逸的熱量與流經皮膚的空氣流速、完全濕潤的皮膚表面蒸氣壓(P_{sk})和周遭空氣的蒸氣壓(P_a)間的差值(簡稱空氣與皮膚表面蒸氣壓差)有關,亦即

正常穿著者:$E_{max} = 14V_a^{0.6}(P_{sk} - P_a)$

半　　裸　者:$E_{max} = (14/0.6)V_a^{0.6}(P_{sk} - P_a)$

其中,$E_{max} = $ 最大蒸發熱交換率(Kcal/hr)

$\quad\quad P_{sk} = $ 皮膚表面的水蒸氣壓(35°C, 42mmHg)

$\quad\quad P_a = $ 大氣水蒸氣壓(mmHg)

當空氣與皮膚表面蒸氣壓差值一定時,蒸發散逸之熱量與空氣流速的 0.6 次方成正比,所以蒸發熱散失量可藉著通風設備的設置,即增加空氣流動速度來提高。在高溫作業場所中,因熱亦可藉由對流自環境傳至人體,所以增加空氣流速並非全然地只增加了最大蒸發熱交換率(E_{max}),相對地也增加了傳至人體的熱量,當風速高達 2.5 米/秒以上時,空氣流動速度的增加對蒸發熱散失量之影響已不顯著。增加蒸發冷卻主要藉助下列兩種方式:

(一) 提高空氣流速。

(二) 減少周遭空氣的蒸氣壓。

其中又以前者最易達成(利用風扇或送風機即可)且便宜;後者則因牽涉到空調設備的裝設(除濕),所以費用也較高。此時也可考慮局部冷卻或直接對作業者冷卻的方式以節省費用。

綜合上述各高溫作業環境控制方法，於不同熱環境下採取適當的熱環境工程改善對策，整理如表 4.1。

表 4.1 熱危害因子之工程改善對策表

控 制 因 子	可 採 取 的 對 策
勞工工作代謝熱(M)	1. 盡量減少製程中勞力的需求，粗重工作利用機具來作業。 2. 部分工作或全部工作機械化或自動化。
輻射熱交換(R)	1. 設置熱屏障，避免勞工在熱源直接輻射範圍內。 2. 熱爐或高溫爐壁的絕熱、保溫。 3. 熱源覆以金屬反射簾幕如鋁箔。 4. 穿著反射圍裙，尤其面對熱源時更需要。 5. 遮蓋或覆蓋身體裸露在外的部分。
對流熱交換(C)	1. 降低作業環境空氣溫度。 2. 降低流經皮膚熱空氣的流速。
藉由汗水蒸發的 最大排汗量(E_{max})	1. 增加空氣流動速度。 2. 減少作業環境內之蒸氣壓，即保持乾燥。 3. 減少衣著量。

4.2 高溫作業行政管理

高溫作業場所可能產生的熱危害除了可以工程改善的方式，也可藉著作業環境的行政管理、作業管理和健康管理並輔以防護具的提供、充分的食鹽水之供應來加以避免。

一般而言，作業環境的管理是環境改善案（工程控制）無法達成時或實行有困難時的替代性或暫時性權宜措施而已，其作法包括下列幾點：

1. 雇主僱用勞工從事高溫作業時，應依勞工健康保護規則，實施特殊體格檢查及特殊健康檢查，以篩選適合從事高溫作業人員。依據《勞工健康保護規則》規定，有高血壓、心臟病、肝疾病、消化性潰瘍、內分泌失調、無汗症、腎疾病等症者，不得使其從事高溫作業。

2. 勞工從事高溫作業應先經熱適應過程，以增加勞工對熱之容忍度。

3. 高溫作業場所應充分供應飲水及食鹽。

4. 使用個人防護具，勞工於操作中須接近黑球溫度攝氏 50 度以上高溫灼熱物體者，應提供身體熱防護設備給員工使用。

5. 減少工作時數或減輕工作負荷以降低代謝熱負荷。

6. 調配工作時間增加休息時間以減少暴露時間。

7. 提供有空調的低溫休息室（不得低於 24°C），輪班制度調配使勞工休息時間增加。

EXERCISE

習題

1. 試列舉熱危害之工程改善對策及行政管理對策。

2. 在高溫作業環境下工作，應如何減輕熱對人體之影響？

3. 為避免高溫作業對勞工之身體產生危害，需有哪些防護措施？

心靈加油站

快樂

★ 喜樂的心是良藥，憂傷的靈使骨枯乾。

★ 快樂的祕訣不是做你喜歡做的事，

　而是喜歡你做的事。

★ 人類不快樂的唯一原因，是他不知道如何安靜的待在屋裡，

　因為人要的是獵取、追求。

★ 快樂的一切要件，都在你心裡，

　決定你是否快樂的關鍵是你的心境，而非你的境遇。

　發生在你身上的事，正或負面影響決定於你的想法／回應／認知，

　若你的態度正確，危機會變轉機。

★ 你無法預防洪水，但你能學著建造方舟。

　快樂不是因為擁有的多而是計較得少。

PHYSICAL
WORKPLACE MONITORING

聲音認知

05
CHAPTER

**本章大綱**

5.1 噪音之定義

　　聲音(sound)與噪音(noise)二者在物理本質上無明顯差異，所謂噪音乃是令人厭惡或不需要的聲音。判斷一種聲音是否為噪音，因人而異，是主觀之判斷，故噪音很難有一嚴格之界定，下列之界定可供參考。

1. 依我國噪音管制法之規定，所謂噪音為發生的噪音超過管制標準者。

2. 依美國職業安全衛生署(OSHA)之定義為聲音大至足以傷害聽力者。

　　總而言之，凡是超越正常人聽覺之音量及可以引起生理上或心理上不愉快及對勞工聽力造成損失的聲音，稱之為噪音。

5.2 聲音之物理特性

1. 聲音係對傳遞介質產生一種壓力波動，此壓力波動以固定的速度傳送至人類聽覺器官，產生聽覺。

2. 音波為機械波的一種，在真空中無法傳遞；必須靠傳遞介質方能傳遞聲音，將能量傳遞出去，介質可為液體、氣體或固體物質。

3. 音波亦屬一種縱波，其振動方向與聲音傳送方向平行。

4. 聲音在空氣中傳送之速度與其波長及頻率有關，其間關係如下：

$$C = \lambda \times f \quad\quad\quad\quad\quad (5.1)$$

　　C：音速（公尺／秒）

　　λ：波長（公尺）

　　f：頻率（赫，Hz）

對同一介質而言，聲音的速度隨溫度而異即 $C = 20.05\sqrt{T}$，m/s，T 為絕對溫度。

5. 聲音之頻率範圍很廣，但人耳能聽聞的範圍僅在 20~20000Hz 間，小於 20Hz 之聲音稱為超低頻；高於 20000Hz 之聲音稱為超高頻。

6. 長波長的聲波較不易受障礙物所影響，而短波長的聲波較易受障礙物的影響。在噪音控制工程上可利用障礙物來消除高頻（短波長）噪音。

5.3 噪音的種類

噪音依其來源可分：

一、工業噪音

工業(industrial)噪音大都是由於動力能量在輸送的過程中能量損失所造成的。一般工業噪音音源，主要有二大類：

(一) 氣動源

由風扇、風機、排氣放空等因氣體擾動而引起之噪音。

(二) 振動源

例如鉚釘、衝壓、鑿岩機等因振動引起之噪音。作業場所中的噪音，常由許多噪音源共同造成的，例如營建工程噪音，其音源種類因不同的工程階段（土木工程、基礎工程、拆除工程、混凝土工程及附屬設備工程等）而有所不同，其噪音來源主要為機械運轉、物體碰撞、或衝擊音。典型的施工場所噪音可達 80~90 分貝。

二、環境噪音

環境噪音主要受噪音管制法之管制，其噪音產生來源主要可分為：

(一) 交通噪音

環境中之交通噪音(traffic noise)通常是由許多不同頻率之聲音組合而成。噪音的頻率組合因其噪音來源不同而異，各有不同之特性。

1. 航空噪音

航空噪音的主要來源有二，一是排氣噪音，其特性為寬頻帶之噪音，噪音能量與排氣速度有關；另一為引擎噪音，乃是因引擎外殼振動及引擎內部葉片轉動時所引起之擾流噪音，具純音特性，約 2,000~4,000 赫之間。航空噪音的主要特性在起飛與降落時音量最大，影響範圍廣，影響時間大約持續 30 秒左右，才會逐漸回降至背景音量。

2. 道路噪音

道路噪音一般是道路上行駛車輛所造成之噪音，該噪音之構成可分為動力音及行駛音兩種。動力音包括引擎音、吸排氣音、風扇音、動力傳達機械音等；行駛音包括輪胎摩擦音、車體振動音、喇叭聲音等，受諸多因素影響，如交通流量、車行速度、車輛種類等。

(二) 商業活動噪音

因為商業活動所產生的噪音，皆可歸屬於此類，包括百貨商圈及娛樂場所所發出之噪音。

(三) 日常生活噪音

在日常生活中所產生的噪音，包括家電機器、視聽音響、馬桶排水聲及大聲叫罵嬉笑等足以影響鄰居安寧之噪音。

噪音依音量對時間之變化可分：

1. 連續性噪音(continuous noise)

如果兩次噪音的衝擊間隔小於 0.5 秒時，即為連續性噪音，連續性噪音又可分為：

(1) 穩定性噪音(steady noise)：即暴露時間內之噪音值不變或變動程度不大，如圖 5.1 所示，例如冷壓機、風扇。

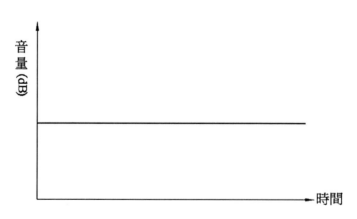

● 圖 5.1　穩定性噪音音壓級示意圖

(2) 變動性噪音(fluctuating noise)：在暴露時間內，噪音呈不規則之變動，又可分為週期性變動及非週期性變動噪音，如圖 5.2 所示，例如道路交通噪音。

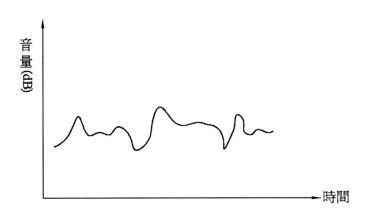

● 圖 5.2　週期性變動噪音示意圖

2. 衝擊性噪音(impulsive noise)

　　為持續時間極短（1 秒以內）的噪音，此類型的噪音特色為聲音達到最大振幅所需要的時間小於 0.035 秒，由最大音波峰值往下降低 30dB 所需要的時間在 0.5 秒以內，如圖 5.3 所示，例如衝床聲音，營建工地打樁聲，且兩次衝擊聲音的出現間隔不得小於一秒，否則視為連續性噪音。

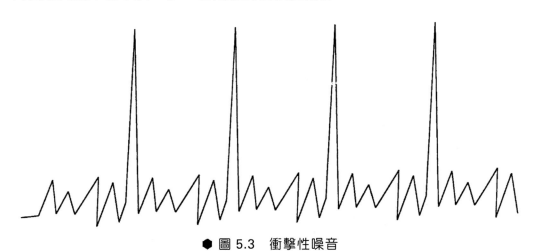

● 圖 5.3　衝擊性噪音

3. 依八音度頻帶的能量分類

(1) 粉紅噪音(pink noise)：即一連續譜的噪音，雖八音幅頻帶的頻帶寬度並不相同，但在每一頻帶都具有相同的功率，此類型噪音稱為粉紅噪音。

(2) 白噪音(white noise)：即由於一連續的頻譜的噪音，如相同寬度的頻帶具有相同的功率。由於八音幅頻帶的頻帶寬度是逐一加倍的，因此每增加一個八音幅頻帶，其能量便加倍，即增加 3 分貝，此類型噪音稱為白噪音。

4. 依噪音中所含之頻率來分類

(1) 純音(pure tone)：只含有一單一頻率之聲音，在日常生活中並不多見，常見於實驗室中。

(2) 複合音(complex tone)：聲音中包含兩種以上頻率之音量組合。日常生活中所接觸之噪音，多屬此種類型。

◢ 5.4 ▷ 聲音的表示法

聲音的表示方法有下列三種

一、音　壓

聲音因物體振動而對空氣產生壓力之變化，此種壓力變化稱為音壓(sound pressure)，亦即每平方公尺面積所呈受之力量以 P 表示，即 $P=N/m^2$，N 為牛頓。而人耳所能聽到的最小聲音壓力為 $20\mu P_a$，可稱為基準音壓，以 P_0 表示，最大音壓為 $200P_a$，有效音壓即某段時間音壓平方之平均方根植。大氣絕對音壓為 $10132P_a$。

二、音功率

音源單位時間內所放出之能量，稱為音功率(sound power)，單位為瓦特(W)（焦耳／sec），即音功率越大，代表聲音越大，以 W 表示。

三、音強度

音場中相對於音源垂直方向每平方公尺面積的音功率，單位為瓦特／米 ^{2} (W/m^2)，即單位時間通過單位面積的能量，以 I 表示音強度(sound intensity)。

四、音壓與音強度之關係

音強度與音壓均方根值的平方成正比，與傳遞介質密度(ρ)及聲音在介質內之速度(C)成反比，即

$$I = P^2_{rms}/\rho c \quad\cdots\cdots\cdots\cdots\cdots\cdots\cdots\cdots\cdots\cdots\cdots\cdots\cdots\cdots\cdots\cdots\cdots\cdots\cdots\cdots (5.2)$$

其中 ρ 為空氣密度($1.2kg/m^3$)

C 為音速（$0°C$ 時為 334 米／秒）

即　$I = P^2_{rms}/400$（$0°C$ 時）

五、音功率與音強度的關係

(一) 自由音場點音源：$W = I \times A = I \times 4\pi r^2$

所謂自由音場是指音源可自由向四周傳遞，完全為介質所吸收而沒有反射回音的音場。

(二) 半自由音場點音源：$W = I \times A = I \times 2\pi r^2$

半自由音場是指室內音場因有反射地面，而使音之傳遞受到限制，只有一半之機會。

例題 1

有一點音源的音功率為 10 瓦特，於自由音場中，距離音源 10 公尺處的音強度為多少？

▶ **解**

$I = W/4\pi r^2 = 10$ 瓦特／$4\pi \times 10^2 = 0.008$ 瓦特／米^2

5.5 聲音級之定義與特性

人耳所能聽到的音壓有一個範圍，從 $20\mu Pa \sim 200Pa$，由於該範圍太大，用音壓來描述聲音的大小不易溝通，有需要加以調整，調整後，噪音通常以分貝(Decibel, dB)為單位，而分貝的定義是指某一種物理量(Q)與基準物理量(Q_0)比值取對數的 10 倍，即：

$$dB = 10 \log Q/Q_0 \quad\cdots\cdots\cdots\cdots\cdots\cdots\cdots\cdots\cdots\cdots\cdots\cdots\cdots (5.3)$$

透過分貝公式轉換後，音功率即變為音功率級，音強度變為音強度級，音壓變為音壓級，茲分述如下：

一、音功率級(sound power level)

$$L_W = 10 \log W/W_0 \quad\cdots\cdots\cdots\cdots\cdots\cdots\cdots\cdots\cdots\cdots\cdots\cdots\cdots\cdots\cdots\cdots\cdots (5.4)$$

L_W：音功率級，dB

W：音功率，Watt

W_0：基準音功率，10^{-12} Watt

二、音強度級(sound intensity level)

$$L_I = 10 \log I / I_0 \quad\cdots\cdots\cdots\cdots\cdots\cdots\cdots\cdots\cdots\cdots\cdots\cdots\cdots\cdots\cdots\cdots (5.5)$$

L_I：音強度級，dB

I：音強度，W/m^2

I_O：基準音強度，$10^{-12} W/m^2$

三、音壓級(sound pressure level)

由於 I 與 P^2 成正比，故

$$L_P = 10\log(p/p_o)^2 = 20 \log p/P_0 \quad\cdots\cdots\cdots\cdots\cdots\cdots\cdots\cdots\cdots\cdots\cdots (5.6)$$

L_P：音壓級，dB

P：音壓，$Pa(Nt/m^2)$

P_0：基準音壓，20×10^{-6} Pa

若 $P = 20 \times 10^{-6} Pa$，代入(5.6)式，可得 $L_P = 0$ 分貝

若 $P = 200 Pa$，代入(5.6)式，可得 $L_P = 140$ 分貝

　　亦即人耳能聽到之最小音壓級為 0dB，而人耳於音壓 200Pa 時耳膜會有痛覺，以音壓級表示為 140dB，表 5.1 所示為日常環境噪音大小，分別以音壓及音壓級表示。

表 5.1　日常環境噪音產生情況

噪音音壓(Pa)（聲音來源）		（人類感覺）分貝(dB)
	— 140	人耳開始感覺疼痛範圍
	— 130	
噴射機起飛（70 公尺）	20　— 120	
汽車喇叭（1 公尺）		最高發音界限
打鉚釘	— 110	
呼喊（0.2 公尺）		
	2　— 100	非常吵鬧
重型卡車（15 公尺）	— 90	傷害聽覺（8 小時）
空氣壓縮鋼鑽（15 公尺）		
運貨車	0.2　— 80	煩噪喧嘩
	— 70	用電話感覺困難
		開始受干擾
空氣調節器	20.000μ — 60	
輕型汽車（15 公尺）		
	— 50	安靜
客廳		
臥房、起居室	2000μ — 40	
圖書館		
柔和的耳語（5 公尺）	— 30	非常寧靜
播音室	200μ — 20	
	— 10	剛好聽得見
	20μ — 0	聽覺之界限（基準音）

例題 **2**

有一聲音其音強度為 0.02W/m^2，求其音強度級為多少分貝？

▶ 解

音強度級 $L_I = 10 \log(\dfrac{I}{I_o})$

$\qquad\qquad = 10 \log(\dfrac{0.02}{10^{-12}})$

$\qquad\qquad = 10 \log (2\times10^{10})$

$\qquad\qquad = 10 \log 2 + 10 \log 10^{10} = 10\times0.3+10\times10$

$\qquad\qquad = 103 \text{ dB}$

例題 **3**

(1) 若音強度加倍時，其音壓級將增加多少分貝？

(2) 若音壓減半時，則音壓級減少若干分貝？

▶ 解

(1) 音強度加倍時

$$\triangle L_I = 10 \log(\frac{2I}{I_o}) - 10 \log(\frac{I}{I_o}) = 10 \log 2 \fallingdotseq 3dB$$

(2) 音壓減半時

$$\triangle L_P = 20 \log(\frac{P}{P_o}) - 20 \log(\frac{P/2}{P_o}) = 20 \log 2 \fallingdotseq 6dB$$

例題 **4**

某機械運轉時所發出噪音之音壓級為 100 分貝，當裝設消音器後，其音壓級降為 90dB，求：

(1) 在消音器裝設前後之聲音壓力各為多少？

(2) 消音器裝設後，其聲音壓力較裝設前減少多少百分比。

▶ 解

(1) 消音器裝設前：$100 = 20 \times \log(\frac{P_1}{2 \times 10^{-5}})$

$P_1 = 2$ N/m^2(Pa)

消音器裝設後：$90 = 20 \times \log(\frac{P_2}{2 \times 10^{-5}})$

$P_2 = 0.63$ N/m^2 (Pa)

(2) 減少百分比：

$$\triangle = \frac{P_1 - P_2}{P_1} \times 100\%$$

$$= \frac{2 - 0.63}{2} \times 100\%$$

$$= 68.5\%$$

四、音壓級、音強度及音功率級之關係

(一) L_I 與 L_P 之關係

$$L_I = 10 \log I/I_0$$
$$= 10 \log (P^2/\rho C \div P_0^2/\rho_0 C_0)$$
$$= 10 \log P^2/P_0^2 + 10 \log \rho_0 C_0/\rho C$$
$$= L_P + 10 \log 400/412 = L_P - 0.13$$

（$\rho_0 C_0$ 之值為 $400 nt \times sec/m^3$，ρC 於 $20°C$、$760mmHg$ 下為 $412 nt \times sec/m^3$）

故 $L_I \approx L_P$ ·· (5.7)

(二) L_I 與 L_W 之關係

1. 於自由音場中，距離輸出功率為 W 之音源 r(m)處的音強度 I

$$I = W/4\pi r^2, \quad W = 4\pi r^2 \times I$$

兩邊同除 10^{-12}

$$\frac{W}{10^{-12}} = 4\pi r^2 \times \frac{I}{10^{-12}}$$

$$10\log \frac{W}{10^{-12}} = 10\log 4\pi + 10\log r^2 + 10\log \frac{I}{10^{-12}}$$

$$\Rightarrow L_W = L_I + 11 + 20\log r$$

即 $L_I \approx L_P = L_W - 20 \log r - 11$ ····························· (5.8)

2. 於半自由音場中，同理將 $W = 2\pi r^2 \times I$ 代入(5.4)即得

$$L_I \approx L_P = L_W - 20 \log r - 8$$ ··················· (5.9)

例題 **5**

在自由音場中，已知距離音源 2 公尺處之音壓級為 78 分貝，則音源之音功率級為多少？

▶ 解

應用(5.8)式

$$L_P = L_W - 20 \log r - 11$$

$$78 = L_W - 20 \log 2 - 11 = L_W - 6 - 11$$

$$L_W = 78 + 6 + 11 = 95 dB$$

故音功率級為 95dB

5.6 音壓級之相加、相減及平均

一、音壓級相加

(一) 估算法

由於音壓級是聲音能量的對數值，無法直接算術相加。若有兩音源同時發出音壓級 L_1 及 L_2，假設 $L_1 \geq L_2$，其合成總音量 L 為：

$$L = L_1 + 修正值$$

修正值的大小可參考表 5.2 由 $L_1 - L_2$ 而得

表 5.2　聲音級相加之概算表（單位：dB）

$L_1 - L_2$	0,1	2~4	5~9	10
修正值	3	2	1	0

(二) 計算公式法

設有 L_1，L_2，……L_n 等幾個聲音級同時出現於同一音場中，則其合成音壓級 L 可計算為

$$L = 10 \log (10^{\frac{L_1}{10}} + 10^{\frac{L_2}{10}} + \cdots\cdots 10^{\frac{L_n}{10}}) \cdots\cdots\cdots\cdots\cdots\cdots\cdots\cdots\cdots (5.10)$$

二、音壓級相減

(一) 估算法

求 L_1 與 L_2 之差時，若 $L_1 \geq L_2$ 時，由 $L_1 - L_2$ 所得之差值，參考表 5.3 得應減之值，被較大之 L_1 相減，即可得兩音壓級之差，這種音壓級相減常用於背景噪音之扣除。

表 5.3　聲音級相加之概算表（單位：dB）

$L_1 - L_2$	3	4,5	6~9	10
減　值	3	2	1	0

(二) 計算公式法

兩音壓級 L_1、L_2 且 $L_1 \geq L_2$，則相減之音壓級 L_p 為

$$L_p = 10 \log (10^{\frac{L_1}{10}} - 10^{\frac{L_2}{10}}) \cdots\cdots\cdots\cdots\cdots\cdots\cdots\cdots\cdots\cdots\cdots (5.11)$$

三、音壓級平均

當有 n 個聲音壓級(L_1，L_2，……L_n)時，其平均值 $\overline{L}$ 計算如下：

$$\overline{L} = 10 \log [(10^{\frac{L_1}{10}} + 10^{\frac{L_2}{10}} + \cdots\cdots 10^{\frac{L_n}{10}}) \div n] \cdots\cdots\cdots\cdots\cdots (5.12)$$

$$或\overline{L} = 10 \log (10^{\frac{L_1}{10}} + 10^{\frac{L_2}{10}} + \cdots\cdots 10^{\frac{L_n}{10}}) - 10 \log n \cdots\cdots\cdots\cdots (5.13)$$

例題 **6**

現有三部機械器置於同一處，當機器運轉時，其音壓級分別為 87dB、89dB、87dB，求總音量為多少分貝？

▶ **解**

(1) 計算公式法

$$L = 10 \log (10^{\frac{87}{10}} + 10^{\frac{89}{10}} + 10^{\frac{87}{10}})$$
$$= 10 \log(10^{8.7} + 10^{8.9} + 10^{8.7})$$
$$= 92.5 \text{ dB}$$

(2) 估算法

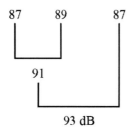

例題 **7**

已知某工作場所的背景音壓級為 85dB，某機械在工作運轉時，測得音壓級為 92dB，求該機械運轉的音壓級為多少？

▶ **解**

(1) 估算法

(2) 計算公式法

$$L = 10 \log(10^{\frac{L_1}{10}} - 10^{\frac{L_2}{10}})$$
$$= 10 \log(10^{\frac{92}{10}} - 10^{\frac{85}{10}})$$
$$= 10 \log(10^{9.2} - 10^{8.5})$$
$$= 91.03 \text{ dB} \qquad 其結果只相差 0.03\text{dB}$$

5.7 噪音傳播衰減

聲音在空氣中傳播的過程，會因能量的消散而衰減。聲音的衰減包括兩種，一為漸離音源時，音波能量逐漸擴散而衰減，稱為距離衰減；另一為聲音在空氣中或地面附近傳播時，因空氣的黏性或熱傳導、地表面的吸音材料或建築物、樹木阻隔等而被吸收的衰減，稱為額外衰減(excess decay)。

在 20°C，一大氣壓下，空氣之吸收可以下式計算

$$A_{e1} = 7.4 \times \frac{f^2 r}{RH} \times 10^{-8} \text{dB}$$

f：音頻，Hz

r：音源至受音距離，m

RH：相對濕度，%

一、距離衰減－聲音擴散

聲音隨著距離增加而衰減的情形，可依音源分為點音源、線音源、面音源三種，本節僅就點音源及線音源加以討論。

(一) 點音源

當音源為點音源，在自由音場中，聲音會向四面八方傳播如圖 5.4 所示，距音源 r_1、r_2（設 $r_2 > r_1$）位置的音壓級由(5.8)式可分別表為 $L_1 = L_w - 20 \log r_1 - 11$ 及 $L_2 = L_w - 20 \log r_2 - 11$，兩式相減可得

$$L_1 - L_2 = 20 \log \frac{r_2}{r_1} \quad \cdots\cdots\cdots\cdots\cdots\cdots\cdots\cdots\cdots\cdots\cdots\cdots\cdots\cdots\cdots(5.14)$$

當 $r_2 = 2r_1$ 時，點音源之音壓級衰減 6 分貝，即每增加一倍距離，音壓級衰減 6 分貝。

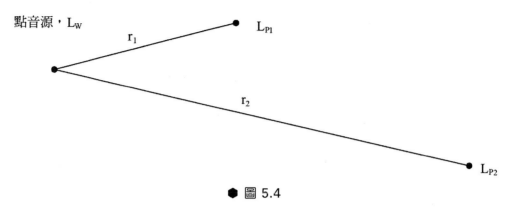

● 圖 5.4

由於聲音反射，當測點距音源太近或太遠（近反射體）皆會有反射作用存在，即聲音在密閉的房間內，其音場可分區分為近音場、自由音場及反射音場等三個區域如圖 5.5 所示，其中所謂近音場是由於太過接近音源，受音源的其他物理因素（如壓力、位移、振動）影響，造成該區域音場的音壓級會增強者；反射音場是指聲音傳至接近反射體區域，因反射作用造成聲音能量重疊效果而使音壓級增強者。反射音場與自由音場也可以遠音場統稱。

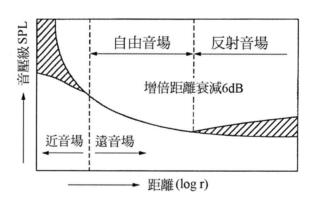

● 圖 5.5 密閉房間聲音與距離之衰減關係

(二) 線音源

交通工具在道路上所形成之音源即為線音源，距線音源為 r 之音強度(I)與音功率 W（瓦特／公尺）之關係為

$$I = \frac{W}{2\pi r} \quad W = 2\pi r$$

兩邊同除 10^{-12}

$$\frac{W}{10^{-12}}=2\pi r\times\frac{I}{10^{-12}}$$

$$10 \log \frac{W}{10^{-12}}=10 \log 2\pi+10 \log r+10 \log \frac{I}{10^{-12}}$$

$$\Rightarrow L_W = L_I+8+10 \log r$$

$$L_P \approx L_I = L_W - 10 \log r - 8 \cdots\cdots\cdots\cdots\cdots\cdots\cdots\cdots\cdots\cdots(5.15)$$

同理距線音源 r_1、r_2（設 $r_2 > r_1$）位置之音壓級 L_1、L_2 如圖 5.6 所示，有如下之關係：

$$L_1 - L_2 = 10 \log r_2/r_1$$

當 $r_2 = 2r_1$ 時，線音源之音壓級衰減 3dB

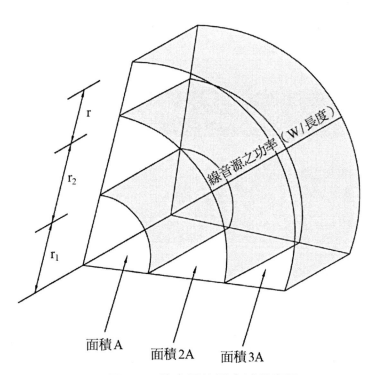

● 圖 5.6　線音源傳播衰減示意圖

二、額外衰減

音波傳播過程，除距離增加使聲音減小因素外，由於空氣吸收、雨霧、音屏、樹木、大氣擾動某一種或一種以上因素所造成之衰減稱為額外衰減。聲音被空氣吸收是由於空氣的黏性、熱傳導、空氣分子的運動狀態變化所致，因此空氣吸收的聲音衰減值為頻率、溫度及相對濕度的函數。

例題 8

假設在一點音源距離 8 公尺處測得音壓級 85dB。求距離 80 公尺處之音壓級？

▶ **解**

$L_1 - L_2 = 20 \log r_2/r_1 (r_2 > r_1)$

$85 - L_2 = 20 \log 80/8 = 20$

$L_2 = 85 - 20 = 65dB$

5.8 頻譜分析

噪音通常是由許多不同頻率的純音組合而成，因此在量測噪音時所測定其音壓級外，還需分析其頻率組成才能瞭解該噪音之物理特性，實際上為瞭解音源所發生的噪音特性或評估噪音防制工程的效果時，可利用噪音計，再將其輸出經過濾波器 (filter)，以手動或自動方式切換其中心頻率，實施以頻率為橫坐標，音壓級為縱坐標之頻譜分析(frequency spectral analysis)。

一、頻帶定義及頻率範圍

實施頻譜分析時，不可能對所有的頻率一一測定音壓級，只能將頻率劃分成幾個頻帶予以測定，所劃分的頻率範圍稱為頻帶寬度。通常依據人耳的聽覺特性，對聲音採用等比例頻帶寬度。目前常被使用且中心頻率已在國際間予以標準化者有 1/1 八音度頻帶及 1/3 八音度頻帶，其中心頻率與切斷頻率範圍如表 5.4 所示，頻率越低，頻帶寬越小，將八音度頻帶每一頻帶再劃分為三個即為 1/3 八音度頻帶。

表 5.4　八音度頻帶及 1/3 八音度頻帶頻率範圍

八音度頻帶 (Hz)		1/3 八音度頻帶 (Hz)	
八 音 度 頻 帶	切 斷 頻 率	中 心 頻 率	切 斷 頻 率
	22.4		22.4
		25	
			28
31.5		31.5	
			35.5
	45	40	45
		50	
			56
63		63	
			71
		80	
	90		90
		100	
			112
125		125	
			140
		160	
	180		180
		200	
			224
250		250	
			280
		315	
	355		355
		400	
			450
500		500	
			560
		630	
	710		710
		800	
			900
1000		1000	
			1120
		1250	
	1400		1400
		1600	
			1800
2000		2000	
			2240
		2500	
	2800		2800
		3150	
			3550
4000		4000	
			4500
		5000	
	5600		5600
		6300	
			7100
8000		8000	
			9000
		10000	
	11200		11200

所有的頻帶寬度，其上限切斷頻率 f_2，下限切斷頻率 f_1，與中心頻率 f_0 的關係為：

$$f_0 = \sqrt{f_1 f_2} \quad\cdots\cdots\cdots\cdots\cdots\cdots\cdots\cdots\cdots\cdots\cdots\cdots\cdots\cdots\cdots\cdots\cdots (5.16)$$

八音度頻帶之定義係上限切斷頻率為下限切斷頻率之二倍；1/3 八音度頻帶的上限、下限切斷頻率之關係為 $f_2 = 2^{1/3} f_1$。

二、頻譜分析器

頻譜分析器是由一組濾波器所組成，將噪音依頻率大小予以分離。每一個別濾波器之頻率範圍稱為頻帶寬(band width)，分析器之濾波器頻帶寬為一個八音度頻帶時稱為八音度頻帶步譜分析器，若為 1/3 八音度頻帶時稱為 1/3 八音度頻帶頻譜分析器。

例題 9

若已知某機器運轉時，其八音度頻帶之頻譜音量分別為 86、87、85、80、75、73、70 及 65dB（依序自 63~8000Hz），求其總音壓級。

中心頻率(Hz)	63	125	250	500	1000	2000	4000	8000
八音度頻帶音量(dB)	86	87	85	80	75	73	70	65
總音壓級(dB)								

▶ 解

$$SPL = 10 \log \left[10^{\frac{86}{10}} + 10^{\frac{87}{10}} + 10^{\frac{85}{10}} + \cdots\cdots + 10^{\frac{65}{10}} \right]$$

$$= 91.4dB$$

5.9 耳朵構造與功能

人的耳朵是個構造相當複雜的器官，人耳可分為外耳、中耳及內耳，如圖 5.7。

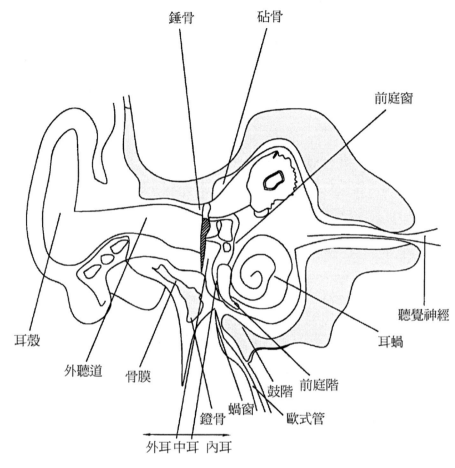

● 圖 5.7 人耳之構造

外耳除美觀外，其主要作用是輔助辨別聲音的方向來源。

中耳又稱鼓室，內含三塊聽小骨，即錘骨、砧骨及鐙骨，主要功能是將骨膜振動由聽小骨傳達至內耳，且使振幅減小而振動力增強。

內耳又稱迷路，包括耳蝸、前庭和半規管。前庭和半規管的功能在維持身體平衡；耳蝸包括耳蝸及膜耳蝸，膜耳蝸的基底膜有柯氏器(organ of corti)，其內有毛細胞(hair cell)，毛細胞表面有纖毛，可將聲音傳至大腦，因此柯氏器內之毛細胞即為聽覺之接受器。有些聽力損失發生原因是由於毛細胞或柯氏器受損或退化所引起的。

🔨 5.10 聽力損失特性及聽力損失監測

所謂聽力損失是指人耳可聽見聲音最小值之敏感度降低（即聽力閾值提高）。聽力損失可分為：

一、感音性聽力損失

長期或過度噪音的暴露，導致毛細胞或柯氏器受損、退化，而造成聽力損失者，稱為感音性聽力損失，大致上可分為三大類：

(一) 暫時性聽力損失(Temporary Threshold Shift, TTS)

暴露於噪音後，導致暫時性的聽力損失，此聽力損失現象經過一段時日休息後可自行復原者，稱為暫時性聽力損失或聽力疲勞，因毛細胞尚未退化。

(二) 永久性聽力損失(Permanent Threshold Shift, PTS)

將年齡老化所引起的聽力衰減校正後，由於噪音暴露導致永久性聽力閾值提高，且雖經休息也無法復原者，稱為永久性聽力損失。

(三) 老年性聽力損失

由於年歲之增長，生理自然老化所引起之聽力損失。

二、傳音性聽力損失

由於疾病或外傷導致中耳或外耳受傷，使得聲音無法有效傳達到內耳的聽覺接受器，所造成的聽力損失稱為傳音性聽力損失。此外因為強大的衝擊性噪音或爆炸造成鼓膜破裂，導致聽力受損，亦屬於傳音性的聽力損失。

欲瞭解勞工是否遭受聽力損失之危害，則應施行聽力測定。聽力測定的受測勞工需在噪音停止暴露大約 14 小時以後，才進入聽力測定室施行聽力測定，利用聽力測定器(audiometer)量測不同頻率下耳朵對聲音的聽力，繪得聽力敏度圖(audiogram)，若在 4,000Hz 有凹陷(4k–dip)出現，表示勞工有聽力損失問題而聽力測定的頻率分別為 500，1,000，2,000，4,000，6,000 及 8,000 赫等六個。

常用來判斷勞工是否已遭受噪音危害之聽力損失指標有二：

(一) 四分法

分別檢測 500 赫、1000 赫及 2000 赫的聽力閾值，再代入 5.17 式，作為一種以分貝為單位的聽力指標，其聽力障礙程度如表 5.5 所示。

四分法指標=（500Hz 聽力閾值+2 × 1000Hz 聽力閾值

+2000Hz 聽力閾值）/4 ·····································(5.17)

表 5.5　500、1,000、2,000Hz 平均聽覺閾值聽力障礙關係

等級	聽力障礙程度	500、1,000、2,000Hz 平均聽覺閾值範圍(dB)	語言交談的 瞭解能力
A	不顯著	≦25	輕聲交談沒有困難
B	輕微障礙	25~40	輕聲交談會有困難
C	中等障礙	40~55	正常語言交談常有困難
D	顯著障礙	55~70	大聲交談常有困難
E	嚴重障礙	70~90	喊叫式放大聲音才能瞭解
F	極嚴重障礙	>90	耳朵無法聽聞

(二) 六分法

分別檢測 500、1,000、2,000 及 4,000 赫等頻率的聽力閾值，再代入(5.18)式，即得六分法聽力損失指標。

六分法指標=（500 赫聽力閾值 + 2 × 1,000 赫聽力閾值+ 2 × 2,000 赫聽力閾值+

4,000 赫聽力閾值）÷ 6 ·······································(5.18)

三、長期性噪音影響

長期處於 80 分貝以上噪音場所即可能對聽力產生影響，一般言之，聽力危害通常與工作場所暴露之音壓級與聲音之頻率有關，因耳朵天生對低頻有保護機制，而高頻沒有，故高頻音較易導致聽力損失，人耳最易受噪音影響之頻率為 4,000Hz 左右，然後逐漸影響至語言之頻率範圍(2,000~500Hz)。

5.11　響度級

聽力閾值係隨頻率而變，即二個不同頻率純音雖具有同樣的音壓或音壓級，但人耳聽覺感度不同亦即響度不同，通常人耳對低頻音感知能力較低，對中高頻感受力較高，故考慮人耳特性，音壓級需加修正，此即響度級(loudness leve1)，聲音之響度級以純音 1,000 赫為參考值（人耳對 1,000Hz 之聲音最為敏感），調整純音之

頻率與音壓級，令聽力正常的人兩耳聽起來感覺聲音之大小與 1,000 赫純音參考值相同，其單位為唪(phon)；即 1,000 赫響度級與音壓級相同，即 40 唪響度級等於 40dB 音壓級。純音之響度、頻率、音壓級之關係如圖 5.8 等響度曲線圖所示。

從圖中可知頻率越低，音壓級要越高才能與高頻有相等的響度級，即低頻要有較大音量對耳朵之感覺才能與高頻相同，亦即 100Hz、60dB 與 1,000Hz、50dB 具同一響度級。

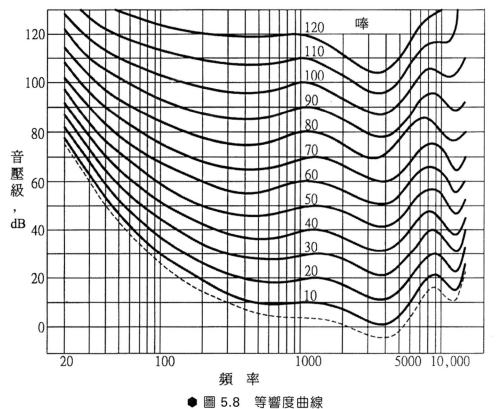

● 圖 5.8　等響度曲線

📖 5.12 　聽力保護計畫

聽力保護計畫(hearing conservation program)之目的為保護作業勞工之聽力健康。聽力保護計畫包括控制工程對策、行政管理對策、健康管理對策等三大重點，其執行內容包括：

1. 工作場所的音源調查（音壓級、暴露劑量測定與頻率分析），以確定其音量是否符合法令規定。

2. 音源之工程控制研究，決定降低音量的方法。

3. 噪音傳播途徑之改善探討（吸音、消音、遮音控制）。

4. 管理控制之可行性探討（改變生產計畫或排班工作分配，使每位勞工之暴露劑量合乎法令規定）。

5. 噪音過量暴露勞工的最初聽力圖檢查。

6. 選用適當的防音防護具及教育訓練。

7. 定期追蹤勞工聽力圖檢查，並評估個人防音防護具之有效性。

8. 重復監測評估保護計畫之有效性。

　　以上各項關係可繪成圖 5.9 所示之聽力保護計畫流程，作為執行管制依據。

一、控制工程對策

　　從實用立場而言，噪音控制工程可分為音源對策及傳播途徑控制二大類。

(一) 音源對策

　　最有效的噪音工程改善是降低音源的音量，其基本原理是減低發音體的振動，以及將聲音能量改變為熱能方式來降低噪音量。有下列幾種方式：

1. 減少有不平衡力存在。
   (1) 對機件減少往返運動或不平衡的轉動以減少噪音量。
   (2) 振動絕緣底座沉陷必須控制相同，以減少搖滾運動的力量。

2. 減少碰撞衝擊聲音。

3. 減少因壓力或速度改變而產生之噪音。

4. 降低產生噪音的主要頻率，因為人耳對低頻噪音的感覺程度較高頻噪音小。

5. 改變作業方法，以減少噪音。

6. 減少氣流的噪音。
   (1) 小型高速風扇改用大型慢速風扇，如此可降低其轉速。
   (2) 減少產生亂流噪音。
   (3) 利用消音器吸收音源噪音。

7. 減少管路系統中流動液體所產生的噪音。

8 減少振動面的驅動力及能量排放。

9. 加強機械維護保養。

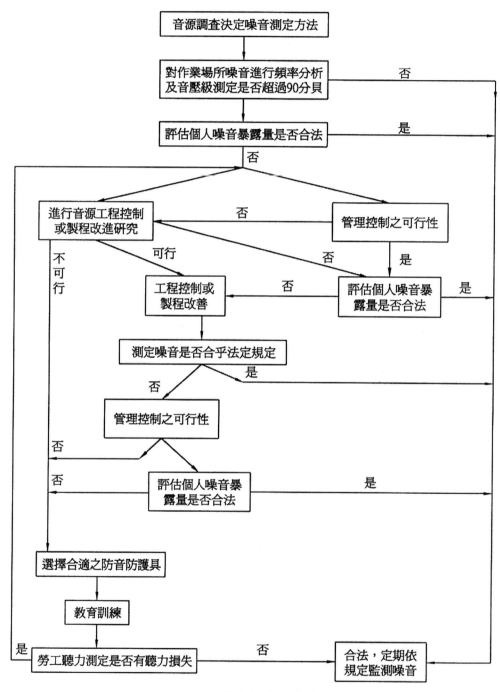

● 圖 5.9　聽力保護計畫流程圖

(二) 傳播途徑控制

1. 加大音源與勞工暴露位置之距離。

2. 使用吸音材料：在天花牆壁上鋪設一層軟質的吸音物質可以減少噪音。通常良好的施工，可使噪音量降低約 10dB。

3. 以控制室搖控操作作業或以閉路電視監控自動化作業。

4. 設置隔音屏障：在聲音傳送途徑上設置隔音屏障，屏障越厚、越重，則傳遞損失越大，效果越好。

二、行政管理對策

分為噪音監測及評估、噪音職業衛生教育、行政管理配合等方面。

(一) 噪音監測及評估

針對噪音的類型（穩定性、變動性或衝擊性），再依監測目的，選擇適當監測儀器（噪音計、頻譜分析器或噪音劑量計），按照正確監測的步驟流程，進行噪音監測，並將監測結果予以評估，以瞭解噪音作業場所噪音量是否符合法令規定，及現場作業勞工之聽力健康情形。

(二) 噪音職業衛生教育

教導作業勞工應具有之職業衛生知識，並增加勞工佩戴防音防護具之意願。

(三) 行政管理配合

行政管理階層的大力推動及配合措施，將有利於聽力保護計畫之實施。

三、健康管理對策

包括防音防護具之佩戴、職前及定期特殊健康檢查之實施、健康檢查紀錄之保存等方面。

(一) 防音防護具之佩戴：選擇適當的防音防護具，並提升勞工的佩戴比例。

(二) 職前及定期特殊健康檢查之實施，便於掌握勞工聽力健康情形以及是否遭受聽力損失之危害。

(三) 勞工健康檢查之紀錄，應予保留。並將檢查結果，彙集成手冊，交給勞工。

1. 有 10 部噪音值相同之機械於同一場所,同時操作測得音壓級為 95dB,求每一部機械之個別噪音值?(Ans:85dB)

2. 自由音場中距某一音源 50 公尺處之音壓級為 70dB,若不考慮額外衰減,求距音源 400 公尺處之音壓級?

3. 何謂額外衰減?人耳所能聽到之頻率範圍?何謂穩定性噪音?變動性噪音?響度級?衝擊性噪音?

4. 氣溫 30°C 時,在空氣中之音速?若 f=1,000Hz,求波長?

5. 八音頻帶中央頻率為 1,000Hz,上下限頻率為 1420Hz 及 710Hz,試將此頻帶分為三個三分之一八音幅頻帶?其中心上下限頻率各為多少?

6. 同一位置有四個不同噪音源,其音量分別為 89、87、78、81dB,若四個不同噪音源同時運轉,求其合成音量及平均音量。

7. 某作業現場,在機器操作情況下,測得噪音為 95 分貝,若將機器關掉,測其背景噪音為 90 分貝,求機器之音量為多少?(Ans:93dB)

8. 某作業區某時段測其 SPL 值如下:
   85、85、90、90、83(dB)
   求其平均值為多少?

9. 試列舉聽力保護計畫內容。

10. 試從工程管理、行政管理及健康管理三方面列舉噪音改善預防對策。

11. 某作業場所之噪音值為 80dB,經改善後再量測其噪音值為 75dB,問作業場所之噪音改善率(音壓減少百分比)為多少?(Ans:68.3%)

12. 八音階頻譜分析器(Octave band filter)上下中心頻率之特性?又一般作頻譜分析之應用為何?

13. phon 是什麼?

心靈加油站

關係

★ 人不是孤島，不能離群獨居，你必須善待自己／接納自己，
與自己有一個好的關係，你才能給愛並接受別人的愛。

★ 你與父母、兄弟、姊妹、朋友的關係如何？
若是關係 ok，你就萬事 ok。

★ 凡事謙虛、溫柔、忍耐，用愛心互相包容。

★ 無論何事，你們願意人怎樣待你們，
你們也要怎麼待人。

★ 不要做一個只拿不給的人，會變成死海（沒有生命）。

★ 各人不要單顧自己的事，也要顧念別人的事。

MEMO

PHYSICAL
WORKPLACE MONITORING

噪音監測與評估

06
CHAPTER

 本章大綱

噪音監測之目的為評估和控制噪音，使暴露勞工免於聽力之危害，為使噪音的監測與分析具代表性，必須對測量儀器的性能和用途深入瞭解。本章各節中，主要對噪音的基本量測儀器、測試原理、監測方法與評估作一簡介。

6.1 噪音計

6.1.1 噪音計組成

噪音計為藉由微音器將聲音轉變為電氣訊號處理之指示計。在量測噪音時一般所得到為聲音的音壓級(Sound Pressure Level, SPL)，最常用儀器為音壓級計，俗稱噪音計(sound level meter)。其組成如圖 6.1 所示：測定之噪音藉由微音器變換為電壓信號，再經由前置放大器與衰減器調整後，透過權衡電網修正頻率特性，最後經整流器測得音壓均方根值，再顯示於儀錶上，茲分述如後：

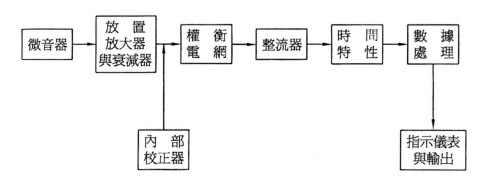

● 圖 6.1　噪音計基本功能方塊圖

一、微音器

噪音計最前端，有一個最重要的感測元件，即微音器(microphone)，其最重要功能，即將音壓轉為電壓信號，而且不干擾既有的音場特性，微音器之回應，隨聲波入射於微音器的角度而變。

所有噪音量測用的微音器，其方向性均是無指向或等指向性的 (omni directional)，亦即對每一個方向傳來的聲音均有相同的靈敏度，即在頻率低於 1,000Hz 聲音，所有方向入射微音器的回應幾乎相同。由於直徑 1/2 吋的微音器有較佳的使用特性，因此已漸漸成為一個通用的選擇。

在自由音場或接近自由音場中的噪音測定，微音器的方向顯得特別重要，當音波到達微音器薄膜片時，其前進方向與薄膜垂直者稱為垂直入射回應。它的方向是微音器中心軸算起的角度，即垂直入射回應為 0°而平行入射回應的角度為 90°。對無方向性微音器而言，散亂入射回應採用 70°~80°的方向如圖 6.2 所示，此入射角度也可用於當有多數音源之聲音入射方向已明確知道時的噪音測定。在美國與加拿大對噪音計之回應採用散亂入射回應，而歐洲則採垂直入射回應。一般言之，室外測定屬自由音場測定，宜適用 IEC 規範之垂直入射回應，而室內作業場所音場特性屬擴散音場，宜使用散亂入射回應微音器。微音器之回應隨溫度壓力、濕度而變，尤其是濕度影響最重要。

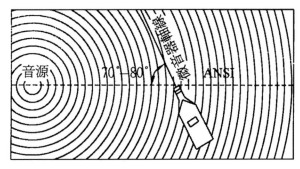

● 圖 6.2　ANSI 對微音器在自由音場使用之建議角度圖

微音器的靈敏度是指一單位的聲音壓力作用於微音器薄膜下，微音器端點所預期的電壓輸出，其單位是毫伏特／巴斯卡(mV/P_a)。通常在不是很高頻的情況下，微音器的靈敏度變化不大，也就是說其頻率回應較平坦，但是在高頻聲音範圍，由於微音器的指向性逐漸變大，使得其頻率回應的平坦性產生變化。通常同一設計型式的微音器，其直徑尺寸若是越大，則其靈敏度越大，但是其可使用的頻率範圍（較平坦的頻率回應範圍）則較窄。

常使用之微音器種類主要有兩種：

(一) 電容微音器(condenser microphone, capacitor microphone)

原理為是將入射聲波轉變為電容，包括暴露於聲波的隔膜或背板或稱為多孔電極，二者形成一個電容。隔膜與背板間加以直流電壓，聲波之音壓使隔膜與背板距離變化造成電容改變而產生正比於音壓之電訊。

電容微音器之優點為穩定度優於其他任何種類微音器，及平滑廣泛的頻率回應，又因為其易於校正，廣泛地用為實驗室標準微音器。電容微音器之缺點為在高濕度下造成漏電而產生干擾噪音，甚至無法監測。極小型電容微音器在高頻率下回應良好原因為其體積極小，其存在不致對音場造成干擾。

(二) 電介體微音器(electret microphone)

電介體微音器原理上類似於電容微音器，但不需施加電壓，包含高分子薄膜，暴露於聲波之表面塗布一層金屬薄膜，置於背板上。高分子薄膜內分子所含電荷稱為電介體(electret)，則電介體與背板造成電容。電介體電容器之優點為成本低、高靈敏度、良好的頻率回應、機械振動之感度低、可用於濕環境測定（相對濕度98%以下），不需加以極化電壓，穩定度極佳等，電介體微音器大小種類極多，為適用於大多數噪音環境測定之良好微音器。

二、權衡電網

人耳對於聲音頻率有不同之敏感度，為了能模擬人耳對噪音的主觀感受，在噪音計內部設計有一個頻率修正權衡電網來達到此一功能，為因應不同測定評估目的，所以噪音測定儀器在設計時即需設計不同的計算電氣回路，以應用在各種情況下，修正不同頻率噪音音壓級，最常用之四種為 A、B、C、D。A 權衡電網曲線很接近 40 唪(phon)等響度級曲線，而 B 與 C 權衡電網曲線很接近 70 唪與 100 唪等響度級曲線，另 D 權衡電網曲線則使用於測量飛航噪音，應用時之修正曲線如圖6.3。其中 A 權衡電網曲線對高頻率權重加強，對低頻權重降低，較接近於人對聲音的主觀感受，通常評估噪音對人之影響時大多採用 dBA；C 權衡電網曲線則大部分範圍均接近實際能量而修正較少，常用於評估防音防護具之防音性能、機械器具所發生之噪音及噪音工程改善；B 權衡電網則幾乎不見用於一般噪音測定，而平坦特性已被視為 F 權衡電網，表 6.1 所示為 A、B、C、D 權衡電網修正值。若同一噪音之 dBC 與 dBA 的值差異大時，即表示該噪音屬低頻音。

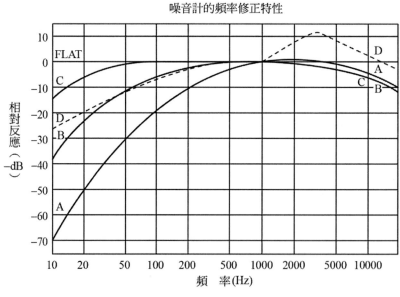

● 圖 6.3　A、B、C、D 權衡電網之頻率修正特性

表 6.1 A、B、C、D 權衡電網修正值表

頻帶編號	中心頻率(Hz)	A 權衡	B 權衡	C 權衡	D 權衡
13	20	−50.5	−24.2	−6.2	−20.65
14	25	−44.7	−20.2	−4.4	−18.696
15	31.5	−39.4	−17.1	−3.0	−16.68
16	40	34.6	−14.2	−2.0	−14.72
17	50	−30.2	−11.6	−1.3	−12.77
18	63	−26.2	−9.3	−0.8	−10.86
19	80	−22.5	−7.4	−0.5	−9.00
20	100	−19.1	−5.6	−0.3	−7.20
21	125	−16.1	−4.2	−0.2	−5.52
22	160	−13.4	−3.0	−0.1	−3.98
23	200	−10.9	−2.0	0	−2.65
24	250	−8.6	−1.3	0	−1.57
25	315	−6.6	−0.8	0	−0.80
26	400	−4.8	−0.5	0	−0.37
27	500	−3.2	−0.3	0	−0.28
28	630	−1.9	−0.1	0	−0.46
29	800	−0.8	0	0	-0.61
30	1000	0	0	0	0.00
31	1250	+0.6	0	0	2.00
32	1600	+1.0	0	−0.1	4.92
33	2000	+1.2	−0.1	−0.2	7.92
34	2500	+1.3	−0.2	−0.3	10.36
35	3150	+1.2	−0.4	−0.5	11.55
36	4000	+1.0	−0.7	−0.8	11.13
37	5000	+0.5	−1.2	−1.3	9.59
38	6300	−0.1	−1.9	−2.0	7.62
39	8000	−0.1	−2.9	−3.0	5.53
40	10000	−2.5	−4.3	−4.4	3.44
41	12500	−4.3	−6.1	−6.2	1.37
42	16000	−6.6	−8.4	−8.5	−0.68
43	20000	−9.3	11.1	−11.2	−2.71

例題 **1**

（八音度頻譜分析轉換為 A 權音壓級）

以噪音頻譜分析儀控制在線性回應下，分析某一工作場所之引擎噪音組成(SPL)如下，計算並比較其線性狀態音壓級(dB)及 A 權衡音壓級(dBA)。

中心頻率(Hz)	31.5	63	125	250	500	1000	2000	4000	8000
音壓級 SPL (dB)	74	79	80	87	83	83	93	93	91
A 權衡修正值	−39	−26	−16	−9	−3	0	+1	+1	−1

▶ 解

$L_{PL} = 10 \log[10^{7.4} + 10^{7.9} + \cdots\cdots + 10^{9.1}]$

$\qquad = 10 \times 10.03$

$\qquad = 103.3$ dB

$L_{PA} = 10 \log[10^{(74-39)/10} + 10^{(79-26)/10} + \cdots\cdots + 10^{(91-1)/10}]$

$\qquad = 10 \times 10.07$

$\qquad = 100.7$ dBA

三、前置放大器

前置放大器之目的是將微音器傳出的電能改變至可被量測的程度，一般須與微音器接近，如此可將微音器傳出的高阻抗信號很完整的轉換成低阻抗輸出。前置放大器對 20~20,000Hz 的聲音均可放大，但其本身內部不得產生太大的干擾噪音。

四、整流器

一般噪音信號的音波能量並不是以峰值或平均值表示，而是以均方根值(Root Mean Square, RMS)表示，其意義是以音波壓力平方的平均值之平方根來表示音波能量的大小值。若設 P(t)表任何瞬間音壓，則在 T 週期時間內的均方根音壓大小 P_{rms} 為

$$P_{rms}=\sqrt{\left(\int_0^T P^2(t)dt\right)\Big/ T}$$ ·· (6.1)

在單一正弦波的均方根值(P_{rms})為峰值(P_{peak})的 0.707 倍，當噪音信號經前置放大器增幅放大後，整流器將音波之信號轉變成均方根值(RMS)推動指針偏轉。

五、時間特性

在噪音量測中，噪音信號通常是高低起伏隨時間而變化。對一個瞬時變化的噪音信號，最簡單的就是以一個平均值代表該噪音值，這個平均值在噪音量測中是以均方根值(RMS)表示，但是如何在這顯著變化的信號中讀取數據則是噪音計的時間特性，所謂時間特性也就是對不同時段發生的信號給予不同的加權。快速動(F)特性，即規定指針的動特性，換算為電氣回路的時間常數大約為 125 毫秒，可以量測到變動性噪音。而對於穩定變動小的噪音，可以用慢速動(S)特性之時間常數來量測，其時間常數為 1 秒，另外，有些噪音計還有一種衝擊回應特性，其時間常數為 35 毫秒。

對於一穩定的聲音源，不論是使用快(F)特性、慢(S)特性、衝擊(I)特性，其最終量測結果均應相同，但是其到達穩態的時間以衝擊(I)特性最快，快(F)特性次之，慢(S)特性最慢。

六、校正信號

噪音計的校正方式一般可以分為兩類，一種是噪音計利用本身的振盪回路產生一標準訊號，以校正自微音器及前置放大器以後之電子回路的性能；而另外一種則是利用外部產生標準音源的音響校正器，產生已知頻率(250,1000Hz)音壓（94dB 或114dB）來校正整個噪音器的性能，前者稱為內部校正而後者稱為外部校正。

6.1.2　噪音計種類

噪音計的分類依其精確度的不同，根據 IEC651 的標準可分為以下四種：

1. Type 0 型：實驗室參考標準用，其容許誤差極小，主要頻率容許偏差為 ±0.7dB。

2. Type 1 型：屬於精密量測，可用於實驗室或現場測量，其主要頻率容許偏差範圍為 ±1.0dB。

3. Type 2 型：一般現場使用，主要頻率容許偏差範圍為 ±1.5dB。

4. Type 3 型：僅用於初步判斷該噪音是否超過限值，主要頻率容許偏差為 ±2dB，由於準確性低，此型噪音計幾乎不再使用。

　　一般噪音量測，都要求噪音計等級至少要達 Type 2 型以上。根據我國國家標準(CNS)規格之規定，噪音計分為精密噪音計(CNS 7129)、普通噪音計(CNS 7127)及簡易噪音計(CNS 7128)三種。分別相當於 IEC 規定的 Type 1 型，Type 2 型，Type 3 型。

6.2　噪音劑量計

　　一個噪音劑量計(noise dosemeter)的基本組成與 6.1 節所介紹的噪音計組成相當類似，皆包括微音器、前置放大器、權衡電網、時間特性、整流器、數據處理與指示儀錶等功能，如圖 6.4 所示。其主要特色在於數據的處理上，除將噪音之 A 權衡音壓級經一特殊設計的巨積電路予以累積並轉換為劑量外，另有峰值音壓級是否有超過法定界限的偵測記錄。

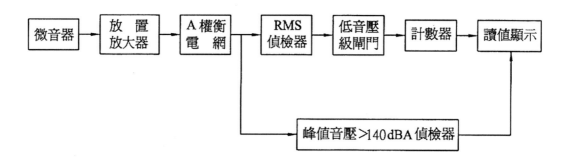

● 圖 6.4　噪音劑量計之基本功能方塊圖

　　由於噪音對聽力的傷害具有累積性，當勞工暴露於噪音工作場所時，因為工作場所本身的噪音量變動或是勞工在工作場所中移動，使得勞工所接受的噪音量可能隨時都在變動，為評估此一變動噪音量對勞工聽力的傷害，我們即需要使用噪音劑量計。

　　噪音劑量計中有供暴露勞工戴用置於口袋內，以延長線將微音器夾在衣領或耳朵附近者（個人噪劑音量計）；也有將微音器置於噪音場所固定位置者（一般噪音劑量計）。通常在相同的音場中測定結果，前者會高於後者約 2dB，其原因是前者微音器接近勞工身體的反射，因為聲音反射結果而增加其音壓級值。

🚜 6.3 噪音監測方法

一、監測點的設定

(一) 微音器

位置應盡量置於受噪音影響者之真實位置或希望的高度，較佳之測量高度為 3~11 公尺之間。

1. 室外測點

為盡量減少反射之影響，監測點應至少遠離任何足以反射之建築物 3.5 公尺以上，離地面約 1.2~1.5 公尺之高度。

2. 靠近建築物之室外測點

要監測一建築物室外噪音暴露點，若無特殊要求，較好之測點應位於距建築物之正面 1~2 公尺、離地面 1.2~1.5 公尺之位置。

3. 室內測點

若無特殊要求，較好之測點為距牆壁或任何反射物 1 公尺以上，距離樓板 1.2~1.5 公尺，距窗戶約 1.5 公尺之位置。若對象為機械設備，則依機械大小決定：

(1) 小型機器（最大邊邊長不超過 20cm），離機器表面 15cm 處測定之。
(2) 中型機器（最大邊邊長不超過 50cm），離機器表面 30cm 處測定之。
(3) 大型機器（最大邊邊長超過 50cm），離機器表面 100cm 處測定之。

(二) 監測站數

一個地區應做工多少測點，除了視研究之需要外，更應注意音源之音壓級在空間的變化（尤其在音源的周圍有高大之障礙物時），一般而言，兩個相隔之監測站測值不得大於 5 分貝。

(三) 監測時段

監測時段應包含人類代表性的活動及音源變化時間，故可選擇日間(day)或夜間(night)等時段或機械運轉期間。

(四) 氣象條件

1. 音源之中心點與監測點之中心點連成一直線，風向與此一直線呈±45°，且風向為向監測點吹。

2. 離地 3~11 公尺之高度間，風速在 1~5m/s 間。

3. 無逆溫的現象，無大雨。

二、測量環境因素引起之誤差及排除

噪音測量之環境因素將會影響測量值，下列為注意事項：

(一) 背景噪音之影響

所謂背景噪音係指特定音源之外的所有噪音，若特定音源音量高過背景音量 10dB 以上，則背景噪音之影響可忽略不計。

(二) 氣流（風）之影響

在有風之場所測量，因氣流受微音器之阻礙而產生渦流，將使測定儀錶指示針振動，若風速過大(>3m/s)就應使用防風罩(wind screen)，防風罩可以保護微音器遠離灰塵、油污及潮濕。風罩對微音器之靈敏度或頻率回應之影響可以忽略。

選擇適當之防風罩，應能使氣流雜音降低至與欲測量環境噪音之音壓級相差 10dB 以上。

(三) 磁場之影響

於發電機、電感應爐、變壓器、電焊機或其他大型電感應設備周圍測量，其測值會受到電磁場所影響。

(四) 振　動

微音器對振動之敏感係由於轉換器元件之慣性所致。轉換器元件之質量盡可能小，以減少振動效應。以微音器種類而言，電容微音器之薄片最輕，振動效應最小；壓電型因除薄片外尚接連壓電材料，振動效應次之；電動型薄片與線圈之總質量大，對振動極為敏感，不宜使用。

(五) 溫度與濕度

溫度對微音器影響較小，主要誤差發生在低溫度環境，該低溫環境下電池消耗較快，使測量值失去精確。大多數微音器對相對濕度超過 90%之濕度很敏感，此時應加除濕器並有防雨設施。

三、作業場所監測

在勞工工作的作業場所進行噪音測定時，若噪音源為移動音源時，測點則選在勞工作業位置且其高度達勞工耳邊；若噪音源固定時，則將作業區域以 3~5m 的間

隔如圖 6.5 所示位置測定，測得的音壓級可藉由電腦軟體繪製該作業場所之等音壓級曲線。由場所中的 90dB、85dB 及 80dB 等音壓曲線，可標示 90dB 以上範圍屬高噪音危害地區、85~90dB 範圍暴露者應佩戴防音防護具、80dB 等壓曲線外屬於一般無噪音暴露地區，其間之示意如圖 6.6 所示。若該作業場有 90dB 以上之噪音，則在作業場所適當位置予以公告並說明防護措施。

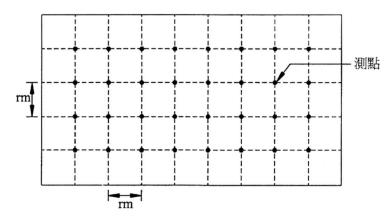

● 圖 6.5　作業場所噪測定點選擇(r=3~5m)

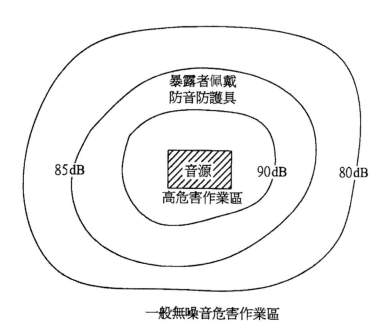

● 圖 6.6　作業場所等音壓級曲線暴露危害示意圖

🔧 6.4 ▷ 勞工噪音暴露測量監測與計算

6.4.1 勞工噪音暴露測量監測

進行噪音劑量計監測暴露劑量時，其動特性以慢(S)回應特性及 A 權衡電網為準。計算劑量時，音壓級小於 80dBA 不予考慮，此一規定是認為超過 80dBA 的聲音對人耳的聽力才具有累積性傷害能力，因此劑量計必須有此項偵檢的功能。

以劑量計評估勞工 8 小時噪音暴露時，是指其在正常工作時間內，如上午 8~12 點，下午 1~5 點的暴露劑量，不包括中午休息的一個小時。因此計算劑量時，應將上午時段的劑量和下午時段的劑量累加，即為累積噪音暴露劑量。若上午有固定的休息時段如 10 點~10 點 20 分，20 分鐘休息仍在工廠內，則此時的噪音劑量計不必關機，因為此時仍屬正常作業時段。但若因偶發性暫時離開工作場所，則應將噪音劑量計關機，待回到工作場所後，再繼續監測。

依據《職業安全衛生設施規則》第 300 條規範的勞工噪音暴露劑量，若是針對某一特定勞工，原則上必須讓該勞工隨身佩戴噪音劑量計，以量測該勞工在一天 8 小時所接受的噪音暴露劑量。如果勞工所處在的噪音環境中，其音壓級的變化並不是很大或者是其變化呈一穩定週期性循環或者是其工作範圍位置局限在一小區域內，則可以使用積分型噪音計量測一段時間或數個週期的音壓級，來預估勞工的噪音暴露劑量。另外暴露於衝擊性噪音時，雖然短暫的撞擊或衝擊性噪音的持續時間短，且其響度可能不是很大，但是其對聽力的傷害相當嚴重。因此在《職業安全衛生設施規則》第 300 條即有規定，在任何時間內衝擊性噪音的峰值音壓級不可以超過 140dBA。故暴露於衝擊性噪音環境下，須先檢測峰值音壓級是否超過 140dBA，評估出勞工在此場所工作是否處於高噪音危險區域或是較安全的低噪音區域，再決定是否需要再進一步使用噪音劑量計量測，或是採用噪音控制工程及聽力保護計畫。

6.4.2 暴露劑量之計算

一、單一環境噪音劑量

表 6.2 所示為《職業安全衛生設施規則》所規定之噪音容許暴露時間，從表中可知當勞工暴露於 90dBA 的穩定噪音環境中，法規容許暴露時間為 8 小時，且每增加（減少）5 分貝，容許暴露時間即減半（倍增），此稱為 5 分貝原則，歐洲國家則採用 3 分貝原則。容許暴露時間 T 與音壓級(L)之關係為：

$$T = \frac{8}{2^{(L-90)/5}} \quad \cdots\cdots (6.2)$$

因此，只要知道作業環境噪音值，即可依據(6.2)式，求得容許暴露時間。

表 6.2 噪音容許暴露時間

A 權噪音音壓級(dBA)	85	90	92	95	97	100	105	110	115
工作日容許暴露時間（小時）	16	8	6	4	3	2	1	0.5	0.25

勞工暴露劑量(Dose)除可直接由劑量計測得，若勞工作業環境噪音為穩定噪音，亦可由勞工實際暴露時間(t)與該穩定噪音相對之法規容許暴露時間(T)比值取百分比而得，其關係為

$$D = \frac{t}{T} \quad \cdots\cdots (6.3)$$

若 D >1 則表示勞工暴露超過標準，若 D ≤ 1，則表示勞工暴露不會對勞工聽力有任何不良影響。

將(6.2)式代入(6.3)式整理可得

$$2^{\frac{L-90}{5}} = D \times \frac{8}{t} \quad \cdots\cdots (6.4)$$

等號兩邊取對數得

$$(L - 90)\left(\frac{\log 2}{5}\right) = \log\left(D \times \frac{8}{t}\right) \quad \cdots\cdots (6.5)$$

移項整理得

$$L = (5/\log 2)\log\left[D \times \frac{100}{(12.5 \times t)} \right] + 90$$

$$= 16.61\log\left(D \times \frac{8}{t}\right) + 90 \quad \cdots\cdots (6.6)$$

L 即為當勞工暴露於噪音一段時間(t)下之時量平均音壓級(time weighted average, TWA)，若勞工暴露 8 小時，則 t 等於 8，上式可寫成

$$L_{TWA} = 16.61 \log(D) + 90 \quad \cdots\cdots (6.7)$$

同理三分貝原則，令(6.4)式中的 5 以 3 取代即可得(6.8)式、(6.9)式

$$L = 10 \log[D \times \frac{100}{(12.5 \times t)}] + 90$$

$$= 10 \log(D \times \frac{8}{t})\cdots\cdots\cdots\cdots\cdots\cdots\cdots\cdots\cdots\cdots\cdots\cdots\cdots\cdots\cdots (6.8)$$

$$L_{TWA} = 10 \log (D) + 90 \cdots\cdots\cdots\cdots\cdots\cdots\cdots\cdots\cdots\cdots\cdots\cdots (6.9)$$

由(6.7)式吾人可由 D 估算工作日 8 小時之時量平均音壓級(dBA)

二、多環境噪音劑量之計算

當勞工於工作日中暴露於兩個以上不同音量 $L_1, L_2, \ldots\ldots, L_n$ 之噪音環境，則整個工作日總噪音劑量為

$$D = (\frac{t_1}{T_1} + \frac{t_2}{T_2} + \ldots\ldots\frac{t_n}{T_n}) \times 100\% \cdots\cdots\cdots\cdots\cdots\cdots\cdots\cdots\cdots (6.10)$$

其中 $t_1, t_2, \ldots\ldots, t_n$ 為不同音壓級之暴露時間（小時）

$T_1, T_2, \ldots\ldots, T_n$ 為不同音壓級之容許暴露時間（小時）

n 為不同音壓級之環境數目。

（音壓級 ≥ 80 分貝才列入計算）

📠 6.5 連續性噪音監測

一、穩定性噪音

噪音音量變化不大如風管、泵浦、馬達等機械正常運轉時之噪音測定，除以噪音劑量計測定勞工暴露劑量外，亦可以噪音計測定其音壓級再計算其暴露劑量。測定時，先選擇測定位置，並設定噪音計之功能鍵在 A 權電網及慢(S)速回應特性，對於所測定之記錄值，以某間隔（例如 5~10 秒）取其平均值。監測時間以一個作業週期即可。

(一) 時間百分率音壓級(Lx)之計算

噪音計之動特性選擇在慢(S)回應時間特性，每一固定時間，間隔($\triangle$T)測得之音壓級依其大小排列繪製音量累積分布曲線，從累積曲線可找到時間百分率級值。

若某種音量以上的次數（時間）占總次數（實測時間）的 X%，稱為 X%時間率音壓級，例如 50%時間率噪音量稱為 L_{50}、90%時間率噪音量稱為 L_{90}，評估時常以 L_{10}、L_{50}、L_{90} 作為音量最大值，平均值、最小值之參考基準。若最大與最小值差在 3dB 內，可視為穩定性噪音（亦可取 L_5 與 L_{95} 之差）。同理也可比較 L_{10}、L_{50} 及均能音量之差。

（二）均能音量之計算

均能音量(equivalent continuous noise level, Leq)係指某一特定時間內之噪音能量平均值，若在 T 時間內，等間間隔讀取音壓級共 n 個測值，則均能音量為

$$Leq = 10 \log[(\sum_{i=1}^{n} 10^{L_i/10} / n)]$$
$$= 10\log(f_i \times 10^{L_1/10} + f_2 \times 10^{L_2/10} + ... + f_n \times 10^{L_n/10}) \cdots\cdots\cdots (6.11)$$

式中 $f_1, f_2, ..., f_n$ 為每個音壓級所占全部量測時間頻率

（三）日夜音量

日夜音量(day-night level, L_{dn})為改良式均能音量，於夜間（22:00~07:00 時）加權 10dB，以說明夜間噪音所造成的困擾。日夜音量被環境保護單位採用來管制社區噪音，其計算可由(6.12)式得到

$$L_{dn} = 10 \log_{10}[\frac{15}{24} \times 10^{L_d/10} + \frac{9}{24} \times 10^{(L_n+10)/10}] \cdots\cdots\cdots\cdots (6.12)$$

式中，L_d 為白天時間（07:00~22:00 時）之均能音量

L_n 為夜間時間（22:00~07:00 時）之均能音量

二、變動性噪音

噪音變化呈不規則且起伏很大時，稱為變動性噪音，此類噪音暴露測定以噪音劑量計為原則。若仍需以噪音計評估時，噪音計功能鍵設定在 A 權衡電網及慢(S)速回應特性，對於所測定之音壓級值，視實際情況（例如每 1 秒或 2 秒）取樣一次。再依音量變動情形，分割成數個時間間段，計算其日時量平均音壓級(TWA)，公式如下：

$$L_{TWA} = 16.61\log[(\sum_{i=1}^{n} 10^{L_i/16.61} / n)] \cdots\cdots\cdots\cdots\cdots\cdots (6.13)$$

例題 **2**

假設音壓級 60dB 為 10 分鐘，70dB 為 10 分鐘，試計算此 20 分鐘時段之均能音量？

▶ 解

L_{eq} = 10 log (0.5 × 10^{60÷10} + 0.5 × 10^{70÷10}) = 67.4 dB

例題 **3**

某噪音作業環境早上 8 時至 12 時為 93dB，中午 12 時至下午 4 時 70dB，試以三分貝規則計算作業勞工暴露劑量，時量平均音量及均能音量？

▶ 解

$D = \dfrac{4}{4} × 100\% = 100\,(\%)$（80dB 以上才納入計算）

依 6.9 式，$TWA = 10 \log \dfrac{100}{100} + 90 = 90dB$

$L_{eq} = 10 \log (10^{93/10} + 10^{70/10}) ÷ 2 = 90$ dB

例題 **4**

某噪音作業勞工作業環境噪音早上 8 時至 12 時為 95dB，中午 12 時至於下午 4 時為 70dB，試計算作業勞工暴露劑量之時量平均音量及均能音量？

▶ 解

$D = 100\% × \dfrac{4}{4} = 100(\%)$（80dB 以上才納入計算）

依 6.9 式，$TWA = 16.61 \log \dfrac{100}{100} + 90 = 90$ dB

$L_{eq} = 10 \log (10^{95÷10} + 10^{70÷10}) ÷ 2 = 92dB$

討論：

(1) 五分貝規則計算所得之劑量與三分貝規則計算所得之劑量相等時，時量平均音量及均能音量不一定相等。

(2) 三分貝規則係管制勞工噪音暴露之能量，又稱為等能量規則，其時量平均音量等於均能音量。TWA（三分貝規則）＝ Leq

例題 **5**

　　某噪音作業環境早上 8 時至 12 時為 96dB，中午 12 時至下午 4 時為 60dB，試以三分貝規則計算作業勞工暴露劑量，時量平均音均音量及均能音量？

▶ **解**

$$D = \frac{4}{2} \times 100\% = 200(\%)$$

$$TWA = 10\log\frac{200}{100} + 90 = 93 \text{ dB}$$

$$L_{eq} = 10\log(10^{96\div10} + 10^{60\div10})\div2 = 93\text{dB}$$

討論：

　　以三分貝規則計算結果 TWA = Leq，如以五分貝規則計算

$$T = \frac{8}{2^{(96-90)\div5}} = 3.48\text{hr}$$

$$D = \frac{4}{3.48} \times 100 = 115(\%)$$

$$TWA = 16.61\log\frac{115}{100} + 90 = 90.6 \text{ dB}$$

$$\therefore TWA \neq Leq(90.6\text{dB} \neq 93\text{dB})$$

例題 **6**

　　穩定性噪音 95 分貝之噪音作業場所，勞工作業 8 小時，求勞工暴露劑量及時量平均音量及均能音量？

▶ **解**

$$D = \frac{8}{4} \times 100 \% = 200(\%)$$

$$TWA = 16.61 \log \frac{200}{100} + 90 = 95 \text{ dB}$$

$$L_{eq} = 95 \text{dB}$$

例題 **7**

　　假如勞工每日工作 8 小時，如給勞工戴噪音劑量計測定 2 小時，結果指示劑量為 30，問該勞工噪音暴露之時量平均音量？

▶ **解**

$$TWA = 16.61 \log \frac{D}{12.5 \times t} + 90$$
$$= 16.61 \log \frac{30}{12.5 \times 2} + 90$$
$$= 91.3 \text{ dB}$$

例題 8

下表噪音測定結果數據，計算 L_{eq}、L_{10}、L_{50}、L_{90}？

噪音測定統計

dBA 範圍 $L'_{j+1} \sim L'_j$	中間值 L_j	時間百分率 P_j，%	大於或等於指定音壓級時間百分率，%
75.1~77.5	76.3	0.011	100
77.6~80.0	78.8	0.007	99.99
80.1~82.5	81.3	5.58	99.98
82.6~85.0	83.8	25.1	94.4
85.1~87.5	86.3	26.6	69.3
87.6~90.0	88.8	21.2	42.7
90.1~92.5	91.3	8.33	21.5
92.6~95.0	93.8	9.45	13.17
95.1~97.5	96.3	3.02	3.72
97.6~100	98.8	0.696	0.696

▶ 解

$$L_{eq} = 10 \log(0.00011 \times 10^{7.63} + 0.00007 \times 10^{7.88} + 0.558 \times 10^{8.13} + 0.251 \times 10^{8.38} + 0.266 \times 10^{8.63} + 0.212 \times 10^{8.88} + 0.0833 \times 10^{9.13} + 0.0945 \times 10^{9.38} + 0.0302 \times 10^{9.63} + 0.00696 \times 10^{9.88}) = 89.36 \text{ dB}$$

由圖 6.7 求得　　L_{10}= 93.8 dB

L_{50}= 88.3 dB

L_{90}= 84.3 dB

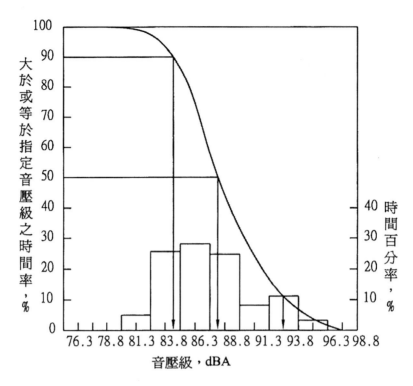

● 圖 6.7　噪音歷史圖及累積分布函數圖

例題 **9**

（以噪音計測定穩定性噪音）

以噪音計等時間隔均勻取樣某作業環境噪音 15 分鐘，得音壓級(SPL)如下：
92、95、93、95、95、93、96、94、92、94 dBA

假設在勞工暴露在此作業環境下工作 8 小時，求其暴露劑量(D)及日時量平均音壓級(TWA)為多少？

▶ 解

(1) TWA= $16.61\log[(10^{92/16.61}+10^{95/16.61}+10^{93/16.61}+10^{95/16.61}+$

$\quad\quad 10^{95/16.61}+10^{93/16.61}+\cdots10^{94/16.61}+10^{92/16.61}+10^{94/16.61})/10]$

$\quad$ = 94……超過 90dB 標準

(2) 容許暴露時間

$T = 8/2^{((94-90)/5)} = 4.6$（小時）

(3) 暴露劑量

$D = \sum(t_i / T_i)$

$= (0.25/4.6) \times (8/0.25) = 1.73 > 1$

(4) 超過管制標準，雇主應作工程改善或減少勞工暴露時間。

6.6 穩定性噪音監測實習 （使用一般噪音計 Quest 2400）

一、設備及器材

　　符合 IEC Type 2 的噪音計兩種以上，音響校正器、噪音紀錄器、三腳架、耳塞、錄音機與穩定性噪音錄音帶。

二、操作步驟

(一) 配備及電力檢查

1. 檢查儀器外觀有無損壞。

2. 防風罩有否缺陷。

3. 檢查電力是否足夠。

(二) 儀器校正

1. 先檢查校正器是否正常，可關機，聽是否有聲音，若是電池沒電，燈會亮。

2. 取下防風罩（注意：微音器勿鬆動或旋下）。

3. 關閉噪音計，將音響校正器音箱妥當地套於噪音計之微音器上，進行外部校正。

4. 打開音響校正器，可輸出 1,000Hz，94dB 或 104dB 之純音（背景值較大時用）。

5. 打開噪音計，選擇校正音壓級範圍 70~140dB。

6. 待螢幕上數值穩定後，若噪音計上之讀值與校正器之設定值不同，則需用一字螺絲起子調整。（校正一定要正確，否則數據全錯）

（三）儀器架設

1. 測定點

實施噪音音源測定時以距音源表面約 0.25~1 公尺處為測點，如圖 6.8 所示。

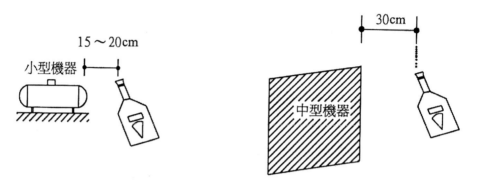

(a) 小型機器音源(最大邊長≦20cm)　　(b) 中型機器音源(最大邊長為 20~50cm)

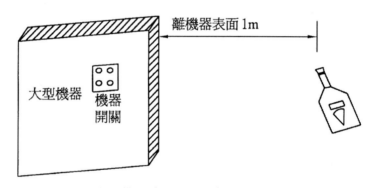

(c) 大型機器音源(最大邊長＞50cm)

● 圖 6.8　音源測定位置說明

2. 微音器架設高度

微音器高度應取在 1.2~1.5m 間。

（四）佩戴防音防護具

音源播放前，測定者須佩戴耳塞以保護雙耳，耳塞要適當選擇置入測定者耳朵內，盡量使密合，用手繞過頭部，將耳朵向外向上拉高，將耳塞用另一隻手插入耳道中。

（五）播放模擬音源

由其播放之聲音決定其為何種型態之噪音及待測之音壓級範圍。

（六）監測進行

1. **面板設定**：監測作業場所穩定性噪音時，應選擇(S)動特性，A 權衡電網，及待測音壓級範圍。
2. **背景噪音監測**：於機械未啟動前，先測背景噪音。
3. **監測開始**，儀器上每 1 秒便會顯示一個噪音音壓級，可每秒或等間隔讀取一值。

（七）監測紀錄

　　噪音作業場所所監測紀錄如表 6.3 所示，包括場所名稱、使用儀器、主要噪音源、噪音特性、勞工作業情形、監測者、平面圖及監測結果。

（八）注意事項

1. 噪音校正一定要對，否則所測數據皆不能用。
2. 測量時，噪音計一定要裝上防風罩。
3. 測量時，噪音計一定要指向噪音源，且高度要近耳朵高度。
4. 測量時，監測者一定要佩戴耳塞（耳塞要正確佩戴）。
5. 手拿噪音計時繩子要穿過手腕，以防掉落。

（九）Dose 及 TWA 之計算並與法規比較是否超過標準

表 6.3　噪音作業場所監測記錄

監測日期：　年　月　日

場所名稱		監測時間	時　分～　時　分	
使用之儀器		噪音特性	□穩定　□變動　□衝擊	
主要噪音來源 （機械或設備名稱）		勞工在本場所作業情形	□經常性 每日　時　分 □間歇性 每日　時　分 □非經常性 每日　時　分	
監測場所平面圖（標示噪音源及監測點場所尺寸） 　　　　　　　　　　　　　　　　作業勞工人數　　人				
監測結果 （各監測點分別記錄）				
監測者：	監測頻率： 每半年一次		記錄保存年限：三年	

例題 **10**

在自由音場中，若勞工暴露於 88.6dB 的穩定性噪音環境 4hr，另該勞工當日另 30 分暴露於另一個音壓級為 91.6dB 的穩定性工作環境。另外 90 分則於另一個 83.70dB 的穩定性噪音環境工作，試計算其暴露總劑量及 8 小時日時量平均音壓級？

▶ 解

$$T_1 = \frac{8}{2^{(\frac{88.6-90}{5})}} = 9.7 \text{hr} \qquad D_1 = \frac{4}{9.7} \times 100\% = 41.2\%$$

$$T_2 = \frac{8}{2^{(\frac{91.6-90}{5})}} = 6.4 \text{hr} \qquad 30\text{min} = 0.5\text{hr}$$

$$D_2 = \frac{0.5}{6.4} \times 100\% = 7.8\%$$

$$T_3 = \frac{8}{2^{(\frac{83.7-90}{5})}} = 19.0 \text{hr} \qquad D_3 = \frac{1.5}{19.0} \times 100\% = 7.9\%$$

$$D = 41.2\% + 7.8\% + 7.9\% = 56.9\%$$

$$TWA = 16.61 \log(\frac{56.9}{100}) + 90 = 85.9 \text{ dB}$$

例題 **11**

在自由音場中，若勞工暴露於 88.6dB 之穩定性噪音環境 4 小時，另該勞工當日另 240 分於距離音功率 5.00w 的機器（穩定性點音源）20 公尺處工作，試計算其暴露總劑量及八小時日時量平均音壓級？

▶ 解

$$T_1 = \frac{8}{2^{(\frac{88.6-90}{5})}} = 9.7 \text{hr} \qquad D_1 = \frac{4}{9.7} \times 100\% = 41.2\%$$

$$L_P \approx 10 \log \frac{5}{10^{-12}} - 10 \log(4\pi r^2)$$

$$\approx 126.99 - 10 \log(4 \times \pi \times (20)^2)$$

$$\approx 126.99 - 37$$

$$\approx 89.99 \text{ dB}$$

$$T_2 = \frac{8}{2^{(\frac{89.99-90}{5})}} = 8.0\text{hr} \qquad D_2 = \frac{4}{8.0} \times 100\% = 50\%$$

$$D = 41.2\% + 50\% = 91.2\%$$

$$TWA = 16.61 \log(\frac{91.2}{100}) + 90$$

$$= 89.3 \text{ dB}$$

例題 12

　　在自由音場中，若勞工甲、乙分別暴露於 88.6 dB 穩定性噪音環境各為 6 小時、5 小時，當日勞工甲於距離音功率 0.10w 之另一穩定性點音源 4.5 公尺處工作 60min，勞工乙亦距離該穩定性點音源 4.5 公尺處工作 240min，試分別計算勞工甲、乙暴露總劑量及 8 小時日時量平均音壓級？

▶ 解

$$T_1 = \frac{8}{2^{(\frac{88.6-90}{5})}} = 9.7\text{hr} \qquad D_1 = \frac{6}{9.7} \times 100\% = 61.9\%$$

$$L_P \approx 10 \log(\frac{0.1}{10^{-12}}) - 10 \log(4\pi r^2)$$

$$\approx 110 - 10 \log(4 \times \pi \times (4.5)^2)$$

$$\approx 110 - 24.1 = 85.9 \text{ dB}$$

$$T_2 = \frac{8}{2^{(\frac{85.9-90}{5})}} = 14.1\text{hr} \qquad D_2 = \frac{1}{14.1} \times 100\% = 7.1\%$$

$$D = D_1 + D_2 = 61.9\% + 7.1\% = 69\%$$

$$TWA_{甲} = 16.61 \log(\frac{69}{100}) + 90 = 87.3 \text{ dB}，同理可得 TWA_{乙}$$

例題 13

　　以噪音頻譜分析儀控制在線性回應下，分析某一工作場之電鋸噪音組成(SPL)如下，計算並比較其線性狀態音壓級(dB)及 A 特性權衡音壓級(dBA)。

中心頻率(Hz)	31.5	63	125	250	500	1000	2000	4000	8000
分析 SPL(dB)	74	79	80	87	83	83	93	98	91
A 權衡修正(dBA)	−39	−26	−16	−9	−3	0	+1	+1	−1

▶ 解

$$L_{pL} = 10 \log[10^{7.4}+10^{7.9}+10^{8.0}+10^{8.7}+10^{8.3}+10^{8.3}+10^{9.3}+10^{9.8}+10^{9.1}]$$

$$= 10\times10.03=100.3 dB$$

$$L_{PA} = 10 \log[10^{(74-39)\div10} + 10^{(79-26)\div10} + 10^{(80-16)\div10} + 10^{(87-9)\div10} + 10^{(73-3)\div10} +$$

$$10^{(83-0)\div10} + 10^{(93+1)\div10} + 10^{(98+1.0)\div10} + 10^{(91-1)\div10}]$$

$$= 10\times10.07$$

$$= 100.7 dB$$

例題 14

　　勞工在工作場所從事作業，其作業時間噪音之暴露如下：

　　　　08:00~12:00　　　　　　85dBA

　　　　13:00~15:00　　　　　　95dBA

　　　　15:00~18:00　　　　　　90dBA

(1) 試評估勞工之噪音暴露是否超過《職業安全衛生設施規則》規定？

(2) 該勞工之工作日全程（9 小時）噪音暴露之時量平均音壓級為何？

(3) 試將影響噪音引起聽力損失之因素列出。

▶ 解

(1) Dose $=\dfrac{4}{16}+\dfrac{2}{4}+\dfrac{3}{8}=1.125=112.5\% >1$　　超過規定

(2) TWA $=16.61 \log \dfrac{112.5}{12.5\times9}+90 = 90$ dBA

(3) 影響噪音引起聽力損失之因素有噪音音量（必須大於 80dBA），音量越大，影響越大，及噪音頻率，頻率越高影響越大，尤其是 4KHz 之影響最大，另外還有暴露時間的多寡、年齡、個人因素也是影響的因素。

例題 15

(1) 一勞工每日工作時間 8 小時，其噪音之暴露在上午 8 時至 12 時為穩定性噪音，音壓級為 90dBA；下午 1 時至下午 4 時為變動性噪音，此時段暴露累積劑量為 50%，其他時間未暴露，試回答下列問題：
① 該勞工全程工作日之噪音暴露劑量為何？
② 該勞工全程工作日暴露相當之音壓級為何？
③ 該勞工有噪音暴露時間內之時量平均音壓級為多少分貝？

(2) 一噪音（純音）其頻率為 1,000Hz，音量為 95dBA，如該測定儀器無誤差，試將以 F 或 C 權衡電網測定時之結果列出，並說明之。

▶ 解

(1) $\text{Dose} = \dfrac{4}{8} + 50\% = 100\%$

$\text{TWA}_8 = 16.61 \log \dfrac{100}{12.5 \times 8} + 90 = 90 \, \text{dBA}$

$\text{TWA}_7 = 16.61 \log \dfrac{100}{12.5 \times 7} + 90 = 90.96 \, \text{dBA}$

(2) 以 F 或 C 權衡電網測定時仍為 95dB，因為頻率為 1,000Hz 時
dBA=dBC=dBF

例題 **16**

有一穩定性噪音源，其發出之功率為 0.1 瓦(Watt)，設該場所為半自由音場，基準音功率為 10^{-12} (Watt)，試問：

(1) 該音源之音功率級(Sound power level)為多少分貝？（5 分，應列出計算式）

(2) 若在距離音源 4 公尺勞工作業位置測定時，理論上音壓級(Sound pressure level)為多少分貝？（5 分，應列出計算式；$\log 2 = 0.3$）

(3) 若勞工每日在該測定位置作業 8 小時，其暴露劑量為多少？（5 分，應列出計算式）

(4) 若勞工每日在該測定位置作業 8 小時，依法令規範應採取哪些管理措施？（96 年 4 月甲級衛生師）

▶ **解**

(1) 音功率級 $L_w = 10 \log \dfrac{w}{w_0} = 10 \log \dfrac{0.1}{10^{-12}} = 10 \times 11 = 110$ dB

(2) $L_P = L_W - 20 \log r - 8$ （對點音源）（半自由音場）

$\qquad\qquad = 110 - 20 \log 4 - 8 = 110 - 40 \log 2 - 8$

$\qquad\qquad = 110 - 40 \times 0.3 - 8 = 90 \text{dB}$

(3) $\text{Dose} = \dfrac{8}{8} = 1 = 100\%$

(4) 因 $L_P = 90 \text{dB}$ 應採取措施如下：

　① 勞工應佩戴耳塞才能進入工作。

　② 暴露勞工每年需作特殊健康檢查。

例題 **17**

某勞工在工作場所從事作業，其作業時間噪音之暴露如下：

08:00~11:00	穩定性噪音，$L_A = 92 \text{dBA}$
11:00~12:00	衝擊性噪音，噪音劑量為 10%
13:00~15:00	變動性噪音，噪音劑量為 20%
15:00~19:00	穩定性噪音，$L_A = 78 \text{dBA}$

(1) 該勞工之噪音暴露是否符合法令規定？（需列出算式）（8分）

(2) 該勞工噪音暴露 8 小時日時量平均音壓級為何？（5分）

(3) 該作業是否屬特危害健康作業？（需說明原因）（2分）

(4) 該勞工噪音暴露工作日時量半均音壓級為何？（請列出算式）（5分）

（97 年 3 月甲級衛生師）

▶ 解

(1) 92dBA 的法規容許時間為 6 小時（ $T = 8/2^{(92-95)5}$ ）

　　$D = 3 \div 6 + 10\% + 20\%$ （78dB 不納入計算）

　　　　$= 80\% < 1$ 故勞工噪音暴露符合規定

(2) $L_{TWA} = 16.61 \log 80 \div 100 + 90 = 88.39\text{dB}$

(3) 88.39 dB>85dB　故依《勞工健康保護規則》規定，該作業屬特別危害健康作業

(4) $L_{TWA} = 16.61 \log 80 \div (10 \times 12.5) + 90 = 86.78\text{dB}$

例題 18

　　一勞工之噪音暴露經測定結果如下，試回答下列問題：

　　08:00~12:00　穩定性噪音　90dbA

　　15:00~16:00　變動性噪音　D=20%

　　16:00~17:00　穩定性噪音　95dbA

　　17:00~19:00　衝擊性噪音　D=10%

(1) 該勞工之噪音暴露劑量為多少%？（請列出計算式）（5分）

(2) 該作業是否屬特別危害健康作業？（2分）

(3) 依《職業安全衛生設施規則》規定，請列出雇主應採取之三項措施？（3分）

▶ 解

(1) 勞工之暴露劑量 $= \dfrac{4}{8} + 20\% + \dfrac{1}{4} + 10\% = 1.05 = 105\%$

(2) 該勞工之八小時日時量平均音壓級：

$$TWA = 16.61 \log \left[D \times 100 \div (12.5 \times 8) \right] + 90$$

$$= 16.61 \log \left[105 \div 100 \right] + 90$$

$$= 90.35 dBA$$

因勞工噪音暴露工作日 8 小時日時量平均音壓級在 85dB 以上，所以此作業屬特別危害健康之作業。

(3) 依《職業安全衛生設施規則》規定雇主應採取措施：

① 工程改善或減少勞工暴露時間。

② 超過 90 分貝之工作場所，應標示並公告噪音危害預防事項。

③ 雇主應採取工程控制措施，包括隔離、消音，密閉、振動等。

④ 雇主應使勞工配戴防音防護具，如耳罩、耳塞等。

例題 **19**

試回答下列問題：

(1) 何謂 Type 2 噪音計？

(2) 在自由音場測定高頻噪音時，當以無方向型、垂直型或水平型微音器測定入射噪音時，一般而言何種入社會有較高的回應特性測值？

(3) 無方向性微音器中心軸線與音波入射的測定角度範圍，通常為何？

(4) 列出計算式，計算噪音計中心頻率為 2000HZ 的八音度頻帶上、下限頻率。

(5) 列出計算式，說明距離線噪音源 4 公尺時之噪音，較距離相同音源 2 公尺時之噪音會減少多少 dB？若為點音源，則距離由 2 公尺變為 8 公尺時，噪音會減少多少 dB？（甲級衛生師 107 年 11 月）

▶ 解

(1) Type 2 型：一般現場使用之噪音計，主要頻率容許偏差範圍為 ±1.5dB。

(2) 無方向型微音器具有較高的回應性。

(3) 70 度到 80 度。

(4) 頻帶寬度，其上限切斷頻率 f_2，下限切斷頻率 f_1，與中心頻率 f_0 的關係為：

$$f_0 = \sqrt{f_1 f_2} \quad 對八音度頻帶而言 \quad f_2 = 2f_1$$

$$2000 = \sqrt{2}\ f_1 \quad f_1 = 1414.4\ \text{Hz} \quad f_2 = 2 \times 1414.4 = 2828.8\ \text{Hz}$$

(5) 兩音源音量差（點音源）＝20 log r2/r1＝20 log 8÷2＝20 log 4＝40 log 2＝12 分貝

兩音源音量差（線音源）＝10 log r2/r1＝10 log 4÷2＝10 log 2＝3 分貝

6.7 變動性噪音監測實習（使用劑量計 Quest Micro-15）

一、設備與器材

劑量計與相匹配之音響校正器、電池、耳塞、錄音機、模擬變動性噪音音源之錄音帶。

二、監測步驟

(一) 配備及電力檢查

同 6.6 節操作步驟的(一)。

(二) 儀器校正

同 6.6 節操作步驟的(二)，只是將噪音計換成劑量計。

(三) 儀器配戴

將噪音劑量計佩戴於勞工身上，以不干擾作業為原則，微音器朝上，置於作業勞工的肩部或衣領，並盡量接近耳朵位置。

(四) 佩戴防音防護具

同 6.6 節操作步驟的(四)。

(五) 測定設定

※ 面板設定

1. 按 on 應顯示 EE30，否則應予調整。

2. 按 sound leve 檢查是否顯示正常，開始調整時狀態。

3. 劑量計應先消除記憶，否則不準。

4. 按 Run 則開始量測，至少測 4 小時，完成時按 pause 。

5. 按 LTL Pose 及 Run Time 並紀錄。

(六) 注意事項

1. 劑量計之 peak leve1 鍵可看劑量其間最大噪音分貝值，依規定衝擊性噪音瞬間不可超過 140dB。

2. Slow Max 鍵可測知穩定性噪音 1 sec 內最大值，依規定穩定性噪音瞬間不可超過 115dB。

3. 防風罩要套上。

4. 微音器要夾在衣領，耳朵下方。

5. 監測者要戴耳塞。

6. 使用劑量計測定時，最好由螢幕顯示之讀值手工計算 TWA，因儀器顯示之 TWA 有時會有誤差。

7. 各廠牌劑量計在操作上差異性很大，應詳閱說明書。

(七) 計　算

1. 若一小時測得之 Dose 為 20%，則勞工工作 6 小時其 Dose 為多少，且 TWA 為多少，又 TWA(8hr)為多少？

$$Dose = 20\% \times 6 = 120\%$$

$$TWA（6 小時）= 16.61 \log \frac{120}{12.5 \times 6} + 90 = 92.07dB$$

$$TWA（8 小時）= 16.61 \log \frac{120}{100} + 90 = 91.3dB$$

2. 以噪音計量測一穩定性噪音 10 分鐘，每一分鐘讀值一次得 95、95、94、95、93、94、95、95、94、94，求工作 5 小時之 TWA 及 Leq？

$$TWA = 16.61 \log(\frac{5}{10} \times 10^{95/16.61} + \frac{4}{10} \times 10^{94/16.61} + \frac{1}{10} \times 10^{93/16.61})$$
$$= 94.43dB$$

$$Leq = 10 \log(\frac{5}{10} \times 10^{95/10} + \frac{4}{10} \times 10^{94/10} + \frac{1}{10} \times 10^{93/10}) = 94.4dB$$

因為是穩定性噪音，所以 TWA=Leq

$$T = \frac{8}{2^{(94.4-90)/5}} = \frac{8}{2^{0.88}} = 4.34hr$$

$$D = \frac{t}{T} = \frac{5}{4.34} \times 100\% = 115\%$$

$$TWA = 16.61 \log \frac{115}{12.5 \times 5} + 90 = 94.4dB$$

例題 20

以聲音校正器校正噪音劑量計，並將噪音劑量計啟動，佩戴於身上，監測結果 Runtime=15 分 30 秒，Dose=3.0%
（錄音機播放 19min 不規則噪音）

假若某位勞工在這個工作場所工作 8 小時 0 分，該不規則噪音暴露 19min 為 1 週期，每天計有 18 次，其餘時間暴露於 91dB 之穩定性噪音。試回答下列問題：

(1) 監測 19min 之暴露劑量（請將實際測定時間換算為題目規定時間表示量）(5%)

(2) 該勞工之工作日噪音暴露總劑量？(10%)

(3) 該勞工噪音暴露之 8 小時日時量平均音壓級？(10%)

▶ **解**

(1) $\frac{3.0}{x} = \frac{15.5}{19} \Rightarrow x = 3.68\%$ ……一週期的暴露劑量

$D_1 = 3.68\% \times 18 = 66.2\%$

$19 \times 18 = 342$ 分

$8 - \frac{342}{60} = 2.3$ 小時

$T = \frac{8}{2^{\frac{(91-90)}{5}}} = 6.96$ $\qquad$ $D_2 = \frac{2.3}{6.96} \times 100\% = 33.05\%$

(2) D = 66.2% + 33.05% = 99.25%

(3) TWA = $16.61 \log(\frac{99.25}{100})$ + 90 = 89.9dB

6.8 衝擊性噪音的監測實習

6.8.1 以噪音計進行監測評估

一、監測目的

(一) 熟練作業環境中衝擊性噪音峰值的音壓級監測。

(二) 熟練作業環境中衝擊性噪音出現的時間間隔。

二、設備及器材

具能顯示「Peak」峰值大小的噪音計數台（等級須符合 IEC 651 Type 2 以上）、示波器、記錄器、音響校準器、三腳架、耳塞、錄音機與模擬衝擊音源之錄音帶。

三、操作步驟

(一) 儀器組合及零附件的準備

1. 組合噪音計，記錄器外觀檢查及測試。

2. 清點零附件及檢查電力來源是否足夠。

(二) 儀器校正

1. 噪音計的校正。

2. 記錄器的回應校正及動筆調整。

(三) 佩戴防音防護具

(四) 播放模擬音源

(五) 進行監測

1. 以示波器繪製衝擊性噪音之歷時分布圖，並檢核衝擊性噪音是否符合定義。

   (1) 儀器組合並播放模擬音源。

   (2) 開始監測。

   (3) 記錄波峰值的出現。

   (4) 核算兩波峰值間的時間間隔。

2. 以噪音計測定衝擊性噪音的峰值。

   (1) 架設儀器與選定測點。

   (2) 打開儀器開關。

   (3) 將功能健設定在 Peak 及 A 權衡電網。

   (4) 記錄。

   (5) 關機。

(六) 資料讀取與整理

1. 記錄兩波峰值的音壓級值。

2. 記錄峰值音壓級。

(七) 與現行法規比較並判定

1. 是否符合法規對衝擊性噪音瞬間峰值音壓級之限制(140dBA)規定。

2. 由示波器的記錄來判定，該音源是否真屬於衝擊性噪音。

6.8.2 以劑量計評估衝擊性噪音

1. 監測目的

熟練在衝擊性噪音下作業勞工噪音暴露劑量之測定評估。

2. 設備及器材

符合 IEC651 Type2 等級以上之劑量計數台，相匹配之音響校正器數台。

操作步驟：

(1) 檢查儀器外觀及功能量否正常。

(2) 檢查零附件及電力是否足夠。

(3) 以音響校正器校正。

(4) 佩戴防音防護具。

3. 進行監測

與連續性噪音之監測相同。

6.8.3　注意事項

衝擊性噪音測定使用之噪音計，功能鍵與測定一般穩定性，或變動性噪音計不同，使用前須詳閱操作手冊，並注意其功能的限制。

例題 21

※衝擊性噪音評估法令要求

某機械廠衝床作業，經現場調查發現，該噪音屬不連續的衝擊性噪音，問該作業場所應如何進行評估，才能判定其是否合乎法令的要求？

▶ 解

(1) 以具「Peak」特性功能鍵的噪音計監測其音壓級，看是否超過 140dB(A)。

(2) 以劑量計評估在該作業場所作業的勞工，計算其劑量是否大於 100%，若大於 100%則判定不合法，須進行噪音控制改善。

例題 22

※衝擊性噪音之估算暴露

某鋼鐵工廠沖剪機械房作業勞工旁，監測噪音結果如下：

監測時間：上午 8:00~12:00，噪音劑量計顯示 D=35%，噪音計峰值音壓級 L_{peak}=132dBA，由示波器顯示該噪音屬準穩定性衝擊噪音，兩波峰出現時間固定為 30 秒，若該勞工下午之工作型態與上午相同，試評估該作業環境。

▶ 解

(1) 由衝擊回應及示波器顯示該噪音屬衝擊性。

(2) L_{peak} = 132dBA < 140dBA

(3) D = 35% × (8/4) = 70%

　　該衝擊性噪音雖未超過 100%劑量，且峰值未超過法令要求，但仍需使勞工佩戴耳罩或耳塞防音防護具（因劑量超過 50%）。

6.9 　噪音頻譜分析實習

6.9.1 　以濾波器進行頻譜分析

一、頻譜分析的目的

(一) 熟練噪音在各中心頻率頻帶的音壓級值測定。

(二) 練習八音度及 1/3 八音度頻譜分析之轉換。

(三) 作為評估工程改善的依據。

二、設備及器材

　　與噪音計相匹配之八音度濾波器數台，三腳架、耳塞、錄音機與模擬音源之錄音帶、記錄器、電池（含備用）。

三、操作步驟

(一) 儀器組合及零附件的準備

1. 組合噪音計，濾波器、記錄器，並測試。

2. 清點各零附件，並檢查電力，是否足夠。

(二) 儀器校正

(三) 佩戴防護具

(四) 播放模擬音源

(五) 進行頻譜分析

1. 打開噪音計與濾波器之開關。

2. 設定噪音計的功能鍵在慢(S)回應及，F（或 LIN）權衡電網回應。

3. 並視音源大小調整適當音壓級動態回應範圍。

4. 選定自動(auto)或手動(manual)來切換頻帶（八音度及 1/3 八音度分析）。

5. 記錄。

(六) 資料讀取與整理

1. 計算在各中心頻率的音壓級值，此時的回應為 LIN。

2. 將音壓級修正為 A 權衡值。

3. 求各中心頻率的音壓級值的總和(SPL)。

(七) 評估

1. 繪製噪音在各中心頻率對應頻帶的音壓級。

2. 將 1/3 八音度頻帶分析結果轉換至八音度頻帶及對應全頻帶 A 權電網音壓級。

EXERCISE 習題

1. 某噪音環境早上 8 時至 12 時為 93dB，中午 12 時至下午 4 時為 75dB，試以五分貝規則計算 D、TWA(8hr)及 Leq。(Ans：75.47%, 88dB, 90dB)

2. 噪音監測應注意哪些項目？

3. 依《職業安全衛生設施規則》規定，雇主對發生噪音之工作場所應辦理哪些事項？

4. 以噪音均勻取樣環境噪音 10 分得 SPL 為 90, 85, 90，若勞工在此環境工作 4 小時，又另 4 小時在 85dB 之環境工作，求 D 及 TWA（8 小時）？(Ans：71%, 87.6dB)

5. 若某勞工在 A 環境工作 4 小時，其間測得其 20 分之劑量為 5%，而在 B 環境(90dB)工作 4 小時，求 D 及 TWA？(Ans：110%, 90.69dB)

6. 某勞工實際工作 8hr 但僅 6 小時有噪音暴露，若以劑量測得 2hr 之劑量為 30%，求 D(8hr)、TWA(8hr)？(Ans：90%, 89.24dB)

7. 請以噪音計 3 分鐘全程測定，每 30 秒讀取一次數值並記錄之(95, 95, 94, 93, 94, 92)，請問該穩定性噪之音壓級為何(TWA)及 Leq？(Ans：94.05dB, 94.08dB)

8. 在自由音場中，若勞工暴露於上述該穩定性噪音環境 7 小時，且該勞工當日有 120 分鐘暴露於另一音壓級為 85 分貝的穩定性噪音環境工作，還有 60 分鐘則於另一個 75 分貝的穩定性噪音環境工作，試計算其暴露總劑量及八小時日時量平均音壓級？(Ans：164.5% , 93.59dB)

9. 某勞工 08:00~12:00 在一週期性噪音工作場所工作，該不規則噪音暴露以 24min 為一週期，每一週期之劑量為 6%，共有 10 週期，下午該勞工在一 88dB 的環境工作 2hr，另 2hr 則暴露於不穩定音源環境，其劑量為 26%，求勞工工作日噪音總劑量及 TWA(8hr)、TWA(9hr)。

10. 在自由音場中，若勞工甲、乙分別暴露於似乎穩定性噪音環境各 5hr 及 6hr，以噪音計測定，每分鐘讀取一次並記錄四分鐘，結果資料為 82、87、88、81，試求該噪音之 SPL 為何？是否為穩定性噪音？又當日甲勞工距離音功率為 0.05W 之另一穩定性線音源 5 米處工作 3hr，乙勞工亦距離該穩定性音源 3 米處工作 2hr，試分別計算甲、乙勞工暴露之劑量及 TWA。

11. What is the maximal allowable time for exposure to 96 dBA?

12. What is the percent dose for a 3-hour exposure to 90 dBA, a 2-hour exposure to 95 dBA, and a 3-hour to 100 dBA?

13. What is the time weighted average (or equivalent sound pressure level)for a dose of 237.5%?

14. 若以噪音計等時間間隔測得某作業場所之噪音得其音壓級(SPL)如下：92、91、94、93、93、94、92、92、93、91、86、88(dBA)，假設某勞工於此環境下作業 8 小時，試問：
    (1) 於該噪音環境下勞工允許暴露時間為多少？
    (2) 8 小時之噪音劑量值為多少？
    (3) 日時量平均音壓級(TWA)為多少？

15. 假設勞工一天暴露於二和穩定性噪音：週期 A 與週期 B，週期 A 噪音，時量平均音壓級(TWA)為 85dBA，暴露時間為 4 小時；週期 B 噪音，時量平均音壓級 (TWA)為 92dBA，暴露時間為 2 小時，試問：
    (1) 6hr 之噪音劑量值(Dose)為多少？
    (2) 6hr 之時量平均音壓級(TWA)為多少？
    (3) 8hr 之噪音劑量值(Dose)為多少？
    (4) 8hr 之時量平均音壓級(TWA)為多少？

16. 某噪音作業環境早上 8~12 時為 95dB，中午 12～下午 4 時為 60dB，試以五分貝規則，計算作業勞工暴露劑量、TWA 及 Leq。(Ans：100%, 90dB, 87dB)

17. 試述噪音計之基本組成及功能？

18. 試述噪計種類與容許誤差之關係？

19. 試說明噪音計快、慢、衝擊性回應用於監測噪音之選擇？

20. 噪音計如何校正？

21. 噪音計之聲音校正器均設計其校正聲音在九十分貝以上，其用意為何？

22. 某噪音現場，測得噪音數據如下：
    40 分鐘，80 分貝；50 分鐘，90 分貝；30 分鐘，100 分貝。求其均能音量。
    (Ans：94.7dB)

23. 有一送風機在 1 公尺距離處其頻譜音量位準為 86、87、85、80、75、73、70 及 65dB(63~8KHz)，求其 A 特性音壓級。(Ans：83.3 dB)

24. 一衝剪機械產生 100 分貝之噪音，工業衛生技師如何規劃其對策？

25. 工作者暴露噪音之測量結果為：90 分貝(dB(A))2 小時，100 分貝 1 小時 30 分鐘，其餘的時間暴露之噪音低於 80 分貝；請回答下列問題：

 (1) 計算並評估工作者之這種暴露是否超出噪音暴露容許標準？

 (2) 執行類似的噪音暴露調查(exposure survey)可能選用哪些測量的儀器設備？

 (3) 如何使用儀器測量主要的噪音源(source determination)？

 (4) 為此噪音擬定聽力保護計畫要旨？

26. 10 點～12 點噪音劑量計測出為 50%，求該作業時段之音壓級為多少分貝？又該日無其他噪音暴露，試問其相當 8 小時暴露音壓級為多少分貝？(Ans：95dB、85dB)

27. 某勞工每日工作 8 小時，經環境監測所得之噪音暴露如下：（20 分）

時間	噪音類別	測定值
08:00~12:00	變動性	40%
13:30~15:30	穩定性	95 dBA
15:30~17:30	無暴露	

 試回答下列問題：

 (1) 若噪音源為移動式音源，則其測定點為何？（2 分）

 (2) 在監測穩定性噪音及變動性噪音時，請說明你選用之儀器種類及其設定為何？（4 分）

 (3) 請由題意所得之測定值評估：

 ① 該勞工全程工作日之噪音暴露劑量。（5 分）

 ② 該勞工噪音暴露之 8 小時日時量平均音壓級。（5 分）

 (4) 對上述評估之結果，依法令規定，雇主是否應提供防音防護具給勞工佩戴？（請說明理由）（4 分）（104 年 7 月甲衛師）

心靈加油站

生命因不圓滿而美

在一個講究包裝的社會裡，我們常禁不住羨慕別人光鮮華麗的外表，而對自己的欠缺耿耿於懷。但就我多年觀察，我發現沒有一個人的生命是完整無缺的，每個人都少了一樣東西。

有人夫妻恩愛，月入數十萬，卻是有嚴重的不孕症；有人才貌雙全，能幹多財，情字路上卻是坎坷難行；有人家財萬貫，卻是子孫不孝；有人看似好命，卻是一輩子腦袋空空。每個人的生命，都被上蒼劃了一道缺口，你不想要它，它卻如影隨形，彷若我們背上的一根刺，時時提醒我們謙卑，要懂得憐恤。所以，不要去羨慕別人的如何如何，好好數算上天給你的恩典，你會發現你所擁有的絕對比沒有的要多出許多，而缺失的那一部分，雖不可愛，但卻是你生活的一部分，接受它而善待它，你的人生會豁達許多。

★ 找一個懂你的人，也期許自己做一個能懂別人的人。

★ 聰明的人喜歡猜心，雖然每一次都猜對了，
　卻失去了自己的心。

★ 傻氣的人喜歡給心，雖然每次都被笑了，
　卻得到別人的心。

★ 魚說：你看不見我的淚水，因為我在水中……
　水說：我能感覺你的淚水，只因你在我的心中……

PHYSICAL
WORKPLACE MONITORING

噪音控制

07
CHAPTER

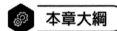**本章大綱**

　　勞工暴露於日時量平均音壓級超過 85dB 或暴露劑量 50%以上的作業環境時，雇主應有效地執行聽力保護計畫，以確保該勞工健康。聽力保護計畫內容包括噪音測定與評估、工程控制、防音防護具的佩戴、特殊健康檢查等措施已描述於第五章 5.12 節。

　　噪音控制的進行步驟，須依下列順序逐步著手，才能達到噪音控制之預期效果。

1. 噪音診斷及音源特性分析。
2. 噪音監測與評估。
3. 噪音防制目標值的選定。
4. 防止技術的選定。
5. 防止裝置的設計、製作。
6. 對策作業的實施。
7. 對策結果的確認。

　　本章將針對噪音控制的基本原則、音源對策、吸音、遮音逐一介紹。

7.1　噪音工程控制基本原則

　　減低噪音的基本原理包括減少發聲體的振動，設法將聲音的能量消除（變成熱能消失），利用吸音材料將部分聲音加以吸收及將聲音加以阻隔，不讓它到達接受者之位置或減低其到達接受者之能量。

　　為使噪音控制能有效達成音量降低之目的，下列為實施噪音控制所必須考慮之原則：

一、辨認(Identify)音源及其相對重要性

　　噪音源由於作業運轉發生噪音，大部分屬於複音源且各音源的音量、成分皆可能不同，因此需利用噪音計與濾波器先建立各音源的總音壓級及頻譜音壓級，比較各別音源間的相對重要性，以決定執行噪音控制的優先順序。

二、比較評估噪音源、傳音路徑及受音者的可能噪音控制程序

　　噪音防止技術，可以從音源對策、傳音途徑及受音者對策三方面分別探討。如圖 7.1 所示。

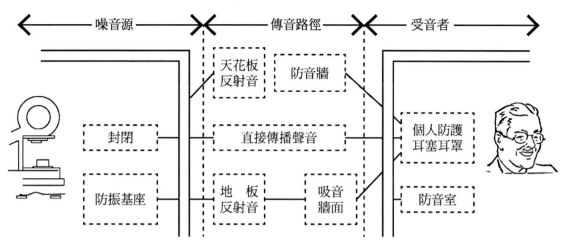

噪音源音量之降低	傳音路徑之阻絕	受音者噪音之減低
1. 機械本身防音處理 　(1) 放慢動作，減緩速度。 　　避免或減緩力、速度、 　　壓力的急劇改變 　(2) 噪音源對外部之聯接， 　　使用防振聯結設計 　(3) 把噪音源封閉起來 2. 以噪音量較低機械換新 3. 改變作業方法	1. 增大受音者與音源間的距離 2. 對天花板、牆、地板施以吸音處理（鋪吸音材） 3. 設遮音屏、遮音牆	1. 個人耳朵之保護 2. 把工作人員隔離在防音室中 3. 人員輪換，減少暴露時間 4. 改善工作程序 5. 與受音者的協調、補償

● 圖 7.1　噪音控制策略概要圖

（一）音源對策

　　目的為降低音源的音量，藉由機械本身的防音措施，如以音罩將音源封閉、利用振動減衰或隔絕處理來減少聲音、汰舊換新等來使音源發出的噪音盡量減少。

（二）傳音路徑對策

　　目的為防止聲音的傳播，依聲音距離衰減原理，增加音源與受音者間之距離，或架設隔音牆、隔音屏、鋪設吸音材於傳送途徑上，以減低受音者所接收之噪音。

（三）受音者對策

　　利用防音室來隔絕外界的聲音侵入，受音者於防音室中活動，減少勞工暴露機會。當然，適當的行政管理也可減少受音者噪音暴露的時間，例如工作調整、工作輪換，必要的時候，可佩戴防音防護具降低噪音的影響。

三、比較音場中直接聲音與反射音的相對重要性

除了純自由音場外，作業場所中每一個位置均為直接音波與反射音波的結合，直接聲音是由音源至受音者為一直線傳音途徑；而反射音則是音波經過周圍表面一次或多次反射才達到受音者。在密閉設備內部表面加吸音材料以減少反射音，是經常被用來改良密閉效果的方法之一。

四、區分噪音的吸收與衰減

降低噪音的基本原理，在於將發生噪音源之物體藉由振動減少及將聲音的能量轉變成熱能消失，以達噪音控制的目的。

實際的噪音防止對策，即依據該原理，採用遮音(sound barrler)、吸音(sound absorption)、阻尼（振動衰減）、振動絕緣(vibration isolation)等四種組合性的具體方法，如圖 7.2 所示。

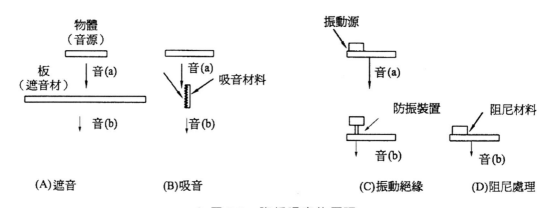

● 圖 7.2　降低噪音的原理

(一) 遮　音

如圖 7.2(A)所示，物體的振動所發出聲音(a)的傳音路徑上放置一個板子或屏障，聲音接觸板子後會產生振動，並在板子的另一側發出聲音(b)，一般情形聲音(b)都會明顯地小於聲音(a)，這種藉著板子或屏障的振動間接地降低聲音之方法，稱為遮音。

(二) 吸　音

如圖 7.2(B)所示，在聲音(a)的傳達路徑上，置吸收聲音材料（吸音材料常為多孔性材料），使聲音在內部傳送過程中轉變成熱能而使聲音(a)衰減。這種利用吸音材料使聲音被吸收降低之方法稱為吸音。

（三）振動絕緣

如圖 7.2(C)所示，發出聲音(a)的物體產生振動，在振動源與板子中間置入彈簧，不使振動源直接與物體接觸，而讓物體的振動變小，發出聲音(b)則比聲音(a)小。這種藉由防振裝置，使振動源的振動不直接傳到物體之方法稱為振動絕緣。

（四）振動阻尼

如圖 7.2(D)所示，在物體上披覆吸收振動的材料（阻尼材料），則由振動體傳送到物體的振動也會轉變成熱能消失，而使物體的振動變小，發出聲音(b)也變小。這種利用阻尼材料來吸收振動的方法為阻尼(damping)（振動衰減）。

五、評估側面噪音途徑之影響

聲音傳送過程除經過音屏材料外，聲音也可經過小開孔、裂縫、玻璃、門等途徑傳音，稱為側面傳音途徑(flanking path)。側面傳音對於一個音屏運作之影響，在噪音控制設計時必須深入探討任何開口、門窗及其他側面途徑，否則容易造成音屏之遮音效果降低。

7.2 吸音及吸音率

聲音的能量被吸收後，即轉變成熱能消失，稱之為吸音(sound absorption)。吸音由各種不同的材料、構造所形成。具有吸音能力的材料，多為多孔性物質，特稱為吸音材料(absorptive material)。

材料或構造的吸音能力大小，常以吸音率 α (absorption coefficient)表示，其定義為對於入射音的能量而言，聲音能量被吸收強度所占的比例，以(7.1)式來表示（圖 7.3）：

$$\alpha = \frac{I_i - I_r}{I_i} \quad\cdots\cdots (7.1)$$

α：吸音率，一般 α 值介於 0 與 1 之間，
I_i：入射材料的聲音強度（瓦特／米^2）
I_r：材料面反射聲音強度（瓦特／米^2）

吸音率越大之材料其吸音效果越好，α 值為 0 時表示完全反射，α 值為 1 代表完全被吸收。

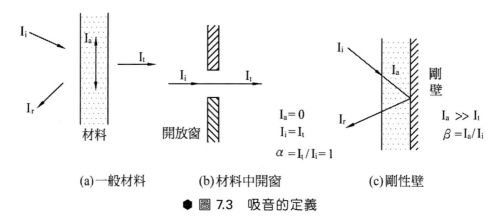

(a)一般材料　　　(b)材料中開窗　　　(c)剛性壁

● 圖 7.3　吸音的定義

從(7.1)式及圖 7.3(a)可看出，$I_i - I_r$ 表示所有不反射聲音的能量由被材料吸收所消失的能量 I_a 與透過能量 I_t 所組成。因此(7.1)式可以由(7.2)式來替代：

$$\alpha = \frac{I_a + I_t}{I_i} \quad\cdots\cdots\cdots\cdots\cdots\cdots\cdots\cdots\cdots\cdots\cdots\cdots\cdots\cdots\cdots\cdots\cdots\cdots\cdots\cdots (7.2)$$

圖 7.3(b)中視為開放的窗子，則 $I_a \approx 0$, $I_t = I_i$；則 $\alpha = 1$，亦即聲音變成 100%吸收。又如圖 7.3(c)所示，材料背後有很重的牆壁時，$I_t \approx 0$，則吸音率為

$$\alpha = I_a / I_i \quad\cdots\cdots\cdots\cdots\cdots\cdots\cdots\cdots\cdots\cdots\cdots\cdots\cdots\cdots\cdots\cdots\cdots\cdots\cdots\cdots\cdots (7.3)$$

即吸音率以材料內部消失的能量來決定。

吸音率除了與材料本身性質相關之外，也會隨著入射的頻率及入射角度而改變。聲音垂直入射時的吸音率稱為垂直入射吸音率；對材料而言，聲音由所有方向以相等機率入射時的吸音率，稱為隨機入射吸音率。通常所稱吸音率係指隨機入射吸音率，是一般常用的設計資料。

利用(7.3)式，若室內牆壁及天花板的表面積以 S 表示，則室內之聲音總吸收 A(room absorption)或吸音值為

$$A = \Sigma \, \alpha_i S_i$$
$$= S_1 \alpha_1 + S_2 \alpha_2 + \cdots\cdots + S_n \alpha_n = \overline{\alpha} \, S \quad\cdots\cdots\cdots\cdots\cdots\cdots\cdots\cdots\cdots\cdots\cdots\cdots (7.4)$$

其中 α_1、α_2、α_3……分別為不同吸音材料 S_1、S_2、S_3……之吸音率，$\bar{\alpha}$為室平均吸音率。

若作業場所鋪設吸音材料前後之音總吸收分別為 A_f 與 A_s，則工程改善前後同一音源在室內的音壓級差$\triangle L$ 可計算為

$$\Delta L = 10\log_{10}(\frac{A_s}{A_f}) \quad\cdots\cdots\cdots\cdots\cdots\cdots\cdots\cdots\cdots\cdots\cdots\cdots\cdots\cdots\cdots (7.5)$$

通常良好的施工，$\triangle L$ 可達 10dB，但欲達到 20dB 則相當困難。另外噪音作業場所若能將門窗完全打開，則打開的部分可視為 100%的吸收，可以減少噪音量。物質聲音吸收的英制單位「沙賓(Sabins)」，其定義為吸音率為 1 的物質 1 平方呎淨面積之聲音吸收值，例如一扇窗戶（3×7 呎）完全打開時之吸音值為 21 沙賓；若吸音單位以公制表示時為稱「米沙賓」，即面積為 $1m^2$ 之吸音量。

7.2.1 吸音率之測定

隨機入射吸音率是將材料置入殘響室(reverberation room)，測定殘響時間或稱回音時間 T_{60}(reverberation rime)加以計算而得，所謂殘響室為室內音場相當接近於擴散音場的音場室，當室內發生聲音時，內部聲音的能量呈均勻分布。

在殘響室內，發出聲音後，即殘響時間越短越好，聲音突然停止，室內聲音不會馬上消失，經過一段時間才消失。當室內音壓級衰減到 60dB 所需的時間稱為殘響時間，單位為秒，以 T_{60} 表示。設殘響室體積為 $V(m^3)$，室內全表面積為 $S(m^2)$，平均吸音率為 $\bar{\alpha}$，則表示殘響時間 T_{60}（秒）的公式（又稱沙賓式）為：

$$T_{60} = \frac{0.16V}{\bar{\alpha}S} \quad\cdots\cdots\cdots\cdots\cdots\cdots\cdots\cdots\cdots\cdots\cdots\cdots\cdots\cdots\cdots\cdots (7.6)$$

在殘響室放置吸音材料與不放吸音材料時測定其殘響時間分別以 T_1, T_0 表示，則其吸音率 α_x 則由(7.7)式可以算出。

$$\alpha_x = \frac{0.16V}{S_x}(\frac{1}{T_1} - \frac{1}{T_0}) \quad\cdots\cdots\cdots\cdots\cdots\cdots\cdots\cdots\cdots\cdots\cdots\cdots (7.7)$$

其中 S_x 為被測吸音材料之表面積(m^2)，但遠小於殘響室內表面積。

7.2.2 吸音評估

任何一種材料在固定頻率下，吸音率會隨著音波入射角而變化。在室內，音波以許多不同的角度觸及材料，因此商用吸音材料之吸音率均以隨機入射方式在殘響中測試樣本而稱為殘響室法。材料的噪音減少係數(Noise Reduction Coefficient, NRC)是以材料在 250, 500, 1000, 2000Hz 下吸音率的算術平均值，並以最接近的 0.05 倍數表示。NRC 值在噪音控制選擇吸音材料上，廣泛地被使用。但低頻率或極高頻率的噪音，則比較各頻率對應的吸音率會比 NRC 值更具意義。

例題 1

有一吸音材料以殘響室法測得吸音率如下表，NRC 為何？

頻率(Hz)	125	250	500	1000	2000	4000
吸音率	0.07	0.26	0.7	0.99	0.99	0.99

▶ 解

(1) NRC 值：（為 250、500、1000、2000Hz 下吸音率之算術平均值）

$$NRC = (0.26+0.7+0.99+0.99)/4=0.735$$

(2) NRC 值雖然高，但在 125Hz 對應之吸音率卻僅 0.07，因此對低頻噪音控制，選擇該吸音材料時，效果值得考量。

7.3 遮音控制

遮音材料結構主要用來限制或阻擋空氣音從材料的一側通過至另一側，為高密度、無孔隙之隔音屏障(barriner)，這種設置屏障直接阻隔聲音或將牆壁增厚來減少聲音的傳送都稱為遮音。材料或結構的遮音性能一般以傳送損失(Transmission Loss, TL)表示，TL 值越大表示遮音性能越強。遮音性能好的材料稱為遮音材料(sound barrian material)。

7.3.1 傳送損失

以(7.8)式來定義材料或構造之傳送損失(TL)來表示該材料的遮音性能。

$$TL=10 \log \frac{1}{\tau} = 10\log \frac{I_i}{I_t} \quad\cdots\cdots\cdots\cdots\cdots\cdots\cdots\cdots\cdots\cdots\cdots (7.8)$$

式中 $\tau = \dfrac{I_t}{I_i}$ ，稱為穿透係數

I_t：穿透音的強度(w/m^2)

I_i：入射音的強度(w/m^2)

如圖 7.3(a)所示入射音觸及材料後而有反射音(I_r)、吸收音(I_a)及穿透音(I_t)，其關係為 $I_t=I_i - (I_a+I_r)$。當 I_a 或 I_r 增大時，TL 都會增大，對於良好的吸音材料而言，$I_a \gg I_r$；而類似鋼板、實心木板等高密度材料而言，$I_r \gg I_a$，通常所稱傳送損失是指後者。傳送損失以 TL 來表示，單位為 dB。將(7.9)式加入基準音強度(I_0)後可改寫為

$$TL(dB)=10 \log \frac{I_i}{I_t}$$

$$=10 \log \frac{I_i}{I_0} - 10 \log \frac{I_t}{I_0}$$

$$=L_i - L_t \quad\cdots\cdots\cdots\cdots\cdots\cdots\cdots\cdots\cdots\cdots\cdots\cdots\cdots\cdots (7.9)$$

式中　L_i：入射音的音壓級(dB)

　　　L_t：穿透音的音壓級(dB)

亦即傳送損失為入射音與穿透音的音壓級差。例如，入射音音壓級為 100dB，傳送音音壓級為 70dB，則其傳送損失為 100 – 70 = 30dB。傳送損失除與材料本身性質有關之外，亦隨入射音頻率及入射角度而改變。

和 7.2 節的吸音材料一樣，傳送損失係指隨機入射所監測的傳送損失。

7.3.2　傳送損失的監測

傳送損失的測定，利用相鄰二間殘響室，一間為音源室，另一間為受音室，在二間殘響室交界處安裝待測材料。

由音源室發出聲音，使隨機入射於待測材料，測定其音壓級 L_1(dB)，另外在音源室藉材料的振動，而將聲音擴散至受音室，測定其音壓級 L_2(dB)。再依(7.10)式來計算傳送損失

$$TL = L_1 - L_2 + 10 \log \frac{S_x}{A} \text{(dB)} \cdots\cdots\cdots\cdots (7.10)$$

式中 S_x：材料的面積(m^2)

$A = \bar{\alpha} S$ ：受音室的吸音量(m^2)

$\bar{\alpha}$ ：受音室的平均吸音率

S ：受音室的表面積(m^2)

7.3.3　遮音評估

遮音材料之性能主要量測在不同頻率的傳送損失，常以平均傳送損失或聲音傳送等級(Sound Transmission Class, STC)表示。前者是將 125~4000Hz 頻率範圍之傳送損失。取算術平均值，常用於隔音屏的評估，而後者是傳送損失曲線在 500Hz 對應的值。平均傳送損失、聲音傳送等級(STC)與交談隱密性的聽力狀況說明如表 7.1 及表 7.2 所示，就交談隱密性而言，平均傳送損失在 30dB 以下時，該材料便屬於「遮音性能不良」。

STC 值越大表示該材料構造遮音效果越好。

表 7.1 平均傳送損失(TL)之評估說明

牆壁之平均傳送 損失(TL, dB)	交談隱蔽性之 聽力狀況	遮音評估分類
<30	正常交談很容易清楚聽到	不良
30~35	正常交談可以聽到，但不易聽懂；大聲交談可以聽懂	可
35~40	正常交談，聽起來模糊，大聲交談可聽到但不易聽懂	良好
40~45	大聲交談聽起來很模糊不易聽懂	很好 （起居房間之隔牆建議使用）
>45	即使是大音量但聽起來很模糊或根本聽不到	優良 （音響室隔牆建議使用）

表 7.2 聲音傳送等級(STC)之評估說明

STC	交談隱蔽性的聽力狀況
25	正常交談很容易聽懂
30	大聲交談很容易聽懂
35	大聲交談可以聽到但不易聽懂
42	大聲交談聽起來聲音很小
45	大聲交談仔細聽才可聽到
48	部分大聲交談勉強可聽到
50	大聲交談也聽不到

7.3.4 均質構造材料之遮音

平板、合板皆為均質構造，其傳送損失遵守質量律，所謂質量律是在隔音結構中，材料的慣性顯示出重要的功能，當音波作用於不同質量隔音材料，質量大的材料不易受振盪，也就是說增加隔音材料的質量便能提高傳送損失的效果，稱為質量律。聲音隨機入射均質構造所產生的傳送損失，依質量律關係得知與其重量有正比例的關係，而以(7.11)式來表示。

$$TL = 18 \log(f \times m) - 44 (dB) \cdots\cdots\cdots\cdots\cdots\cdots\cdots\cdots\cdots (7.11)$$

式中 f ：隨機入射音的頻率(Hz)

m ：構造的面密度（單位面積的質量）(kg/m^2)

當頻率增加一倍或面密度增加一倍時，其傳送損失約增加 5dB(18 log2)。

在聲音傳播途徑上設置隔音屏，隔音屏越厚、越重時，它的傳送損失越佳，其大小可依下式估計：

$$TL = 10 \log \left[1 + \left(\frac{\pi m f}{\rho c}\right)^2\right](dB) \cdots\cdots\cdots\cdots\cdots\cdots\cdots\cdots (7.12)$$

式中 ρ，C 分別為空氣的密度$(1.2kg/m^3)$與音速。由(7.12)式可得到入射音頻率 (f)越高則傳送損失(TL)越大，亦即隔音屏對高頻率（短波）噪音的控制較有效。

例題 2

有一遮音板材料的面密度為 $20kg/m^2$，求其 1,000Hz 頻率的音傳送損失為多少分貝？又若其板厚增為 4 倍時，其傳送損失增為多少分貝？

▶ 解

(1) TL = 18 log(f×m) − 44

= 18 log(1000×20) − 44 = 33dB

(2) 板厚增為 4 倍，即面密度增為 4 倍，即傳送損失增為約 10.8dB(18log4)

🔩 7.4 防音牆之遮音控制

防音牆是一種普遍被使用的遮音裝置，尤其是許多交通噪音控制方法。所謂防音牆是在音源或受音點附近，以屏障、牆壁或建築物來防止聲音傳送到音源的對側，使噪音量變低。達到設置防音牆的目的，必須滿足下列要求：

1. 長度要求

牆體長度必須大於音源至牆體間距離的 4 倍，才能避免噪音繞射的影響。

2. 高度要求

當受音者站立在地面時，牆體高度不得低於 4 公尺；若受音者位置提高時，遮音體之高度亦需隨之升高。

3. 密度要求

牆體密度必須大於 20kg/m^3，密度越大且表面越粗糙，其遮音的效果越佳。目前防音牆常用的材料有鋼筋混凝土、石材、金屬板及磚塊等。

7.4.1　防音牆之遮音效果

防音牆對於音源的防音效果計算時，可將音源理想化為點音源或平行於防音牆無限長的線音源。如圖 7.4 所示，音源 S 傳送聲音至受音點 R 的場合，防音牆的頂點 O，和音源 S、或和受音點 R 的連線長度分別為 A、B，音源和受音點直接連接長度為 C+D，兩種長度的差為：

$$\delta = (A+B) - (C+D) \quad\cdots\cdots\cdots\cdots\cdots\cdots\cdots\cdots\cdots\cdots\cdots\cdots\cdots (7.13)$$

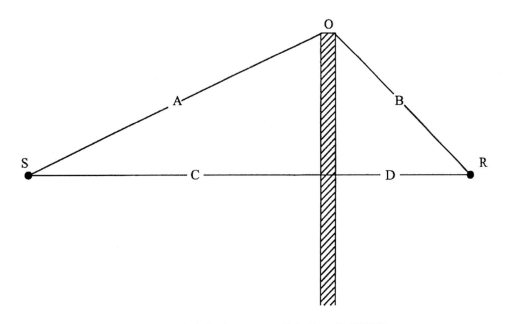

● 圖 7.4　防音牆音源 S 及受音點 R 的關係圖

無因次佛瑞斯諾常數(fresnel number)N 的定義為

$$N = \frac{\delta}{\lambda/2} = \frac{(A+B)-(C+D)}{\lambda/2} \quad \cdots\cdots\cdots\cdots\cdots\cdots\cdots\cdots\cdots\cdots\cdots (7.14)$$

由點音源與線音源的實驗結果 N 與噪音衰減值如圖 7.5 所示。在評估防音牆的衰減音量時，N 值可由 $\frac{\delta f}{170}$ ($f\lambda = C = 340m/s$) 求得，即 N 為頻率之函數，δ 一定，亦即防音牆的高度一定時，波長越小或頻率越高則 N 值變大，減音量也大，亦即隔音牆對於高頻較有效。又波長一定，即頻率一定的話，δ 越大，即牆高度越高，減音量越大。當受音點很遠，即 B≈D 時，減音量則由 $\delta = A - C$ 來決定。

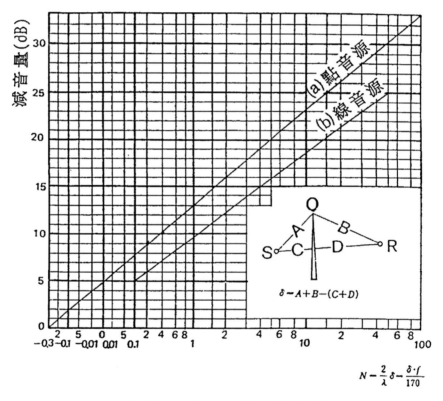

● 圖 7.5　由 Fresnel(N)查出減音量

例題 **3**

一片 10 平方公尺的牆，對 250Hz 的傳輸損失(Transmission loss)為 30dB，若此片牆有 3 平方公尺改用傳輸損失為 10dB 的材質，請問總傳輸損失為何？

▶ 解

$$TL=10\log\frac{1}{\tau}$$

τ：穿透係數

10 平方公尺牆的 τ_1　　　$30=10\log\dfrac{1}{\tau_1}$　$\therefore \tau_1=0.001$

3 平方公尺牆的 τ_2　　　$10=10\log\dfrac{1}{\tau_2}$　$\therefore \tau_2=0.1$

總損失 $\overline{TL}=10\log\left[\dfrac{\sum s_i}{\sum \tau_1 s_i}\right]$

$$=10\times\log\left[\frac{10}{7\times0.001+3\times0.1}\right]$$

$$=10\log 32.57=15.1\text{ dB}$$

總傳輸損失為 15.1dB

例題 **4**

　　某一房間之面積大小為 40ft×70ft，高為 12ft。對 1000Hz 的有效平均吸音係數為：地板 $\alpha=0.1$、天花板 $\alpha=0.7$、牆壁 $\alpha=0.2$。試問該房間的平均吸音係數 (Average Absorption Coefficient)為何？

▶ 解

$$S_1\alpha_1+S_2\alpha_2+\ldots+S_n\alpha_n=\overline{\alpha}S$$

S：為總表面積

$\overline{\alpha}$：為平均吸音係數

依題意 40×70×0.1+40×70×0.7+40×12×2×0.2+70×12×2×0.2

　　　$=\overline{\alpha}\times(40\times70\times2+40\times12\times2+70\times12\times2)$

　　　$\overline{\alpha}=0.336$　平均吸音係數

**例題 5**

(1) 有一均質隔板，密度為 $10kg/m^3$，試問其對隨意入射之 1000Hz 音之透過損失為多少 dB？若其板厚增為四倍，則透過損失增加多少 dB？

(2) 某磚牆面積 $22m^2$，上有一個 $2m^2$ 之木門，其對 1000Hz 音之透過係數 (transmission coefficient)分別為 10^{-5} 及 10^{-2}，試問此組合牆之平均透過損失為多少 dB？又知將上述木門完全打開時，則其平均透過損失為多少 dB？

▶ **解**

(1) 透過損失 $TL=18\log(f\times m)-44=18\log(1000\times 10)-44$

（f：頻率；m：遮音材料密度）$=18\times 4-44$

$$=72-44=28dB$$

板厚增為 4 倍，則透過損失增加 $18\log 4=10.8dB$　　　透過損失增加 10.8 dB

(2) Tavg（平均透過係數）$=\dfrac{\sum T_1 \times S_1}{\sum S}=\dfrac{20\times 10^{-5}+2\times 10^{-2}}{22}$

$$=9.18\times 10^{-4}$$

$$TLavg =10\times\log\frac{1}{Tavg}=10\times\log\frac{1}{9.18\times 10^{-4}}=10\times 3.04=30.4dB$$

若木門打開則 $Tavg =\dfrac{20\times 10^{-5}+0}{20}=10^{-5}$

$$TLavg =10\log\frac{1}{10^{-5}}=10\times 5=50dB$$

例題 6

有一防音牆，其中防音牆最高點高出點音源 2.8m，音源至牆心或牆心至受音點水平距離均為 15m，若點音源的頻譜分析結果如下表所示，音速為 340m/s，試計算該防音牆之噪音衰減值？

八音頻帶中心頻率(Hz)	63	125	250	500	1000	2000	4000	8000
15m 位置之音壓級(dB)	78	88	88	93	90	84	69	58
30m 位置之音壓級(dB)	73	82	81	87	84	79	61	52

▶ 解

(1) 音壓級：

15m 位置：$\text{SPL}_{15} = 10\log(10^{\frac{78}{10}} + 10^{\frac{88}{10}} + 10^{\frac{88}{10}} + \cdots\cdots + 10^{\frac{58}{10}})$

$\qquad\qquad\qquad = 96.6\text{dB}$

30m 位置：$\text{SPL}_{30} = 10\log(10^{\frac{73}{10}} + 10^{\frac{82}{10}} + \cdots\cdots + 10^{\frac{52}{10}}) = 90.6\ \text{dB}$

(2) $\lambda_i = \dfrac{C}{f_i} = \dfrac{340}{f_i}(\text{m})$，i 為八音度頻帶各中心頻率

$\delta = 2(\sqrt{15^2 + 2.8^2} - 15) = 0.52\text{m}$

$N_i = \dfrac{2\delta}{\lambda} = \dfrac{2 \times 0.52}{340/f_i} = \dfrac{f_i}{326.9}$

(3) 整理如下表

八音頻帶中心 頻率(Hz)	63	125	250	500	1000	2000	4000	8000
Ni	0.19	0.38	0.76	1.53	3.06	6.12	12.24	24.47
衰減值 （查圖 7.5）(dB)	9	10	13	15	18	20	23	24
衰減後 30m 之音壓級(dB)	64	72	68	72	66	59	38	28

防音牆後受音點(30m)之音壓級

$\text{SPL}_{30} = 10\log(10^{\frac{64}{10}} + 10^{\frac{72}{10}} + 10^{\frac{68}{10}} + \cdots\cdots + 10^{\frac{28}{10}}) = 76.6\ \text{dB}$

即防音牆之噪音衰減值 $= 90.6 - 76.6 = 14\ \text{dB}$

7.5 振動衰減

振動衰減，係指將傳送振動之能量轉變為熱能吸收，與空氣音的吸音效果相同，振動衰減使用之材料稱為阻尼材料(damping materials)。當質量 m 輕輕受力時，若阻尼係數 C 較臨界阻尼係數 $C_c(=2\sqrt{km})$ 小時，質量 m 會產生阻尼振動，一段時間後停止，此時，質量 m 之振動頻率以下式表示

$$f=\frac{1}{2\pi}\sqrt{\frac{k}{m}} \text{ (Hz)} \cdots\cdots\cdots\cdots\cdots\cdots (7.15)$$

式中：k 為彈簧常數

　　　m 為質量

若 C 大於 C_c 時，質量 m 不會產生振動而靜止，稱為過阻尼振動，因此 C 要小於 C_c 且 C 越大，材料阻尼能力更佳。吾人定義損失因素 d 與阻尼比之關係如下：

$$d=2\frac{C}{C_c}= 2 \left. C \middle/ 2\sqrt{mk} \right. \cdots\cdots\cdots\cdots\cdots\cdots (7.16)$$

利用阻尼處理以減少噪音時，除需注意阻尼材料本身外，應注意下列事項：

1. 阻尼處理的部分，對於機械振動所發出的聲音以及共振狀態所發出的聲音有效，但對於因空氣音導致加振情形，則不具處理效果。

2. 阻尼處理效果程度常以損失因素來表示。損失因素會隨溫度、頻率改變而發生變化。在實際阻尼處理時，要考慮到其耐熱性、耐油性、價格，而由使用面與經濟面來檢討選擇適當的阻尼材料使用，表 7.3 為各種材料的阻尼損失因素，盡可能選用損失因素大的阻尼材料。

3. 阻尼材料應選擇損失因素值大於 0.05 者，在振動板貼附或塗上時，其厚度最好要有二倍板厚以上才可以達到阻尼減振的效果。

4. 在遮音材料上貼上阻尼材料，除可以增加其音傳送損失外，也可以使共振產生符合效應的傳送損失曲線凹下之現象減少。

表 7.3 各種材料的阻尼損失因素

材　料	損失因素（20℃,1000Hz 附近）
金屬	0.0001~0.001
玻璃	0.001~0.005
混凝土、紅磚	0.001~0.01
木、軟木塞、合板	0.01~0.2
橡膠、塑膠類	0.001~1

例題 7

　　某一作業場所之機械運轉時之噪音 1/1 八音度頻譜量測結果（距離音源 5.0 米處之勞工業位置）如下表，今擬用鋁板密封來改善噪音環境，兩種不同面重量鋁板（ 1.13psf 與 5.32psf ）對應於八音度頻帶中心頻率之音傳送損失 (Transmission Loss, TL)如下表

中心頻率 fc (Hz)	3.15	63	125	250	500	1000	2000	4000	8000
A 權校準(dB)	−39.4	−26.2	−16.1	−8.6	−3.2	0	1.2	1.0	−1.1
測定值(dBF)	52.3	61.5	73.8	84.2	87.4	92.4	93.3	89.1	79.8
1.13psf 鋁板之 TL(dB)	0.0	6.0	10.5	16.5	22.0	27.5	32.0	30.0	26.0
5.32psf 鋁板之 TL(dB)	11.0	16.5	22.0	28.0	32.0	28.0	25.5	29.5	38.0

試求：

(1) 該勞工在該位置實際作業 7 小時，計算其日時量平均音壓(TWA)為多少 dBA？

(2) 就噪音控制效果及材料成本考量，採用哪一類型之鋁板作為密封材料為佳？密封後之噪音改善效果為多少分貝？

▶ **解**

(1) 經 A 權校正之合成音

$$L_{PA} = 10\log[10^{(52.3-39.4)/10} + 10^{(61.5-26.2)/10} + 10^{(73.8-16.1)/10} + 10^{(84.2-8.6)/10} + 10^{(87.4-3.1)/10}$$

$$+ 10^{92.4/10} + 10^{(93.3-1.2)/10} + 10^{(89.1+1)/10} + 10^{(79.8-1.1)/10}]$$

$$= 10 \times 9.79 = 97.9 \text{dBA}$$

$$T = \frac{8}{2^{(97.9-90)/5}} = 2.64$$

$$Dose = t / T = \frac{7}{2.64} = 2.65 = 265\%$$

$$L_{TWA} = 16.61 \log \frac{265}{12.5 \times 7} + 90 = 97.9 \text{dBA}$$

(2) $L_{1.13} = 10 \log[10^{(13-0)/10} + 10^{(35.3-6)/10} + 10^{(57.7-10.5)/10} + 10^{(75.6-16.5)/10} + 10^{(84-22)/10}$

$+ 10^{(92.4-27.5)/10} + 10^{(94.5-32)/10} + 10^{(91-30)/10} + 10^{(78.7-26)/10}] = 72.1 \text{dB}$

$L_{5.32} = 10 \log[10^{(13-11)/10} + 10^{(35.3-16.5)/10} + 10^{(57.7-22)/10} + 10^{(75.6-28)/10} + 10^{(84-32)/10}$

$+ 10^{(92.4-28)/10} + 10^{(94.5-25.5)/10} + 10^{(91-29.5)/10} + 10^{(78.7-38)/10}] = 70.9 \text{dB}$

$97.9 - 70.9 = 27 \text{dB}$

故 5.32psf 鋁板較佳，改善效果 27dB

7.6 振動絕緣

振動絕緣(vibration isolators)係指物件與結構體連接部分安裝「軟且有彈性」的連接支撐，使傳送來的振動波，藉由反射，使方向改變不直接傳送到結構體；此種孤立系統稱為振動絕緣裝置。

在振動絕緣系統中，由振動傳達率(TR)來表示加振力的傳送程度如(7.17)式表示。

$$TR = \left| \frac{1}{1 - (\frac{f}{f_0})^2} \right| \quad \cdots\cdots\cdots\cdots\cdots\cdots\cdots\cdots\cdots\cdots\cdots\cdots\cdots (7.17)$$

式中 f：加振力頻率，

f₀：系統振盪時之自然頻率，$2\pi \sqrt{\dfrac{k}{m}}$ 表示。

為使振動絕緣有效的話，TR 越小越好，如此加在地板上的力變小，而由地板的振動所傳送出的聲音音量也降低。TR 值若要比 1 小，則 f / f_0 須大於 2，表 7.4 為已知加振頻率 f 與自然頻率 f_0 比值下，振動絕緣的效果評估。

表 7.4　加振頻率自然頻率比值評估振動絕緣程度

$R = \dfrac{f}{f_0}$	振動絕緣程度
<1.4	放大（反效果）
1.4~3	可忽略
3~6	低
6~10	尚可
>10	高

7.7　防音防護具的選擇

防音防護具的種類繁多，不同的工作環境需採用不同的防音防護具。因此針對不同的工作環境選擇適當的防音防護具，是有必要的。選擇的方法參考項目包括正字標記、聲音衰減要求、佩戴者的舒適性與接受性、工作環境、醫療衛生、與頭部安全護具的配合性等，其中以聲音衰減要求最為重要。

一、聲音衰減值要求

防音防護具的選擇中，最重要的一個參數就是聲音衰減(sound attenuation)的功能，因為若防音防護具的聲音衰減過低會導致聽力受損；但若聽力護具的聲音衰減太高，則會妨礙警告信號的聽取、或妨礙交談，或佩戴時會有不舒服感。如果工作環境中的噪音超過規定標準，且必須佩戴聽力防護具時，選用的防音防護具聲衰減是否恰當，可依據表 7.5 所示聽力保護計畫行動方案的音壓級(L_{act})範圍來判定。

表中 L_A 為佩戴防音防護具後耳朵暴露於噪音的音壓級，採取聽力保護計畫行動方案的音壓級 L_{act} 就是工作環境噪音暴露量，我國目前與大多數工業國家一樣，以一天工作 8 小時時量平均音壓級為 L_{act}，即 $L_{act} = 90$ dB(A)，只有少數國如瑞典、挪威等以 85 dB(A)為其 L_{act}。

表 7.5　防音防護具聲音衰減音壓級恰當範圍判定

$L_A - L_{act}$	聽力保護恰當說明
>0dB	聽力保護不夠
=0dB	採取聽力保護計畫行動方案
0~−5dB	聽力保護可接受範圍
−5~−10dB	聽力保護恰當範圍
−10~−15dB	聽力保護可接受範圍
<−15dB	聽力保護過度

　　防音防護具聲音衰減的性能，正如同噪音頻譜一般，是頻率的函數，同時也與一般隔音材料的特性類似，基本上隔音值（聲音衰減）隨著頻率的增加而變大，也就是低頻時聲音衰減值較小，而高頻時聲音衰減值則較大。計算 L_A 時，若以防音防護具在各頻率的聲音衰減值計算，雖然步驟稍多，但是可以客觀、正確且有效的進行評估 L_A，此種方法稱為 OB 法(octave band method)，計算方法如(7.18)式所示。

$$L_A = \left[\sum_{k=1}^{8} 10^{0.1(L_{f(k)} + A_{f(k)} - APV_{f(k)})} \right] \quad\cdots\cdots\cdots\cdots\cdots\cdots\cdots\cdots\cdots\cdots\cdots (7.18)$$

$APV_{f(k)}$：聽力防護具的假設保護值(assumed protectionvalue)，$m_{f(k)} - S_{f(k)}$。

$m_{f(k)}$：聽力防護具的平均聲衰減值

$S_{f(k)}$：聽力防護具的標準差

k：表示八音度頻帶中心頻率(f)的編號，例如 f(1)=63Hz，f(2)=125Hz，f(3)=250Hz, …f(8)=8000Hz。

$L_{f(k)}$：未經校正的音壓級

$A_{f(k)}$：A 權衡修正值

L_A：佩戴聽力防護具後，對耳朵的有效音壓級

例題 8

　　某一聽力防護具在工作環境中，依 OB 法檢測其防護具是否恰當？其中已知工作環境中噪音音壓級對應八音度頻帶中心頻率(63~4000Hz)分別為 85.2, 84.1, 85.6, 87.2, 97.0, 98.8, 97.0 dB，而防護具平均聲音衰減值及其標準差分別為 9±4, 10±3, 14±3, 19±3, 22±3, 28±4, 37±4 dB。

▶ **解**

八音度頻帶中心頻率 (Hz)	63	152	250	500	1000	2000	4000
①環境噪音音壓級(dB)	85.2	84.1	85.6	87.2	97.0	98.8	97.0
②$A_{f(k)}$ (dB)	−26.2	−16.1	−8.6	−3.2	0	+1.2	+1.0
③$m_{f(k)}$ (dB)	9	10	14	19	22	28	37
④$S_{f(k)}$ (dB)	4	3	3	3	3	4	4
⑤$APV_{f(k)}=m_{f(k)}-S_{f(k)}$	5	7	11	16	19	24	33
①+②−⑤	54	61	66	68	78	76	65

$L_A = 10\log(10^{5.4}+10^{6.1}+10^{6.6}+10^{6.8}+10^{7.8}+10^{7.6}+10^{6.5})$

　　$= 80.8$ dB(A)　四捨五入取整數 $L_A = 81$ dB(A)

假設 $L_{act} = 90$ dB(A), $L_A - L_{ack} = -9$ dB(A)

　　$L_A - L_{ack} = -9$ dB(A)由表 7.5 顯示此聽力防護具屬恰當範圍。

例題 9

　　依《職業安全衛生設施規則》第 300 之 1 條規定，雇主對於勞工 8 小時日時量平均音壓級超過 85 分貝(dB)或暴露劑量超過 50%之工作場所，應採取聽力保護措施，為評估下列情境之勞工聽力保護是否足夠，試依下表完成相關計算及評估。（列出至小數點後 1 位）

　　（ 參 考 公 式 ， TWA $= 16.61 \times \log(D/100)+90$ ， 複 音 源 $10 \times \log(10^{L1/10}+10^{L2/10}+\cdots+10^{Ln/10})$ ）

(1) 試計算 A 權衡電網八音度頻帶音壓階總和。

(2) 試計算 A 權衡電網八音度頻帶音耳內音壓階總和。

(3) 評估聽力保護是否足夠？

(4) 若勞工未戴聽力防護具暴露於 100dBA 噪音環境下 1 小時，暴露於 92bBA 環境下 3 小時，97dBA 環境下 3 小時，95dBA 環境下 1 小時，8 小時時量平均音壓級為何？

八音度頻帶中心頻率（赫茲）	63	125	250	500	1000	2000	4000	8000
工作環境噪音音壓級	95	92	95	97	97	102	97	92
A 權衡電網校正值	-26	-16	-9	-3	0	1	1	-1
A 權衡電網校正八音度頻帶音壓階	-	-	-	-	-	-	-	-
聽力防護具平均聲音衰減值(dB)	9	10	14	19	22	28	37	34
聽力防護具標準差(dB)	4	3	3	3	3	4	4	4
聽力防護具假設保護值(dB)	5	7	11	16	19	24	33	30
假設八音度頻帶耳內音壓階	-	-	-	-	-	-	-	-

▶ 解

(1) $L = 10\log(10^{69/10} + 10^{76/10} + 10^{86/10} + 10^{94/10} + 10^{97/10} + 10^{103/10} + 10^{98/10} + 10^{91/10}) = 106.0 \text{dBA}$

(2) $L = 10\log(10^{64/10} + 10^{69/10} + 10^{75/10} + 10^{78/10} + 10^{78/10} + 10^{79/10} + 10^{65/10} + 10^{61/10}) = 84.0 \text{dBA}$

(3) $84 - 90 = -6$，所以聽力保護恰當。

(4) $T(92) = 8 \div 2^{(L-90)/5} = 6.06$ 時

$T(97) = 8 \div 2^{(L-90)/5} = 3.03$ 時

$D = 1 \div 2 + 3 \div 6.06 + 3 \div 3.03 + 1 \div 4 = 2.235$

$TWA = 16.61 \log(2.235) + 90 = 95.8 \text{dBA}$

習題

1. 試述實施噪音控制的五個基本原則。

2. 何謂吸音、吸音率？

3. 何謂殘響時間？何謂殘響室？殘響時間之主要用途。

4. 何謂遮音？何謂傳送損失？

5. 有一面單牆其厚度加倍時，以質量律考慮，其 TL 值增加多少？

6. 防音牆是一種普遍被使用之遮音裝置，其設計需符合哪些條件，才能發揮其遮音目的？

心靈加油站

人性

★ 肉體之中沒有良善，

因為立志行善由得我，只是行出來由不得我。

不見得每人都有犯罪之行，

但皆有犯罪之性（自私、自我、貪念、說謊、忌妒，生而有之），

就像每人皆受重力影響。

★ 如何獨處自省將內在轉為美麗，

讓野獸變成王子是一生之功課。

★ 生命就像是一座建築，

所有困難、批評都是其中一部分。

★ 為什麼看見你弟兄眼中有刺，卻不想自己眼中有刺。

人有一種傾向，喜歡在別人身上貼正面或負面的貼紙，

只有當你不在意別人的眼光時，貼紙才貼不上去。

PHYSICAL
WORKPLACE MONITORING

通風監測

08
CHAPTER

8.1 通風監測目的

通風設施是污染物控制的工程措施之一，其目的是為了改善或維持作業環境良好的空氣品質，亦即利用空氣流動，以控制作業環境空氣中有害物質在暴露容許濃度以下，避免火災及爆炸之發生和控制溫濕度等，以獲得安全、衛生和舒適之工作環境。而通風測定即利用儀器設備和技術評估通風系統之性能，其目的為：

1. 決定通風設施是否須保養或換修。

2. 確認通風設施保養維修結果是否維持原裝置之設計效果。

3. 確認通風系統設計及操作是否正確。

4. 決定再增添設備於此通風系統之可行性。

5. 累積數據資料作為將來裝設相同設備時之參考。

6. 確定是否符合法令規定之標準。

8.2 局部排氣

由於工廠在作業過程中會產生氣體、蒸氣、粒狀物或熱量而污染作業環境，或勞工呼吸的需求，必須對作業環境予以控制，來保障作業勞工的安全與健康。作業環境中消除這些危害因子的方法中，工業通風是一成本低且效率高的方法，因此廣為採用。

所謂工業通風是一般作業場所，利用排氣機、風管、清淨裝置等設備，將現場的臭味、熱氣或有毒物稀釋，處理後排除至場外，依通風方式不同分為整體換氣裝置與局部排氣裝置兩種。局部排氣裝置的組成如下：

1. 氣　罩

決定控制風速之最低風速，為限制污染物從污染源擴散，並引導空氣以最有效的方法捕捉污染物，經由導管排出之結構。氣罩依外型可分為包圍式、外裝式、接受式、吹吸式等四種。

2. 導　管

包括自氣罩搬運污染空氣經空氣清淨裝置至排氣機之導管及排氣機至排氣口之導管，導管內之流速亦須能使污染物不致沉降或空氣滯留。

3. 空氣清淨裝置

自氣罩、吸氣導管等捕集之污染空氣排放於大氣前的淨化裝置。通常局部排氣裝置系統內常設有清淨裝置。此裝置約略可分為移除粉塵之除塵裝置及清除氣體、蒸氣之廢氣處理裝置。

4. 排氣機

排氣機主要提供污染空氣通過導管及排除之必要動力。排氣機應選擇適於所需要之風量、壓力損失，以提供導管內之動力，激起足夠的空氣流動速度，才能使局部換氣裝置具有吸引捕集污染物的能力，並克服系統內的壓力損失而將污染空氣輸送至清淨裝置處理，再送至排氣口並排除於大氣中。其形式約略可分為離心式與軸流式。

5. 排氣口（遮雨罩）

將導管中之空氣排放於大氣之裝置之一部分。排氣口應經常保持不致使雨露進入之狀態。

🏭 8.3 術語解釋

1. 空氣密度(ρ, kg/m³)

通風係利用空氣流動以控制作業環境有害物的發散，工業通風所利用的數據常為實驗結果或經驗數據，空氣密度在 20°C、1 大氣壓及相對濕度 75%時之空氣為標準空氣。若溫度、壓力及濕度變化不大時，可應用理想氣體定律及由濕度表、空氣組成成分計算空氣密度。由於空氣中有害物濃度對空氣密度影響不大，常加以忽略不算，而以標準空氣作為計算基礎，如濕度低時，空氣密度受溫度及壓力影響為

$$\rho_a = \rho_s \times \frac{273+20}{273+t°C} \times \frac{P(mmHg)}{760}$$

ρ_a ：在溫度 t°C，壓力 P(mmHg)下空氣之實際密度(kg/m³)

ρ_s ：標準空氣密度（約為 1.2kg/m³）

t　：空氣溫度(°C)

P　：空氣壓力(mmHg)

2. 風　量(Q, m³/min)

係指所吸引、排出或輸送的標準空氣量而言，通常以 CMM、m³/min 或 CFM、ft³/min 表示。如指 0°C、1 大氣壓之輸送空氣量時，則以 N m³/min 表示。

3. 壓　力

工業通風系統內之壓力，均以其內部絕對壓力減去大氣壓力值表示，比大氣壓力大者為正壓，比大氣壓力小者為負壓，通風系統即利用空氣由高壓力區往低壓力區流動之特性所產生氣流而設計，藉著排氣機產生此種壓力差而驅動空氣在通風系統內流動，而將受有害物污染的空氣從大氣吸入經通風系統加以處理排放至大氣。故通風系統內所稱的壓力均指相對壓力，即表壓力。

絕對壓力 = 表壓力 + 大氣壓力

1 大氣壓 = 760mmHg = 1013.6mb=1013.6 百帕

$$= 10136mmH_2O = 14.7 \text{ PSI}$$

$$= \sim 1kg/cm^2$$

空氣流動係指藉壓力差作為驅動動力，其特性為恆由高壓區往低壓區流動、促使空氣開始流動及維持流動之壓力，即為全壓，分為二部分即為靜壓及動壓。

4. 靜　壓(Ps, mmH₂O)

空氣本身所具有的壓力，其促使空氣開始流動及克服空氣流動時因導管管壁等所產生之阻力及流速與流向改變時之阻力，其與位能相似。空氣不流動時，各方向大小壓力相同，各點壓力相同，垂直作用於管壁。在排氣機上游有將導管吸扁之趨勢，在下游則有將導管脹破之趨勢。因此在排氣機上游為負值，下游為正值。

5. 動　壓(Pv, mmH₂O)

空氣流動時所產生的壓力，動壓使空氣在導管內流動，其作用與動能相似，只有流動時才會產生，且作用方向為流動之方向。

6. 全　壓(Pt, mmH₂O)

空氣流動能力的大小，亦即通風系統必須有一壓力使空氣開始流動，即克服流經管路所產生的阻抗或壓力損失，並維持其繼續流動之能力，即靜壓與動壓之和。當導管內風速逐漸增加時，動壓即增加，即有部分靜壓轉變為動壓，當風速降低時，則部分動壓變為靜壓，靜壓與動壓雖可互相轉換，但轉換率無法達到 100%，因有一部分會轉為熱能散失。通風系統內，通常越往下游時靜壓及全壓越小。

8.4 進氣口與排氣口風量之測定

8.4.1 熱線式風速計之測定

一、原　理

　　熱線式風速計是依據電阻線的電阻會隨溫度變化而改變之原理設計而成，即空氣流經過被加熱的金屬線（通常為白金絲或鎳絲），會帶走一部分的熱，使金屬線溫度降低，被氣流帶走的熱量與風速成正比，因此金屬線上的溫度和電阻隨風速而變化。發生於惠斯登電橋上之電阻變化引起電壓變化，而以風速之讀數顯示。一般可測定 $-18\sim120°C$ 之氣流，靜壓可測至 $250mmH_2O$。

二、測定步驟

(一) 確認風速計是否正常（檢查指針是否歸零），電力是否充足，如指針在紅線上需更換電池。

(二) 將風速計施以歸零動作。

(三) 按照 CNS2726 的規定，實驗室中的管徑為 30cm，故取 12 點。須上下左右四個方向，如圖 8.1 所示。

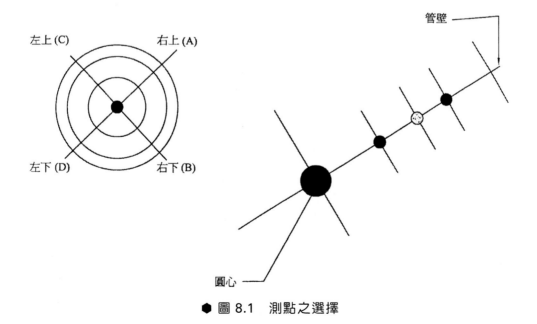

● 圖 8.1　測點之選擇

(四) 各個方向的量測距離為 $\sqrt{3} \times R/2$、$\sqrt{2} \times R/2$、$\sqrt{30} \times R/6$，分別為 8.66cm、10.6cm、13.69cm。

(五) 將導管抽風機開啟，調至吹氣的方向，而電流則固定在 12V、6A 之穩定狀態。

(六) 在任一方向之 8.66cm、10.6cm、13.69cm 處開始測量，將風速計之探測棒伸入導管內，使探測棒上之紅點指向風向，按下風速計之風速按鈕，即可觀測得知風速，並記錄。

(七) 測得風速後，使探測棒之護網指向風向，按下風速計之溫度按鈕，測得當時溫度並記錄。

(八) 測定時探測棒應與氣流垂直，必要時使用延長棒。

(九) 將測定之各等分中心點風速以算術平均值做為進氣口或排氣口之平均風速。

(十) 以 $Q(m^3/min) = 60 \times A(m^2) \times V(m/sec)$公式計算 Q。

三、控制風速監測應注意事項

(一) 應使用具有方向性探測棒之風速計。

(二) 測定時應開放全部局部排氣裝置之氣罩。

(三) 測定控制風速應依氣罩型式而定。包圍型氣罩為開口面最低風速；外裝式氣罩為作業位置內有害物質發生源之氣罩所吸引之發散有害物質範圍內，距離該氣罩最遠距離之作業位置之風速。

(四) 探測棒應與氣流方向垂直。

(五) 測定之結果應俟指針或數字顯示穩定時讀取。

(六) 電池之電壓不足時會影響讀值，測定前應先檢查。

(七) 氣罩周圍氣流會影響測定值，必要時應使用發煙管或其他方式觀察氣流方向。

(八) 測定前應先將風速計歸零。

8.4.2　以皮氏管、U 型管測定導管內風速及風量

一、原理及步驟

(一) 分布在導管截面積上各點的風速並不一定是均勻的，所以在測定時必須把此截面積劃分為許多部分，取各部分適當點之風速加以平均。若為圓形導管，其測定點數依導管大小決定，圓形管徑 8~15cm（3~6 英寸）者測定 6 點，管徑 12~120cm（5~48 英寸）者測定 10 點，管徑 110cm（44 英寸）以上者按照 CNS2726 規定自導管中心線上取 20 點，如圖 8.2。

(二) 換上 EMA150 壓力計,將兩條塑膠軟管接上一細探測鐵管,而鐵管短開口接上壓力計之「＋」端,長開口接上「－」端,此時量測即為導管之動壓。

(三) 依序測量 8.66cm、10.6cm、13.69cm,並將四個方向之點全部測定並記錄。

(四) 當導管吹氣的值量測完後,此時將抽氣機調為吸氣方向,如上步驟重新操演。

(五) 測定所得之動壓應先以 $V(m/s)=4.04\sqrt{P_V(mmH_2O)}$ 換算成風速,再求平均風速,即得到導管內風速 V_T,利用輸送風速求得管內動壓 $P_V=(\dfrac{V_T}{4.04})^2$,及風量 $Q(m^3/min)=60\times\dfrac{\pi d^2}{4}\times V_T$。

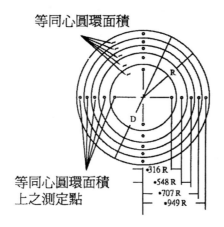

$$\frac{\sqrt{10}}{10}R,\ \frac{\sqrt{30}}{10}R,\ \frac{\sqrt{2}}{2}R,\ \frac{\sqrt{70}}{10}R,\ \frac{3\sqrt{10}}{10}R \cdots\cdots\cdots\cdots\cdots 20\ 點$$

$$\frac{\sqrt{2}}{4}R,\ \frac{\sqrt{6}}{4}R,\ \frac{\sqrt{10}}{4}R,\ \frac{\sqrt{14}}{4}R \cdots\cdots\cdots\cdots\cdots\cdots 16\ 點$$

$$\frac{\sqrt{3}}{3}R,\ \frac{\sqrt{2}}{2}R,\ \frac{\sqrt{30}}{6}R \cdots\cdots\cdots\cdots\cdots\cdots\cdots\cdots 12\ 點$$

$$\frac{R}{2},\ \frac{\sqrt{3}}{2}R \cdots\cdots\cdots\cdots\cdots\cdots\cdots\cdots\cdots\cdots\cdots\cdots\cdots 8\ 點$$

● 圖 8.2　圓形導管測定點位置

二、實驗結果

（熱線式風速計）

（一）排氣、刻度 5、單位 m/s

第一孔	8.66cm	10.6cm	13.69cm
第一次	4.15	3.49	3.99
第二次	4.21	3.55	4.25
第三次	4.06	3.47	4.23
平均	4.14	3.50	4.10

第二孔	8.66cm	10.6cm	13.9cm
第一次	4.45	4.33	3.51
第二次	4.47	4.44	3.42
第三次	4.43	4.32	3.24
平均	4.45	4.36	3.39

第三孔	8.66cm	10.6cm	13.69cm
第一次	4.48	3.92	3.18
第二次	4.39	3.94	3.02
第三次	4.41	4.06	3.11
平均	4.43	3.97	3.10

第四孔	8.66cm	10.6cm	13.69cm
第一次	4.36	4.19	3.78
第二次	4.51	4.24	3.58
第三次	4.41	4.19	3.50
平均	4.43	4.21	3.62

排氣平均風速

(4.14+3.50+4.10+4.45+4.36+3.39+4.43+3.97+3.10+4.43+4.21+3.62)÷12

=3.97

(二) 吸氣、刻度 5、單位 m/s

第一孔	8.66cm	10.6cm	13.69cm
第一次	2.80	2.50	1.92
第二次	2.64	2.63	2.10
第三次	2.93	2.57	1.85
平均	2.79	2.57	1.96

第二孔	8.66cm	10.6cm	13.69cm
第一次	2.32	2.70	1.08
第二次	2.20	2.52	0.52
第三次	2.32	2.44	0.72
平均	2.25	2.55	0.77

第三孔	8.66cm	10.6cm	13.69cm
第一次	2.83	2.87	3.24
第二次	2.77	2.66	2.83
第三次	3.01	3.05	2.76
平均	2.87	2.86	3.28

第四孔	8.66cm	10.6cm	13.69cm
第一次	3.28	2.52	2.41
第二次	2.97	2.88	2.86
第三次	3.16	2.54	2.67
平均	3.14	2.65	2.64

吸氣平均風速

(2.79+2.57+1.96+2.25+2.55+0.77+2.87+2.86+3.28+3.14+2.65+2.64)÷12

= 2.53

(三) 利用壓力計測動壓

1. 排氣

第一孔	全壓	靜壓	動壓
8.66cm	$3.5mmH_2O$	$2.3mmH_2O$	$1.2mmH_2O$
	$3.4mmH_2O$	$2.6mmH_2O$	$0.8mmH_2O$
	$3.6mmH_2O$	$2.0mmH_2O$	$1.6mmH_2O$
10.6cm	$3.9mmH_2O$	$3.0mmH_2O$	$0.9mmH_2O$
	$3.4mmH_2O$	$2.3mmH_2O$	$1.1mmH_2O$
	$3.3mmH_2O$	$2.6mmH_2O$	$0.7mmH_2O$
13.69cm	$2.2mmH_2O$	$0.9mmH_2O$	$1.3mmH_2O$
	$2.5mmH_2O$	$1.1mmH_2O$	$1.4mmH_2O$
	$2.2mmH_2O$	$1.2mmH_2O$	$1.0mmH_2O$

第二孔	全壓	靜壓	動壓
8.66cm	$1.9mmH_2O$	$0.9mmH_2O$	$1.0mmH_2O$
	$2.1mmH_2O$	$0.9mmH_2O$	$1.0mmH_2O$
	$2.2mmH_2O$	$1.0mmH_2O$	$1.2mmH_2O$
10.6cm	$2.1mmH_2O$	$1.0mmH_2O$	$1.1mmH_2O$
	$1.9mmH_2O$	$1.0mmH_2O$	$0.9mmH_2O$
	$2.2mmH_2O$	$0.8mmH_2O$	$1.4mmH_2O$
13.69cm	$2.4mmH_2O$	$1.2mmH_2O$	$1.2mmH_2O$
	$2.3mmH_2O$	$1.4mmH_2O$	$0.9mmH_2O$
	$2.7mmH_2O$	$1.5mmH_2O$	$1.2mmH_2O$

第三孔	全壓	靜壓	動壓
8.66cm	$2.4mmH_2O$	$1.0mmH_2O$	$1.4mmH_2O$
	$2.6mmH_2O$	$1.1mmH_2O$	$1.5mmH_2O$
	$2.2mmH_2O$	$1.4mmH_2O$	$0.8mmH_2O$
10.6cm	$3.0mmH_2O$	$1.2mmH_2O$	$1.8mmH_2O$
	$2.8mmH_2O$	$1.3mmH_2O$	$1.5mmH_2O$
	$2.5mmH_2O$	$1.5mmH_2O$	$1.0mmH_2O$
13.69cm	$2.4mmH_2O$	$0.9mmH_2O$	$1.5mmH_2O$
	$2.0mmH_2O$	$1.1mmH_2O$	$0.9mmH_2O$
	$2.1mmH_2O$	$1.4mmH_2O$	$0.7mmH_2O$

第四孔	全壓	靜壓	動壓
8.66cm	1.3mmH$_2$O	0.4mmH$_2$O	0.9mmH$_2$O
	1.5mmH$_2$O	0.3mmH$_2$O	1.2mmH$_2$O
	1.4mmH$_2$O	0.6mmH$_2$O	0.8mmH$_2$O
10.6cm	2.4mmH$_2$O	0.9mmH$_2$O	1.5mmH$_2$O
	2.7mmH$_2$O	1.0mmH$_2$O	1.7mmH$_2$O
	2.5mmH$_2$O	1.2mmH$_2$O	1.3mmH$_2$O
13.69cm	2.3mmH$_2$O	1.2mmH$_2$O	1.1mmH$_2$O
	2.1mmH$_2$O	1.0mmH$_2$O	1.1mmH$_2$O
	2.4mmH$_2$O	1.7mmH$_2$O	0.7mmH$_2$O

排氣之平均動壓為 1.14mmH$_2$O，

平均風速=$4.04 \times \sqrt{1.14}$ =4.31m/s

2. 吸氣

第一孔	全壓	靜壓	動壓
8.66cm	1.2mmH$_2$O	−0.4mmH$_2$O	1.6mmH$_2$O
	1.7mmH$_2$O	−0.5mmH$_2$O	2.2mmH$_2$O
	1.4mmH$_2$O	−1.4mmH$_2$O	2.8mmH$_2$O
10.6cm	1.0mmH$_2$O	−0.7mmH$_2$O	1.7mmH$_2$O
	1.2mmH$_2$O	−0.5mmH$_2$O	1.7mmH$_2$O
	1.1mmH$_2$O	−1.4mmH$_2$O	2.5mmH$_2$O
13.69cm	1.1mmH$_2$O	−0.7mmH$_2$O	1.8mmH$_2$O
	1.4mmH$_2$O	−1.5mmH$_2$O	2.91mmH$_2$O
	1.3mmH$_2$O	−0.4mmH$_2$O	1.7mmH$_2$O

第二孔	全壓	靜壓	動壓
8.66cm	1.1mmH$_2$O	−0.6mmH$_2$O	1.7mmH$_2$O
	1.7mmH$_2$O	−1.9mmH$_2$O	3.6mmH$_2$O
	1.5mmH$_2$O	−0.4mmH$_2$O	1.9mmH$_2$O
10.6cm	1.4mmH$_2$O	−0.7mmH$_2$O	2.1mmH$_2$O
	1.9mmH$_2$O	−1.8mmH$_2$O	3.7mmH$_2$O
	1.4mmH$_2$O	−0.8mmH$_2$O	2.2mmH$_2$O
13.69cm	1.0mmH$_2$O	−0.4mmH$_2$O	1.4mmH$_2$O
	1.1mmH$_2$O	−1.7mmH$_2$O	2.8mmH$_2$O
	1.6mmH$_2$O	−0.4mmH$_2$O	2.0mmH$_2$O

第三孔	全壓	靜壓	動壓
8.66cm	1.7mmH$_2$O	−0.4mmH$_2$O	2.1mmH$_2$O
	1.4mmH$_2$O	−0.5mmH$_2$O	1.9mmH$_2$O
	1.5mmH$_2$O	−0.4mmH$_2$O	1.9mmH$_2$O
10.6cm	1.0mmH$_2$O	−1.7mmH$_2$O	2.7mmH$_2$O
	1.4mmH$_2$O	−1.5mmH$_2$O	2.9mmH$_2$O
	1.2mmH$_2$O	−0.7mmH$_2$O	1.9mmH$_2$O
13.69cm	1.5mmH$_2$O	−1.5mmH$_2$O	3.0mmH$_2$O
	1.2mmH$_2$O	−0.5mmH$_2$O	1.7mmH$_2$O
	1.4mmH$_2$O	−0.7mmH$_2$O	2.1mmH$_2$O

第四孔	全壓	靜壓	動壓
8.66cm	1.6mmH$_2$O	−1.0mmH$_2$O	2.6mmH$_2$O
	1.9mmH$_2$O	−1.0mmH$_2$O	2.9mmH$_2$O
	2.0mmH$_2$O	−1.9mmH$_2$O	3.9mmH$_2$O
10.6cm	1.2mmH$_2$O	−0.6mmH$_2$O	1.8mmH$_2$O
	1.7mmH$_2$O	−0.9mmH$_2$O	2.6mmH$_2$O
	1.5mmH$_2$O	−1.9mmH$_2$O	3.4mmH$_2$O
13.69cm	1.4mmH$_2$O	−1.0mmH$_2$O	2.4mmH$_2$O
	1.4mmH$_2$O	−1.8mmH$_2$O	3.2mmH$_2$O
	1.7mmH$_2$O	−1.9mmH$_2$O	3.6mmH$_2$O

吸氣之平均動壓為 2.36mmH$_2$O，平均風速 $= 4.04 \times \sqrt{2.36} = 6.19$ m/s

三、討 論

(一) 空氣在導管內流動時，各斷面的全壓會隨其流動而減低。

(二) 在風速方面，越接近管壁的測定點風速明顯比較小。在正壓或是負壓時皆是如此。

(三) 在靜壓方面，越接近管壁的測定點的靜壓會比較小。

(四) 風速在正壓時會比負壓時來的大。

(五) 比較實驗所測動壓換算為風速與儀器量測之風速有明顯之差異及不一致，利用動壓估算之吸氣風速大於排氣風速。

(六) 吸氣與吹氣的相異：吸氣速度之減速明顯較吹氣氣流之減速為大。因此應用於局部排氣時，如不將氣罩開口面緊置於粉塵、氣體之發生源，則無法達到預期之效果。

(七) 氣罩四周的亂流，足以影響控制風速，如門窗的氣流、人的移動、機械及散熱氣的對流均會造成影響，可用阻礙板或導風板阻止亂流，保持氣罩之正常性能。

習題

1. 測定八點時，如 D（直徑）=20cm，測定之動壓結果如下：測定結果 Pv (mmH$_2$O)值 16.01、17、18、17.05、16.92、18.03、19.18、18.45。求該風管傳送之平均風速、風量為何？(Ans：Va=16.89m/s，Q=31.84m^3/min)

2. 試述通風測定之目的。

3. 試述局部排氣之組成構造。

4. 何謂靜壓、動壓、全壓？

5. 量測控制風速應注意事項為何？

心靈加油站

壓力管理

有一位講師於壓力管理的課堂上拿起一杯水，然後問聽眾說：

「各位認為這杯水有多重？」聽眾有的說 20 公克，有的說 500 公克不等。講師則說：「這杯水的重量並不重要，重要的是你能拿多久？

拿一分鐘，各位一定覺得沒問題；

拿一個小時，可能覺得手痠；

拿一天，可能得叫救護車了。

其實這杯水的重量是一樣的，但是你若拿越久，就覺得越沉重。

這就像我們承擔著壓力一樣，如果我們一直把壓力放在身上，不管時間長短，到最後我們就覺得壓力越來越沉重而無法承擔。

我們必須做的是，放下這杯水休息一下後再拿起這杯水，

如此我們才能夠拿得更久。」

★ 記住，休息是為了走更長的路，人需要平靜安穩，

才能有力量有智慧。

PHYSICAL
WORKPLACE MONITORING

照明監測

09
CHAPTER

 **本章大綱**

9.1 照明監測之重要性

　　良好的採光、照明可減少職業災害、提高生產能力，在工廠大量引進機械化和自動化設備、創造舒適工作環境時，為增進勞工視覺能力，良好照明的考慮更顯重要。照明不佳時，工作人員消耗更多精力於視覺上，則易生意外，或是增加工作錯誤、情緒不佳而生疲勞。光線的性質取決於光的量和質。所謂光的量，亦即是使作業標的物及其周圍產生光亮的照度的量，所謂光的質，則包括光的顏色及光的方向，擴散和眩光的量和型別等。一個理想的光線系統，必須是沒有眩光的，眩光就是耀眼的光線，也就是會引起視覺不適，困擾、干擾視界或引起眼睛疲勞的光線。直接由光線來的眩光，稱為直接眩光，由視界內各種物體表面反射的眩光影像或明亮對照所形成的光線，稱為間接眩光，這些眩光對人類的眼睛有不良的影響。因此，為了消除眩光，在物件表面應使用適度的顏料來塗飾，而且面向燈光或陽光等光源時應加保護，使光線充分擴散，以免直接觀察時有過高的亮度。因此，工作場所中的照明及輝度測定就有其重要性。

　　照度與照明效果之關係極為密切，工作場所之照明，必須依照工作型態之不同，採取不同之設計，使其有適當之照度，通常作業越精密所需的照度越大。當光源的照明隨著年代而衰退，特別是某些污染作業，例如鑄造場所的窗戶、燈具等，容易聚污、減低光線的透過量，或壁面污穢減低光線的反射等，以致照度降低使人不易察覺；因此，必須定期測定工作場所的照度，以瞭解照明的變化。

　　當照明裝置符合規定的照度水準時，並不一定意味著工作場所的光亮適當。光源的位置和勞工與作業對像物之間，可能嚴重的影響作業時看東西的情況。一個物體的外觀，常受到外來的光線之方向的影響；而未遮蔽的光源，如果在視野的範圍內則會引起眩光。眩光和輝度有密切的關係，因此必須測定輝度。輝度的測定比照度的測定困難，一般較少實施，所以法令上僅規定「避免產生耀目的方法」而已，亦即規定眼睛與光源的連線與視線之角度大致在 30°以上。此外，亦規定「明暗的對比不可顯著的方法」，這是適合於局部照明與全面照明並用的場合。在此情形下，全面照明之照度約為局部照明之照度的 1/10 以上，這不僅和眩光有關，亦和照度及其分布是否均勻有關，這種判定亦須依賴照度或輝度之測定。

9.2　良好採光及照明之要件

　　採光可按其光源的不同，分為自然採光及人工採光；自然採光以白晝太陽光的利用，是最自然、健康及經濟的光源。而人工採光，係利用燈泡、日光燈、水銀燈及鈉器燈等各種適當的照明裝置，來補助自然光線不足的採光設施，人工採光要特別考慮光線的選擇是否適合工作性質與作業條件之需要，採光設施之間隔必須與光線之分布特性一致，至於架設之高度和間隔之距離則必須依照規定標準，明暗相間造成極端亮度之差異者為大忌。

　　如果按光線運用的路經則可分為：

1. **直接照明**：向下光線 90~100%，光線較硬、擴散不佳，且天花板上有黑影。

2. **半直接照明**：向下光線 65~90%，天花板之陰影減少。

3. **間接照明**：向下光線 0~10%，光線較軟，亦無明顯之陰影，但較浪費能源。

4. **半間接照明**：小部分光線透過燈罩射下，大部分光線由天花板反射，此法之光線可幫助下面工作面積之光度。

5. **擴散光照明**：即光源不分直接或反射，而係均勻向各個方向散射，其照度約在 40~60% 之間。

6. **輔助照明**：局部的不足光線，使用局部燈光加以輔助。

　　其中以直接照明的效率最高，而以間接照明的效率最低，其餘則介於這兩者之間。由於人體的視力主要係受光線的「照度」、「對比」以及物體「大小」與其「動態」狀況之影響，因此良好的採光，應注意下列各點：

1. 盡量利用自然光線，再輔以適當的人工照明。

2. 照度要能適合於各種作業的需要。

3. 光線投射的方向要適當。

4. 必須排除可能有的刺眼情況。

5. 光色要適合工作環境的需要。

6. 不要有閃爍的光線發生。

7. 照度亦不宜過高，以免造成浪費。

📖 9.3　監測策略

9.3.1　照度的監測方法

　　照度計(lux meter)是利用光電池(photocell)將光線轉變成電流，依光線之強弱在微電流計(micro ammeter)將其照度值顯示出來。

1. 監測前準備事項

(1) 電源之狀態及點燈之狀態。

(2) 光源之形式及大小，有需要時初點亮後之總點亮時間。（指水銀燈之類燈全亮所需時間）

(3) 照明器具之狀態。

(4) 光源安裝於照明器具之狀態。

(5) 環境條件。

此外，光電池照度計每年至少應定期校正一次。

2. 監測時之注意事項

(1) 測定開始前，原則上燈泡應點亮 5 分鐘以上，而日光燈等放電燈則應點亮 30 分鐘以上。

(2) 測定電源電壓時，應盡量在接近照明器具位置測定（放電燈在安全器側）。

(3) 應將照度計受光部之測定基準面盡量與想測定之面照度一致，並應垂直光源。

(4) 應注意測定者之投影及服裝之反射不致影響測定。

(5) 可切換型之照度計，盡量不要採用 0~1/4 之刻度範圍值。

(6) 有測定對象以外之外光（畫光等）會影響時，應將其影響除去，即測自然採光時，應關掉所有人工照明設備。

(7) 照度測定之高度為離地板 80±5cm，室外為地板或地面上 15cm 以上。

(8) 在室內桌上或作業台等作業對象面時，定為其面上或離台上 5cm 以內之假想面。

(9) 將測定範圍分為 m×n 個單位區域，各單位的長及寬大約為 2~3m。

(10) 測量點的取法有四點法及五點法。

3. 全面照明時之照度監測

全面照明係指工廠之寬廣場所，很多光源規則地排列著，其照度大致一樣。在此情形下，一般測定水平面的照度（必要時亦測定垂直面、傾斜面的照度）以求其平均照度。

作業面上的測定點位置，因全面照明之光源等間隔規則地配置，先將光源下的點連接成網目，再依照度變化之緩急，分為二等分、三等分之更細網目，分點的間隔大約 2~3m。如圖 9.1、9.2 所示，將測定範圍分為 m×n 個的單位區域。將全測定範圍之各單位區域的平均照度予以平均，即得此室內之平均照度。

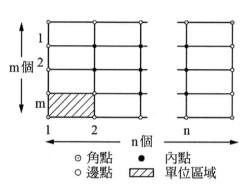

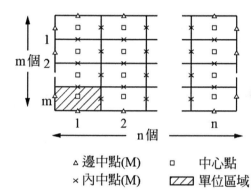

● 圖 9.1　四點法全面照明之測定點的配置　　● 圖 9.2　五點法全面照明之測定點的配置

單位區域內之測定點的位置取法，有取各單位區域的四個角（四點法），或取各單位區域的中心(G)與邊中點(M)（五點法）等二種。全面照明之平均照度求法，其公式如下：

(1) 單位區域

$$四點法\ E = \frac{1}{4}\sum E \quad\text{·······························}(9\text{-}1)$$

$$五點法\ E = \frac{1}{6}\left(\sum E_M + 2E_G\right) \quad\text{·····················}(9\text{-}2)$$

(2) 全測定範圍

$$四點法\ \frac{1}{4mn}\left(\sum E_\odot + 2\sum E_\circ + 4\sum E_\bullet\right) \quad\text{··············}(9\text{-}3)$$

$$五點法\ E = \frac{1}{6}\left(\sum E_\triangle + 2\sum E_\times + 2\sum E_\square\right) \quad\text{············}(9\text{-}4)$$

4. 局部照明時之照度測定

　　局部照明系指某些特殊的場所，其所需的照度比周圍為高。例如機械工廠之車床，或成衣工廠之成品檢查作業等，除全面照明外，另於局部加裝電燈以增加照度。局部照明之測定，於狹窄之場所以測定其中點為代表，於寬廣之場所則如前節所述實施測定，求其平均照度。

5. 照度測定結果的記錄

　　依據測定的目的，將有關事項記錄如表 9.1 所示，說明：

(1) 測定年月日。

(2) 測定起迄時間。

(3) 照明條件：電源電壓、光源及照明器材種類，照明器具的配置。

(4) 測定方法：測定器、測定點的高度、測定面（水平、垂直、傾斜等）、測定方向。

(5) 測定場所：畫作業場所平面圖，標出單位區域及全測定範圍。

(6) 測定條件：天候、溫度、濕度、風、塵埃狀況、室內面（天花板、牆壁、作業處所）的顏色、反射率。

(7) 測定結果。

(8) 測定者姓名。

(9) 其他有關措施。

表 9.1　照度測定結果記錄表

測定日期	年　月 時～　時	測定條件	氣溫：　　℃ 氣壓：　　mmHg	測定人員					
照明條件	電源電壓 及測定點	光源 照明 器具種類		測定儀器					

測定場所略圖 及測定位置圖	照度測定點	照明 種類	測定 高度	測定面				測定 結果	照明器具 配置情形
				水平	鉛直	法線	傾斜		

平均照度計算及應採措施

　

經營負責人：　　　　　　安全衛生業務主管：　　　　　　測定人員簽章：

9.3.2 全面照明計算實例

例題 **1**

某作業場所之照度測定結果如下圖所示，試以四點法求其平均照度值為多少米燭光(Lux)？

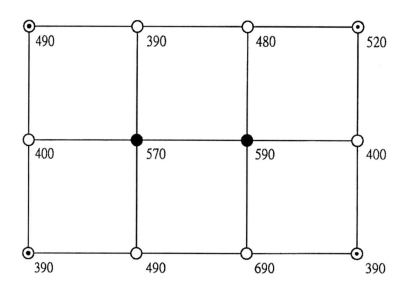

▶ 解

(1) 先依(9-1)式求每一單位區域之平均照度，如左上角之單位區域為：

$$E = \frac{1}{4}(490+390+570+400) = 462.5$$

再以其相加平均值為全測定範圍之平均照度。

$$E = \frac{1}{6}(462.5 + 445 + 507.5 + 585 + 497.5 + 517.5)$$

$$= \frac{3015}{6} = 502(lux)$$

(2) 依(9-3)式得平均照度。

$$E = \frac{1}{4mn}(\Sigma E_\odot + 2\Sigma E_\bigcirc + 4E_\bullet)$$

$$= \frac{1}{4 \times 2 \times 3}[(490+390+390+520)+2(400+390+490+480+690+400)+$$

$$4(570+590)]$$

$$= \frac{1}{24}(1790+2\times2850+4\times1160)$$

$$= \frac{12130}{24}$$

$$=505(lux)$$

例題 **2**

某作業場所之照度測結果如下圖所示，試以五點法求其平均照度值？

▶ 解

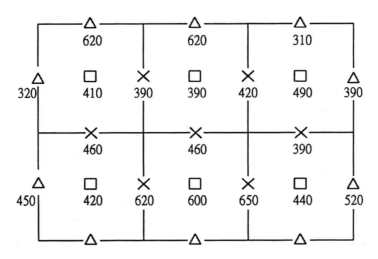

依(9-4)式得

$$E = \frac{1}{6mn}(\sum E_\triangle + 2\sum E_\times + 2\sum E_\square)$$

$$= \frac{1}{6\times2\times3}[(320+450+600+720+320+520+390+310+620+620)$$

$$+2(390+420+460+460+390+620+650)+2(410+390+490+420+600+400)]$$

$$= \frac{1}{36}[(4870+2\times3390+2\times2750)]$$

$$= \frac{17150}{36}$$

$$=476(lux)$$

例題 **3**

　　某一辦公大樓大廳面積為 20m×20m，天花板高度 8m，依天花板反射率與牆壁反射率推估照明率，若在照明率 0.50，採用 24000 Lm 之水銀燈（依廠商型錄查知，維護係數 0.6），來設計室內照度為 160Lx，試規劃所需燈具數與排列方式。

▶ 解

　　公式　N×F＝ E×A÷(U×M)

　　N：燈具數，F：每一燈具所發出光通量，E：所需室內照度

　　A：室內面積，U：照明率，M：維護係數

　　N×24000＝160×20×20÷(0.5×0.6)　　N＝8.9＝9

　　燈具數為 9 具，排列方式為 3×3。

例題 **4**

　　一施工中作業區，長 21 公尺、寬 9 公尺、高 3 公尺，作業面上方 2.45 公尺處設有懸吊式參燈管燈具 21 盞，每燈管光通量為 4500 流明(lumen,Lm)。若其減光補償率(depreciation factor, D)為 2，照明率為 0.65，試計算回答以下問題：

(1) 其室指數(room index, RI)為多少？

(2) 作業區平均照度為多少勒克司(lux, Lx)？

(3) 若作業面平均反射比為 0.7，作業面之亮度為多少 cd/m^2？

▶ 解

(1) 室指數(room index, RI) =長×寬÷（長+寬）÷（作業面至光源高度）

$$=(21×9)÷(21+9)÷2.45=2.57$$

(2) N×F=(E×A)×D÷U

　　N：燈具數，F：燈具光通量，E：室內照度

　　A：室內面積，U：照明率，D：減光補償率

　　21×4500=(E×21×9)×2÷0.65　　E=162.5 流明

(3) $L= \rho E/ \pi$

   L：亮度，ρ：反射比，E：室內照度

   $L=\rho E/\pi=0.7 \times 162.5 \div 3.14 = 36.2 cd/m^2$

9.4 輝度監測

　　由於輝度和照明的好壞有密切的關係，且一般人眼睛要看清楚物體是受尺寸大小、對比、亮度及時間四個因素所影響，其中對比主要可分為二種，即色彩對比與亮度對比，對比越大越易看清楚，但也越易造成視覺疲勞，亮度由進入眼睛的光強度決定，它會因光源的通光量大小、反射表面的反射率而有些不同，如果亮度太大，則易引起眩光，使物體不容易看清楚，因此為瞭解眩光的問題，有必要進行輝度測定。

9.5 監測目的及監測方法

1. 目的

　　照明監測的目的，在於瞭解輝度計使用方法及為何要做此測定，輝度在不同距離、不同顏色光源下對作業場所及工作者的影響。

2. 監測方法

(1) 將輝度計固定在三腳架上，避免掉落。

(2) 用皮尺量測所需測定的距離，即輝度計與枱燈光源的距離，分別為 0.5m、1m、1.5m。

(3) 將輝度計的鏡頭蓋蓋上，校正歸零，打開開關按下鎖。

(4) 對準待測物調整焦距，打開燈光，開始測定。

3. 監測項目

　　分別測定 25W、40W、60W、100W 的白、藍、綠、紅、黃色可見光光源在距離 0.5m、1m、1.5m 之輝度值。

4. 實驗結果及討論

(1) 隨著燈泡的瓦數增加，輝度值也變大，同樣 0.5m 的距離，25W 的白光輝度值為 86.4、40W 為 149.3、60W 為 515、100W 為 721。

(2) 距離越遠，輝度值越小，例如在 60W，1m 的白光輝度值為 902，1.5m 則為 621。

(3) 以不同顏色的光源做測定，結果為白光的輝度值＞黃光＞紅光＞綠光＞藍光，但在 1m、40W 及 1m、25W 則為紅光＜綠光。

(4) 實驗的誤差來源可能為：儀器未準確對焦、不經意移動枱燈、實驗次數不夠多、無法遮蔽外來光源、玻璃紙並非完全為光滑表面而影響光線反射。

(5) 不論是顏色、距離之因素或不同瓦數之燈泡，皆會造成不同的輝度。

(6) 作業場所的照明問題，除消極地增加照度，做量的改善外，亦需積極地減少輝度（眩光）的問題。

1. 試列舉良好的採光之要件。

2. 試列舉進行照度測定時之注意事項。

3. 試說明照度測定結果應如何記錄。

4. 工作場所中為何要作照度及輝度之測定。

5. 何謂眩光？如何預防？

心靈加油站

活在當下

起初～～我想進大學想得要死

隨後～～我巴不得大學趕快畢業

接著～～我想結婚、想有小孩想得要死

再來～～我又巴望小孩快點長大、好讓我回去上班

之後～～我每天想著退休想得要死

現在～～我真的快死了

忽然間～～我突然明白了

我忘了～～真正去活

結局很重要，但過程卻不可忽略，要在生死過程中，給自己製造無數美麗的經驗及回憶，好好享受每一時刻，因為它過了不會再回來。

基本名詞定義

噪音測定及噪音控制時，常使用之相關名詞其意義彙整如下：

1. 聲音(Sound)：在彈性介質中壓力振盪，傳至受音者之內耳，而感覺到其存在者。

2. 純音(Pure tone)：聲音中只含有單一頻率之聲音。

3. 噪音(Noise)：超過法令管制標準之聲音，此種多屬不需要或使人產生不愉快感覺之聲音。

4. 頻率(Frequency)：音波之週期性現象，即每秒該音波振動之次數，一般以赫茲(Herz) cycle/sec 作為頻率之單位。

5. 超低頻(Infrasonic frequency)：聲音之頻率低於人耳可感覺之最低頻率，即頻率低於 20Hz。若頻率大於 20,000Hz 則稱為超高頻聲音(Ultrasonic frequency)。

6. 分貝(Decibel)：係噪音量之最基本單位，一般為一物理量（強度、功率）與其參考值之比值，則該比值之對數值乘以 10。

   前述之物理量若以壓力表示，則該比值須先平方後，再取對數值乘以 10。

   即　$SPL = 20 \ \log(\dfrac{p}{pref})$

   其中 1,000Hz 之美國國家標準參考值(ANSI)如下：

   $Pref = 2 \times 10^{-5} N/m^2$ 。

   或 $SIL = 10 \ \log(\dfrac{I}{Iref})$，$Iref = 10^{-12} W/m^2$ 。

   $PWL = 10 \ \log(\dfrac{W}{Wref})$，$Wref = 10^{-12} Watt$ 。

   SPL ：聲音壓力位準(Sound Pressure Level)

   SIL ：聲音強度位準(Sound Intensity Level)

   SPL ：聲音功率位準(Sound Power Level)

7. 巴斯葛(Pascal; Pa)：為壓力單位，1 Pa＝1 N/m²＝10 dyne/cm²。
   微巴(Microbar)：壓力單位，等於 1dyne/cm²，或等於 10^{-6}atm。

8. 八音階(Octave band)：將人耳可聽到的頻率劃分為八個中心頻率，且每一頻帶之上限頻率與下限頻率之比值為 2，即 f(λ+1)/f(λ)＝2。

9. 權(Weighting)：噪音計所具有的不同頻率之反應特性。

10. A 權音壓位準(A-weighting)：為噪音計以 A 權電網所測得之音壓位準，此電網是模擬人耳對不同頻率噪音之反應而設計，其他尚有 B 權（目前已少用）、C 權（測定機械噪音）及 D 權（測定飛機噪音）等。

11. 動特性(Dynamic response)：為噪音計電路與指示反應之速度，可分為「快特性」與「慢特性」，快特性之反應時間常數為 1/8 秒，慢特性反應時間常數則為 1 秒，一般環境測定時常選用「快特性」，但若聲音變化小於 4 分貝時，建議使用「慢特性」。

12. 變動性噪音(Fluctnating noise)：噪音變化呈不規則且起伏相當大時，稱之為變動噪音。一般道路交通噪音多屬變動性噪音。

13. 間歇性噪音(Intermittent noise)：發生時間或者頻率帶都不一定之噪音，稱之為間歇性噪音。

14. 衝擊性噪音(Impulsive noise)：即聲音達到最大振幅所需時間小於 0.035 秒，且由尖峰值往下降低 30 分貝所需時間小於 0.5 秒者，若有多次衝擊噪音，則其二次衝擊間隔不得小於 1 秒，否則視為連續性噪音。

15. 穩定性噪音(Steady noise)：噪音量不隨時間而有太大之變化者，一般機器所發出之噪音多屬穩定性之噪音。

16. 方向性麥克風(Directional microphone)：麥克風對於聲音之反應決定於聲音入射之方向，一般可分為垂直入射、摩擦入射及隨意入射等回應，由於方向性麥克風特別設計使某些方向之入射聲音之反應很小，此種麥克風不能用於噪音測定。

17. 背景噪音(Background noise)：除了所欲測定音源以外之其他音源所產生之噪音，噪音測定時須瞭解背景噪音之大小。

18. 殘餘噪音(Residual noise)：非測定音源之遠處街道或交通工具等不確定音源所產生之穩定噪音。

19. 簡單音源(Simple sound source)：在自由音場中，聲音均勻的向所有方向輻射。

20. 點音源(Point source)：音源發出之聲音，有如自一點輻射出來，如機械音響、喇叭等，一般點音源隨距離之倍增，其音量約下降 6 分貝。

21. 線音源(Linear noise)：音源成一直線連續時稱為線音源，一般穩定而持續之交通噪音皆可視為線音源，線音源之距離倍增時，其噪音量減少 3 分貝。

22. 面音源(Plane noise)：音源之大小比測定之距離大許多者，稱面音源，在短距離內，面音源無距離衰減。

23. 音場(Sound field)：彈性介質含有音波之區域，如空氣等。

24. 遠音場(Far field)：聲音之輻射音場，具有自點音源距離加倍時噪音量減少 6 分貝之音場部分。

25. 近音場(Near field)：位於噪音源與遠音場間之音場。

26. 自由音場(Free field)：在一均勻之介質中，聲音經傳播出去之後，即形同被吸收，不再有回音之音場。

27. 回響音場(Diffuse field)：聲音經傳播後，不被吸收而被完全反射者，稱回響音場。

28. 半自由音場室(Semi-anechoic room)：在音場內有一反射面，其他表面吸收所有之射音能，因此在反射面之上為一自由音場者。

29. 反射(Reflection)：聲音自一物質表面折回，並與入射聲音法線間之夾角相同。

30. 繞射(Refrection)：由於空間之阻隔，使聲音傳播方向改變之現象。

31. 殘響(Reverberation)：在一回響音場內，聲音停止後，由於重覆反射或散射使聲音持續一段時間者。

32. 殘響時間(Reverberation time; T_{60})：聲源停止後室內聲音量衰減 60 分貝所需之時間，以秒為單位。

33. 聲音吸收(Sound absorption)：物質所具有之特性，將音能轉為熱能。

34. 室吸收(Room absorption)：室內空氣及所有物質與表面之總吸收力。

35. 吸音係數(Absorption Coefficient; α)：乃入射波強度與反射波強度之差值與入射波強度之比值，一般以下式表之：

$$\alpha = \frac{I_i - I_r}{I_i} = 1 - \frac{I_r}{I_i} = 1 - R$$

其中：
I_i ＝入射波強度(w/m^2)
I_r ＝反射波強度(w/m^2)
R ＝反射率

36. 吸音材料(Absorptive material)：具有相當大吸收係數之材料，此種材料內部有許多孔道，對其內部傳送之聲音具有阻力。

37. 隔音材料(Acoustical insulation materiall)：用來阻絕空氣中聲音進入室內之材料。

38. 聲音傳送損失(Sound transmission loss; STL)：對於牆壁、地板、天花板、門窗等聲音隔絕性質之量度。

39. 聲音傳送等級(Sound transmission class; STC)：評定隔板(Partition)之聲音傳送損失，以 500Hz 之傳送損失值表示。

40. 衝擊絕緣等級(Impact Insulation Class; IIC)：樓板以一標準之衝擊機械加以衝擊，其聲音絕緣大小以頻率 500 Hz 之值表示。

41. 遮蔽效應(Masking effect)：聲音之可聽見值，即由於其他聲音存在而必須提高之分貝數。

42. 聽力圖(Audiogram)：用以表示聽力值與頻率之關係圖。

43. 聽力測定室(Audiometric room)：用以測定受音者之空間，該空間具有相當程度吸收室外噪音之能力，一般受測者必須在休息一段時間後才能進行聽力測定。

44. 最小可聽值(Threshold of hearing)：人耳所能聽到最小之聲音，一般以測試者50%可聽到之最小聲音為準。

45. 三分貝規則(3dB rule)：假設聽力損失正比於所接受之聲音能量，則每增加 3 分貝（能量加倍時），容許暴露時間減半。

46. 五分貝規則(5dB rule)：由實驗證實，噪音導致暫時性聽力損失，每增加 5 分貝相當於曝露時間加倍。

47. 噪音減低係數(Noise reduction coefficient; NRC)：評估物質吸收聲音方式之一，通常以 250，500，1000，2,000Hz 聲音吸收係數之算術平均值表示之。

48. 噪音劑量計(Dose meter)：為將噪音之 A 權衡音壓位準經一特殊設計之集積電路予以累積，並轉換為劑量，可以積分一時段（8 小時或更長）之音壓水準，一般以延長線將麥克風夾於衣領或耳朵附近者稱為個人用噪音劑量計(Personal noise dosimeter)。

49. 時間率音壓位準(Percent exceeded sound level)：即噪音量超過及達到此音壓水準之時間比例，例如 L_{90} 表示 90% 之時間超過及達到此音壓位準。

50. 中央值(L_{50})：表示 50% 之時間超過及達到此音壓位準。為測定道路交通噪音之重要指標。

51. 均能音量(Equivalent energy sound level; Leq)：在任一特定時段，連續性之聲音位準積分值等於該時段內聲音發生的均等能量，稱為均能音量，以下式表之，

$$Leq = 10 \ \log[\sum_{i=1}^{n} Pi \times 10(Li / 10)]$$

其中 Li = 第 i 個音壓位準。

Pi = i 噪音值占總時間之比例。

52. 日夜音量(Day-night level; Ldn)：為了使所測定之噪音能包括強度、時間及音源發生之特性，依據均能音量，在日夜發生不同之位準，加以考慮發生時間及夜間位準之加權，建立之日夜均能音量，以公式表示為：

$$Ldn = 10 \ \log[a \times 10^{0.1 \times Ld} + b \times 10^{0.1(Ln+10)}]$$

Ld：從 7 點至 22 點之 Leq 值。

Ln：從 22 點至翌日 7 點之 Leq 值。

(1) 分數比例 $a = \dfrac{日間時數}{24}$

(2) 分數比例 $b = \dfrac{夜間時數}{24}$

53. 時量平均音量(Time weighted average sound level; TWA)：為工作日 8 小時之時量平均值，以分貝表示，TWA 與個人用噪音計量計(Dosimeter)劑量之關係為：

$$TWA = 16.61 \times \log \dfrac{D}{12.5 \times t} + 90$$

其中 D 為測定時間 t 小時所得之劑量(%)。

108 年度物理性因子作業環境監測甲級技術士技能檢定學科測試試題

本試卷有選擇題 80 題【單選選擇題 60 題，每題 1 分；複選選擇題 20 題，每題 2 分】，測試時間為 100 分鐘，請在答案卡上作答，答錯不倒扣；未作答者，不予計分。

一、單選題

( ) 1. 噪音計微音器採擦磨入射回應設計時，微音器圓柱體中心軸與聲波入射角度為　①120°　②90°　③0°　④45°。

( ) 2. 進出電梯時應以下列何者為宜？　①裡面的人先出，外面的人再進入　②外面的人先進去，裡面的人才出來　③可同時進出　④爭先恐後無妨。

( ) 3. 所謂營業秘密，係指方法、技術、製程、配方、程式、設計或其他可用於生產、銷售或經營之資訊，但其保障所需符合的要件不包括下列何者？　①因其秘密性而具有實際之經濟價值者　②因其秘密性而具有潛在之經濟價值者　③一般涉及該類資訊之人所知者　④所有人已採取合理之保密措施者。

( ) 4. 以迴轉運動的活塞在密閉的空洞中產生已知音壓級的聲音供噪音計校正為何種校正器？　①電功率轉換式　②接受式　③活塞式　④側邊式。

( ) 5. 遮音材料使用下列何者接著或塗布，可以改善符合效應(coincidence effect)？　①厚紙板　②纖維布　③鉛板　④泡綿。

( ) 6. 勞工聽力檢測可由下列哪一個頻率先測？　①2,000　②500　③4,000　④1,000　赫。

( ) 7. 以下何者非屬導致勞工健康危害之物理性因子？　①高溫　②振動　③粉塵　④噪音。

( ) 8. 下列何者有助於減少工作代謝熱？　①減少勞力　②增加氣流　③增加輻射熱　④降低濕度。

( ) 9. 下列何者無助於汗水蒸發？　①減少工作負荷　②減少衣著量　③降低濕度　④增加氣流。

( ) 10. 使用自由音場微音器時，其與音源須成多少角度？　①0　②30　③70~80　④90。

( ) 11. 噪音計組接 1/3 八音度頻帶頻譜分析器實施頻譜分析時，噪音計之權衡電網應為下列何者？ ①A ②F ③C ④B。

( ) 12. 遠音場距點音源 1 公尺處監測音壓級為 100 分貝，距離 10 公尺處時的音壓級為多少分貝？ ①95 ②90 ③85 ④80。

( ) 13. 下列何者不是造成台灣水資源減少的主要因素？ ①濫用水資源 ②超抽地下水 ③水庫淤積 ④雨水酸化。

( ) 14. 各產業中耗能占比最大的產業為 ①公用事業 ②能源密集產業 ③農林漁牧業 ④服務業。

( ) 15. A 權衡電網在何聲音頻率下回應曲線為最大？ ①20,000 ②2500 ③250 ④1,000 赫。

( ) 16. 下列何者屬地下水超抽情形？ ①地下水抽水量「低於」降雨量 ②天然補注量「超越」地下水抽水量 ③地下水抽水量「超越」天然補注量 ④地下水抽水量「低於」天然補注量。

( ) 17. 1,000 赫純音以下列音壓級校正噪音計，何者較為實用 ①160 ②70 ③94 ④50 分貝。

( ) 18. 在噪音計中將音波之信號轉換成均方根值(RMS)推動指針偏轉為下列何者？ ①權衡電網 ②整流器 ③放大器 ④時間特性。

( ) 19. 對流熱與風速之 N 次方有關，其 N 值為 ①0.8 ②0.2 ③0.6 ④0.4。

( ) 20. 依據台灣電力公司三段式時間電價（尖峰、半尖峰及離峰時段）的規定，請問哪個時段電價最便宜？ ①尖峰時段 ②夏月半尖峰時段 ③非夏月半尖峰時段 ④離峰時段。

( ) 21. 噪音劑量計監測暴露劑量時，使用何種時間特性及權衡電網？ ①S, A ②F, C ③I, C ④F, A。

( ) 22. 某部機器在作業場所中運轉時，測得音壓級為 90 dB，已知背景音量為 85 dB，求該部機器運轉時之音量為多少 dB？ ①85 ②91 ③88 ④93。

( ) 23. 分貝的定義是噪音物理量與基準噪音物理量比值取對數值再乘以下列何者？ ①20 ②15 ③10 ④5。

( ) 24. 下列何者是造成聖嬰現象發生的主要原因？ ①溫室效應 ②臭氧層破洞 ③霧霾 ④颱風。

( ) 25. 沙賓(Sabins)定義為多少面積之聲音吸收值？ ①1 平方呎英 ②1 平方公分 ③1 平方英吋 ④1 平方米。

( ) 26. 坑內作業場所溫濕作業環境溫度在多少℃以上，雇主即應充分供應勞工清潔之飲水及食鹽？ ①37 ②30 ③27 ④35。

( ) 27. 在單一自由度系統的振動絕緣器(vibrationisolator)，若需要有振動絕緣功能，其頻率比 r（＝外力激振頻率／結構共振頻率）應落在何種範圍內為最佳？ ①r＞1.5 ②r＜0.5 ③0.5≦r≦1 ④1＜r≦1.5。

( ) 28. 逛夜市時常有攤位在販賣滅蟑藥，下列何者正確？ ①只要批貨，人人皆可販賣滅蟑藥，不須領得許可執照 ②滅蟑藥是藥，中央主管機關為衛生福利部 ③滅蟑藥之包裝上不用標示有效期限 ④滅蟑藥是環境衛生用藥，中央主管機關是環境保護署。

( ) 29. 攝氏 25 度絕對溫度多少度？ ①295 ②300 ③298 ④303 K。

( ) 30. 微波所致危害是由何種能所造成？ ①電能 ②輻射能 ③機械能 ④化學能。

( ) 31. 以阿斯曼通風乾濕球溫度計進行溫度監測時，其氣流都內控在多少範圍？ ①1.0m/s 以下 ②2.5~4.7m/s ③1.0~1.7m/s ④1.7~2.3m/s。

( ) 32. 下列何者為空氣比熱？ ①100 ②10 ③200 ④1 cal/℃.m。

( ) 33. 同一遮音材料，厚度增加，符合凹下(coincidencedip)頻率 ①不一定 ②增高 ③降低 ④不變。

( ) 34. 勞工噪音暴露工作日總劑量為 100%，則其八小時日時量平均音壓級為 ①82 ②90 ③95 ④85 分貝。

( ) 35. 監測自然濕球溫度計覆蓋溫度計球部所使用布為 ①全脂紗布 ②脫脂紗布 ③不織布 ④潑水布。

( ) 36. 一般人耳較不易被噪音損傷之部位為？ ①基底膜 ②內耳 ③柯氏器 ④中耳。

( ) 37. 下列何者可從通風濕度表可得出？ ①黑球溫度 ②大氣水蒸氣壓 ③大氣壓力 ④風速。

( ) 38. 進行聽力檢查時，一般起始測試頻率(Hz)為下列何者？ ①2k ②1k ③500 ④6k。

( )39. 有一聲音其音壓為 20 Pa，求其音壓級為多少分貝？ ①120 ②130 ③ 110 ④140。

( )40. 依職業安全衛生教育訓練規則規定，新僱勞工所接受之一般安全衛生教育訓練，不得少於幾小時？ ①0.5 ②3 ③2 ④1。

( )41. 洗菜水、洗碗水、洗衣水、洗澡水等的清洗水，不可直接利用來做什麼用途？ ①沖馬桶 ②飲用水 ③澆花 ④洗地板。

( )42. 材料的遮音性能表示，下列何者為正確？ ①吸音率愈大，遮音性能愈大 ②傳送率愈小，遮音性能愈小 ③傳送損失愈大，遮音性能愈大 ④反射率愈小，遮音性能愈大。

( )43. 如勞工之需氧量與其最大攝氧量之比值為 1/3 時，則其每分鐘之心跳數應為 ①60~70 ②80~90 ③110~120 ④145~160。

( )44. 窗戶開啟後，該缺口面積之吸音率為？ ①0.5 ②0.25 ③0 ④1.0。

( )45. 由氣態凝結而成的固體微粒下列何者？ ①霧滴 ②燻煙 ③粉塵 ④煤煙。

( )46. 下列何者非屬職業安全衛生法規定之勞工法定義務？ ①實施自動檢查 ②參加安全衛生教育訓練 ③定期接受健康檢查 ④遵守安全衛生工作守則。

( )47. 下列何者不屬於非游離輻射？ ①微波 ②紅外線 ③X 射線 ④紫外線。

( )48. 雇主未定期實施高溫作業勞工特殊健康檢查之處分為下列何者？ ①科 15 萬元以下罰金 ②處 3 萬元以上，15 萬元以下罰鍰 ③科 9 萬元以下罰金 ④處 3 萬元以上，6 萬元以下罰鍰。

( )49. 依法令規定作業場所之噪音監測紀錄至少要保存多少年？ ①2 年 ②3 年 ③1 年 ④0.5 年。

( )50. 非公務機關利用個人資料進行行銷時，下列敘述何者「錯誤」？ ①於首次行銷時，應提供當事人表示拒絕行銷之方式 ②倘非公務機關違反「應即停止利用其個人資料行銷」之義務，未於限期內改正者，按次處新台幣 2 萬元以上 20 萬元以下罰鍰 ③若已取得當事人書面同意，當事人即不得拒絕利用其個人資料行銷 ④當事人表示拒絕接受行銷時，應停止利用其個人資料。

( ) 51. 對於依照個人資料保護法應告知之事項，下列何者不在法定應告知的事項內？ ①蒐集之目的 ②個人資料利用之期間、地區、對象及方式 ③如拒絕提供或提供不正確個人資料將造成之影響 ④蒐集機關的負責人姓名。

( ) 52. 依勞動基準法規定，主管機關或檢查機構於接獲勞工申訴事業單位違反本法及其他勞工法令規定後，應為必要之調查，並於幾日內將處理情形，以書面通知勞工？ ①30 ②20 ③60 ④14。

( ) 53. 以樹脂將交錯的玻璃纖維束縛在一起，形成一個彈性的、低密度的結構體，為一良好的 ①吸音材料 ②遮音材料 ③阻尼材料 ④振動材料。

( ) 54. 下列何者為體內電解質不平衡所致？ ①熱濕疹 ②熱衰竭 ③中暑 ④熱痙攣。

( ) 55. 下列何者為戶外無日曬綜合溫度熱指數之計算式？ ①0.7 濕度溫度＋0.3 乾球溫度 ②0.7 乾球溫度＋0.3 黑球溫度 ③0.7 濕球溫度＋0.2 黑球溫度＋0.1 乾球溫度 ④0.7 自然濕球溫度＋0.3 黑球溫度。

( ) 56. 客觀上有行求、期約或交付賄賂之行為，主觀上有賄賂使公務員為不違背職務行為之意思，即所謂？ ①圖利罪 ②不違背職務行賄罪 ③違背職務行賄罪 ④背信罪。

( ) 57. 高頻率噪音監測，使用噪音計之微音器，其直徑大小為採用下列何者為宜 ①大小皆不可 ②大小皆可 ③大者 ④小者。

( ) 58. 將高速噴射氣流密封，並將流速分散於許多小面積上，以減低流速增加流動阻力(a flow resistance)之消音器係利用何種原理消音 ①音反射 ②音干涉 ③音共鳴 ④音吸收。

( ) 59. 下列哪一種飲食習慣能減碳抗暖化？ ①多吃天然蔬果 ②多吃速食 ③多選擇吃到飽的餐館 ④多吃牛肉。

( ) 60. 正常人之最小可聽閾值的平均值為多少 dB？ ①0 ②5 ③10 ④20。

二、複選題

( ) 61. 高溫作業場所雇主應充分供應下列何者給勞工？ ①15℃左右之飲用水 ②冰水 ③70℃左右之飲用水 ④食鹽。

( ) 62. 自然濕球溫度可反應下列何種環境熱因子之影響？ ①氣溫(Ta) ②氣濕（水蒸氣壓, Pa） ③輻射(R) ④氣動(Va)。

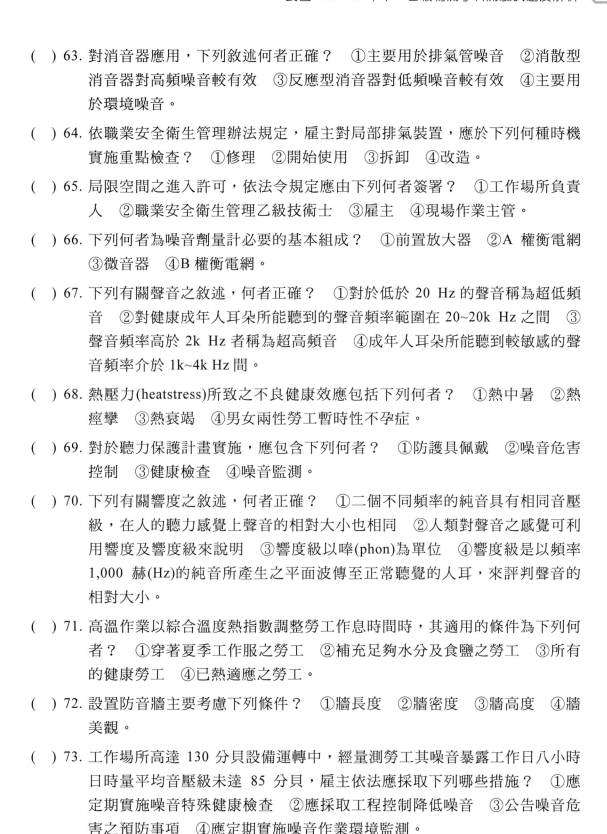

( ) 63. 對消音器應用，下列敘述何者正確？　①主要用於排氣管噪音　②消散型消音器對高頻噪音較有效　③反應型消音器對低頻噪音較有效　④主要用於環境噪音。

( ) 64. 依職業安全衛生管理辦法規定，雇主對局部排氣裝置，應於下列何種時機實施重點檢查？　①修理　②開始使用　③拆卸　④改造。

( ) 65. 局限空間之進入許可，依法令規定應由下列何者簽署？　①工作場所負責人　②職業安全衛生管理乙級技術士　③雇主　④現場作業主管。

( ) 66. 下列何者為噪音劑量計必要的基本組成？　①前置放大器　②A 權衡電網　③微音器　④B 權衡電網。

( ) 67. 下列有關聲音之敘述，何者正確？　①對於低於 20 Hz 的聲音稱為超低頻音　②對健康成年人耳朵所能聽到的聲音頻率範圍在 20~20k Hz 之間　③聲音頻率高於 2k Hz 者稱為超高頻音　④成年人耳朵所能聽到較敏感的聲音頻率介於 1k~4k Hz 間。

( ) 68. 熱壓力(heatstress)所致之不良健康效應包括下列何者？　①熱中暑　②熱痙攣　③熱衰竭　④男女兩性勞工暫時性不孕症。

( ) 69. 對於聽力保護計畫實施，應包含下列何者？　①防護具佩戴　②噪音危害控制　③健康檢查　④噪音監測。

( ) 70. 下列有關響度之敘述，何者正確？　①二個不同頻率的純音具有相同音壓級，在人的聽力感覺上聲音的相對大小也相同　②人類對聲音之感覺可利用響度及響度級來說明　③響度級以唪(phon)為單位　④響度級是以頻率1,000 赫(Hz)的純音所產生之平面波傳至正常聽覺的人耳，來評判聲音的相對大小。

( ) 71. 高溫作業以綜合溫度熱指數調整勞工作息時間時，其適用的條件為下列何者？　①穿著夏季工作服之勞工　②補充足夠水分及食鹽之勞工　③所有的健康勞工　④已熱適應之勞工。

( ) 72. 設置防音牆主要考慮下列條件？　①牆長度　②牆密度　③牆高度　④牆美觀。

( ) 73. 工作場所高達 130 分貝設備運轉中，經量測勞工其噪音暴露工作日八小時日時量平均音壓級未達 85 分貝，雇主依法應採取下列哪些措施？　①應定期實施噪音特殊健康檢查　②應採取工程控制降低噪音　③公告噪音危害之預防事項　④應定期實施噪音作業環境監測。

( ) 74. 下列有關聲波傳送特質之描述何者正確？ ①聲音在空氣中傳送速度比在固體中為快 ②高頻音為每秒鐘聲音振動次數較多 ③聲音衰減值不會受溫、濕度影響 ④通常高頻音是指聲音頻率在 1,000 赫(Hz)以上。

( ) 75. 有關勞工噪音暴露之敘述，下列何者正確？ ①工作日八小時日時量平均音壓級不得超過 90 分貝之變動性噪音 ②工作日八小時日時量平均音壓級不得超 90 分貝之間歇性噪音 ③任何時間不得暴露於峰值超過 140 分貝之衝擊性噪音 ④任何時間不得暴露於超過 115 分貝之連續性噪音。

( ) 76. 消音器依減低噪音原理分為下列何者？ ①消散型(dissipativeorabsorption) ②反應型(reactiveorreflective) ③振動衰減 ④複合型(combined)。

( ) 77. 高溫作業勞工之特殊體格檢查應依下列何者實施？ ①於受僱或變更從事高溫作業時實施 ②每二年一次以上 ③依一般體格檢查結果再進一步實施 ④每一年一次以上。

( ) 78. 對於修正有效溫度(CET)，下列敘述何者正確？ ①有考慮輻射熱影響 ②未考慮風速 ③以黑球代替乾球 ④以虛擬濕球溫球溫度取代濕球溫度。

( ) 79. 有關時間率音壓級 Lx (L$_{90}$, L$_{50}$, L$_{10}$)之敘述，下列何者正確？ ①L$_{90}$＜L$_{50}$ ②L$_{50}$＞L$_{10}$ ③L$_{50}$＜L$_{10}$ ④L$_{90}$＜L$_{50}$。

( ) 80. 以噪音劑量計監測勞工之穩定性噪音暴露，該勞工一天暴露時間 10 小時，監測 2.5 小時所得之劑量為 30%，下列有關該勞工噪音暴露之敘述，何者正確？ ①勞工工作日暴露劑量=120% ②違反勞動法令規定 ③未違反勞動法令規定 ④工作日八小時日時量平均音壓級超過 90 分貝。

三、解答

1.(2)	2.(1)	3.(3)	4.(3)	5.(3)	6.(4)	7.(3)	8.(1)	9.(1)	10.(1)
11.(2)	12.(4)	13.(4)	14.(2)	15.(2)	16.(3)	17.(3)	18.(2)	19.(3)	20.(4)
21.(1)	22.(3)	23.(3)	24.(1)	25.(1)	26.(2)	27.(1)	28.(4)	29.(3)	30.(2)
31.(2)	32.(3)	33.(3)	34.(2)	35.(2)	36.(4)	37.(2)	38.(2)	39.(1)	40.(2)
41.(2)	42.(3)	43.(3)	44.(3)	45.(2)	46.(1)	47.(3)	48.(2)	49.(2)	50.(3)
51.(4)	52.(3)	53.(1)	54.(4)	55.(4)	56.(2)	57.(4)	58.(3)	59.(1)	60.(1)
61.(14)	62.(124)	63.(123)	64.(1234)	65.(134)	66.(123)	67.(1234)	68.(1234)	69.(1234)	70.(234)
71.(124)	72.(123)	73.(23)	74.(24)	75.(1234)	76.(124)	77.(14)	78.(134)	79.(13)	80.(124)

四、難題解析

12. 噪音差＝20 log 10/1＝20。

15. 半徑最大。

17. 94 或 104。

18. 這是整流器的功能。

19. $C = 7.0$（風速）$^{0.6}$（氣溫－皮膚溫度）。

22. $10 \log (10^{90/10} - 10^{85/10}) = 10 \times 8.8 = 88$。

23. $Lw = 10 \log W/W_0$。

27. 越大絕緣功能越好。

29. $25 + 273 = 298$。

34. D＝1 就代表日時量平均音壓級為 90 分貝。

36. 基底膜、柯氏器都在內耳。

37. 透過乾球、濕球溫度咳得大氣水蒸氣壓。

39. $L = 20 \log 20 \div (20 \times 10^{-6}) = 20 \times 6 = 120$。

42. 穿透音＝入射音－（吸收音＋反射音），傳送損失＝入射音－穿透音，所以吸收音或反射音越大，穿透音越小，傳送損失越大，遮音效果越好。

44. 答案有問題。

79. L_{10} 代表有 10%的音量超過 L_{10}，L_{50} 代表有 50%的音量超過 L_{50}，所以 $L_{10} > L_{50}$。

80. $D = 30\% \times 10 \div 2.5 = 120\%$，$TWA = 16.61 \log 1.2 + 90 = 91.32$。

108 年度物理性因子作業環境監測乙級技術士技能檢定學科測試試題

本試卷有選擇題 80 題【單選選擇題 60 題，每題 1 分；複選選擇題 20 題，每題 2 分】，測試時間為 100 分鐘，請在答案卡上作答，答錯不倒扣；未作答者，不予計分。

一、單選題

( ) 1. 若使用後的廢電池未經回收，直接廢棄所含重金屬物質曝露於環境中可能產生哪些影響：A.地下水汙染、B.對人體產生中毒等不良作用、C.對生物產生重金屬累積及濃縮作用、D.造成優養化？　①ABCD　②BCD　③ACD　④ABC。

( ) 2. 頻率乘以波長為下列何者？　①速度　②週期　③壓力　④溫度。

( ) 3. 職業安全衛生法所稱協議組織應由下列何者召集之？　①再承攬人　②工會　③承攬人　④原事業單位。

( ) 4. 防治蟲害最好的方法是　①使用殺蟲劑　②網子捕捉　③清除孳生源　④拍打。

( ) 5. 依勞動基準法規定，主管機關或檢查機構於接獲勞工申訴事業單位違反本法及其他勞工法令規定後，應為必要之調查，並於幾日內將處理情形，以書面通知勞工？　①14　②20　③60　④30。

( ) 6. 人體可靠汗水蒸發移走熱每公升約為多少仟卡？　①600　②900　③300　④1,200。

( ) 7. 下列對於感電電流流過人體的現象之敘述何者有誤？　①強烈痙攣　②痛覺　③血壓降低、呼吸急促、精神亢奮　④顏面、手腳燒傷。

( ) 8. 噪音危害控制以下列哪一項著手最有效？　①音源改善　②傳播途徑　③受體耳朵保護　④衛生教育。

( ) 9. 正常作業以外之作業，其作業期間不超過三個月，且一年內不再重複者稱為下列何者？　①作業時間短暫　②臨時性作業　③短暫性作業　④作業期間短暫。

( ) 10. 不當抬舉導致肌肉骨骼傷害，或工作臺／椅高度不適導致肌肉疲勞之現象，可稱之為下列何者？　①不安全環境　②被撞事件　③不當動作　④感電事件。

( ) 11. 下列何項法規的立法目的為預防及減輕開發行為對環境造成不良影響，藉以達成環境保護之目的？　①環境教育法　②環境基本法　③公害糾紛處理法　④環境影響評估法。

( ) 12. 監測衝擊性噪音之峰值，以精密噪音計監測應採用何種回應？ ①衝擊 ②慢 ③平坦 ④快。

( ) 13. 作業環境監測訓練單位辦理訓練時，應於幾天前將規定事項報請中央主管機關備查？ ①30 ②15 ③5 ④10。

( ) 14. 馬達運轉所產生的噪音為下列何種噪音？ ①間歇性 ②衝擊性 ③變動性 ④穩定性。

( ) 15. 某勞工於變動性音源工作場所工作十小時，經測得 Dose 15 分鐘為 5%，則其 TWA（時量平均音壓級）音壓值為多少？ ①95 ②無法估算 ③90 ④80。

( ) 16. 職業安全衛生設施規則規定雇主對坑內之溫度在攝氏多少度以上時，應使勞工停止作業？ ①36 ②36.5 ③37 ④35。

( ) 17. 監測綜合溫度熱指數時，其乾球溫度計之監測範圍為？ ①5℃~150℃ ②10℃~50℃ ③0℃~100℃ ④-5℃~50℃。

( ) 18. 室外日曬作業場所其綜合溫度熱指數為 29.3℃，黑球溫度為 42.0℃，乾球溫度為 27.0℃，則自然濕球溫度應為多少℃？ ①26.0 ②28.0 ③25.0 ④27.0。

( ) 19. 聲音以 A 權衡電網監測與 C 權衡電網監測結果相差在 1 分貝以下，則該聲音頻率為多少赫(Hz)？ ①1,000 ②50 ③200 ④100。

( ) 20. 下列何種動作下人體代謝熱最少？ ①坐 ②走 ③跑 ④站。

( ) 21. 一般噪音之音壓級低於 80 dB，對於多少%以上的人而言是不會造成聽力危害？ ①20% ②90% ③30% ④50%。

( ) 22. 根據性別工作平等法，有關雇主防治性騷擾之責任與罰則，下列何者錯誤？ ①僱用受僱者 30 人以上者，應訂定性騷擾防治措施、申訴及懲戒辦法 ②雇者知悉性騷擾發生時，應採取立即有效之糾正及補救措施 ③雇主違反應訂定性騷擾防治措施之規定時，處以罰鍰即可，不用公布其姓名 ④雇主違反應訂定性騷擾申訴管道者，應限期令其改善，屆期未改善者，應按次處罰。

( ) 23. 下列何種權衡電網最具平坦特性？ ①F ②B ③A ④C。

( ) 24. 下列何者非屬應對在職勞工施行之健康檢查？ ①一般健康檢查 ②特定對象及特定項目之檢查 ③特殊健康檢查 ④體格檢查。

( ) 25. 關於建築中常用的金屬玻璃帷幕牆，下列敘述何者正確？　①在溫度高的國家，建築使用金屬玻璃帷幕會造成日照輻射熱，產生室內「溫室效應」　②玻璃帷幕牆的使用能節省室內空調使用　③臺灣的氣候濕熱，特別適合在大樓以金屬玻璃帷幕作為建材　④玻璃帷幕牆適用於臺灣，讓夏天的室內產生溫暖的感覺。

( ) 26. 八音度頻帶中任何一個頻帶，可以分為多少三分之一八音度頻帶？　①10　②20　③3　④5。

( ) 27. 基準音壓(reference sound pressure)為年輕人能聽到最微小的聲音，其值為下列何者？　①10 瓦特／平方公尺　②0.00002 巴斯卡(Pa)　③20 巴斯卡(Pa)　④10 瓦特。

( ) 28. 大樓電梯為了節能及生活便利需求，可設定部分控制功能，下列何者是錯誤或不正確的做法？　①縮短每次開門／關門的時間　②電梯設定隔樓層停靠，減少頻繁啟動　③加感應開關，無人時自動關燈與通風扇　④電梯馬達加裝變頻控制。

( ) 29. 依法令規定，使用噪音劑量計監測勞工個人暴露，音壓級低於若干分貝不予計算？　①90　②75　③80　④85。

( ) 30. 下列何者「違反」個人資料保護法？　①公司基於人事管理之特定目的，張貼榮譽榜揭示績優員工姓名　②學校將應屆畢業生之住家地址提供補習班招生使用　③縣市政府提供村里長轄區內符合資格之老人名冊供發放敬老金　④網路購物公司為辦理退貨，將客戶之住家地址提供予宅配公司。

( ) 31. 甲公司嚴格保密之最新配方產品大賣，下列何者侵害甲公司之營業秘密？　①甲公司授權乙公司使用其配方　②甲公司之 B 員工擅自將配方盜賣給乙公司　③鑑定人 A 因司法審理而知悉配方　④甲公司與乙公司協議共有配方。

( ) 32. 監測工作場所噪音之頻譜分析，噪音計採用何種權衡電網？　①A　②D　③B　④F。

( ) 33. 均方根(rms)音壓為 2 牛頓／平方公尺，則音壓級為多少分貝？　①1,000　②10　③100　④1。

( ) 34. 照明控制可以達到節能與省電費的好處，下列何種方法最適合一般住宅社區兼顧節能、經濟性與實際照明需求？　①晚上關閉所有公共區域的照明　②加裝 DALI 全自動控制系統　③全面調低照度需求　④走廊與地下停車場選用紅外線感應控制電燈。

( ) 35. 根據 CNS 規格將噪音計，可分為幾種？ ①5 ②3 ③4 ④2。

( ) 36. 受濕度影響最大的溫度計是？ ①自然濕球 ②乾球 ③卡達 ④黑球。

( ) 37. 間歇暴露之高溫作業勞工，應以多少時間來計算其暴露時量平均綜合溫度熱指數？ ①二小時 ②三小時 ③半小時 ④一小時。

( ) 38. 下列何者不是蚊蟲會傳染的疾病 ①痢疾 ②日本腦炎 ③瘧疾 ④登革熱。

( ) 39. 自然濕球溫度計之首次潤濕應於讀取溫度前多少分鐘以注水器潤濕？ ①30 ②15 ③5 ④10。

( ) 40. 1/3 八音度音頻帶濾波器之頻帶寬約為？ ①70% ②100% ③23% ④10%。

( ) 41. 行進火車產生之聲音可視為下列何者？ ①點音源、自由音場度 ②點音源、半自由音場 ③線音源、自由音場 ④線音源、半自由音場。

( ) 42. 測量黑球溫度時，黑球溫度計於架設約幾分鐘後才達熱平衡？ ①12 分 ②10 分 ③5 分 ④25 分。

( ) 43. 為了取得良好的水資源，通常在河川的哪一段興建水庫？ ①上游 ②中游 ③下游出口 ④下游。

( ) 44. 聲音在空氣中傳播時若為點音源及半自由音場條件下，距離加倍則音壓級可降低多少 dB？ ①1 ②3 ③12 ④6。

( ) 45. 甲噪音源為 80 dB，乙噪音源為 60 dB，甲音源加乙音源之音壓級為多少 dB？ ①140 ②86 ③82 ④80。

( ) 46. 公司總務部門員工因辦理政府採購案，而與公務機關人員有互動時，下列敘述何者「正確」？ ①招待驗收人員至餐廳用餐，是慣例屬社交禮貌行為 ②以借貸名義，饋贈財物予公務員，即可規避刑事追究 ③因民俗節慶公開舉辦之活動，機關公務員在簽准後可受邀參與 ④對於機關承辦人，經常給予不超過新台幣 5 佰元以下的好處，無論有無對價關係，對方收受皆符合廉政倫理規範。

( ) 47. 勞工聽力檢查由哪一個頻率（赫）先實施？ ①2,000 ②500 ③1,000 ④4,000。

( ) 48. 根據我國國家標準(CNS)規格之規定精密噪音計(CNS7129)相當於 IEC 規定的哪一型噪音計？ ①Type 2 ②Type 1 ③Type 0 ④Type 3。

( ) 49. 戶外有日曬下計算高溫作業綜合溫度熱指數時，自然濕球之權數為多少％？　①80　②20　③70　④10。

( ) 50. 勞工一天工作八小時，若工作場所噪音以二小時為一週期變動，經以劑量計使勞工配戴四小時劑量為 132%，則該勞工工作日八小時日時量平均音壓級為多少分貝？　①97　②89　③94　④92。

( ) 51. 依法每三個月監測綜合溫度熱指數主要考量？　①勞工體力　②氣候　③勞工薪資　④氣壓。

( ) 52. 連續性高溫作業勞工其休息與作業時間比例之分配係以多少小時為基準？　①八　②一　③三　④六。

( ) 53. 監測自然濕球溫度時，在監測前多久要以注水器注入蒸餾水使溫度計球部周圍之紗布完全濕潤？　①30 分鐘　②5 分鐘　③15 分鐘　④10 分鐘。

( ) 54. 依據職業安全衛生法令，勞工連續暴露噪音環境音壓級不得超過多少分貝？　①120　②115　③140　④150。

( ) 55. 不規則之變動性噪音作業場所，勞工噪音暴露監測以下列何者測定較為簡便？　①噪音計　②風速計　③噪音劑量計　④聲度計。

( ) 56. 高溫作業勞工之飲水方式宜？　①量多次數少　②量少次數少　③量少次數多　④量多次數多。

( ) 57. 下列何者是負責勞工作業環境監測機構認可之單位？　①環保署環境檢驗所　②工研院量測中心　③勞動部　④內政部社會司。

( ) 58. 依法令規定，下列何者非屬從事噪音八小時日時量平均音壓級超過 85 分貝(dBA)作業勞工之特殊體格檢查項目？　①聽力檢查　②耳道物理檢查　③作業經歷之調查　④頭部斷層掃瞄。

( ) 59. 黑球溫度計其傳統標準黑球之直徑為多少公分？　①15　②20　③10　④5。

( ) 60. 下列何者為勞工健康保護規則所稱特別危害健康作業？　①營造作業　②缺氧作業　③高壓氣體作業　④高溫作業。

二、複選題

( ) 61. 下列何者屬於聽力保護計畫中噪音工程控制之範疇？　①設備加裝阻尼或減少氣流噪音　②勞工聽力檢查　③吸音、消音、遮音控制　④勞工配戴防音防護具。

( ) 62. 噪音劑量計無法記錄以下哪些資料？　①溫度　②暴露劑量　③濕度　④音壓強度。

( ) 63. 測定乾球溫度所用溫度計之規格為？　①準確度(accuracy)：±0.5℃　②測量範圍：－5℃~100℃　③測量範圍：0℃~50℃　④測量範圍：－5℃~50℃。

( ) 64. 對於自然濕球溫度計測定時，易受下列環境因素影響？　①濕度　②輻射　③溫度　④風速。

( ) 65. 工作場所高達 130 分貝設備運轉中，經量測其勞工噪音暴露工作日八小時日時量平均音壓級未達 85 分貝，雇主依法應採取下列哪些措施？　①公告噪音危害之預防事項　②應定期實施噪音作業環境監測　③應採取工程控制降低噪音　④應定期實施噪音特殊健康檢查。

( ) 66. 聲音特性之描述，下列敘述何者正確？　①聲音具有直線前進的現象　②聲音具有繞射的現象　③音波屬橫波　④音波為機械波。

( ) 67. 下列有關噪音計量測之精準度的描述何者為誤？　①Type1 型噪音計主要頻率容許偏差為±1.0 dB　②Type 2 型噪音計主要頻率容許偏差為±1.0 dB　③Type 0 型噪音計主要頻率容許偏差為±0.3 dB　④Type 3 型噪音計主要頻率容許偏差為±1.5 dB。

( ) 68. 勞工甲之工作日噪音暴露監測結果為 08：00~10：00 之劑量為 25%，10：00~12：00 為 90 分貝，13：00~17：00 為 50%，18：00~20：00 為 80 分貝，下列有關甲之噪音暴露之敘述，何者正確？　①違反勞動法令規定　②未違反勞動法令規定　③勞工甲之工作日八小時日時量平均音壓級低於 90 分貝　④勞工甲之工作日八小時日時量平均音壓級超過 90 分貝。

( ) 69. 下列有關勞工噪音量測之描述何者正確？　①噪音劑量計應將 85 分貝以上音壓納入計算　②測定衝擊性噪音時可選用快(fast)回應特性　③噪音計應選慢速回應(slow)　④噪音劑量計應選 5 分貝減半率。

( ) 70. 依職業安全衛生法規定職業災害的起因包括下列何者？　①原物料　②作業活動　③職業上原因　④勞動場所的設施。

( ) 71. 在熱暴露不均勻情況下，要量測綜合溫度熱指數，其 WBGT 儀器架設高度應為下列何者？　①腿部　②頭部　③腳踝　④腹部。

( ) 72. 有關噪音測定，下列何者正確？　①濕度不至影響噪音計之測定結果　②測定由機械運轉產生的噪音時，不易受到電磁波影響　③對噪音有吸音、

反射等影響時，微音器距牆壁等反射物至少 1 m 以上 ④風速超過 10 m/s 測定時，微音器應使用防風罩。

( ) 73. 監測機構除必要之採樣及測定儀器設備之外，應具備下列何種資格條件？ ①三人以上甲級監測人員或一人以上執業工礦衛生技師 ②專屬之認證實驗室 ③監測專用車輛 ④二年內未經撤銷或廢止認可。

( ) 74. 依勞工作業環境監測實施辦法規定，監測機構之監測人員每年至少應參加 12 小時勞工作業環境監測相關之下列何種在職提升能力活動？ ①宣導會 ②訓練 ③講習會 ④研討會。

( ) 75. 在戶外無日曬下，計算綜合溫度熱指數時需利用到下列何者？ ①自然濕球溫度 ②黑球溫度 ③通風濕球溫度 ④乾球溫度。

( ) 76. 有關勞工噪音暴露之敘述，下列何者正確？ ①工作日八小時日時量平均音壓級不得超過 90 分貝之間歇性噪音 ②任何時間不得暴露於超過 115 分貝之連續性噪音 ③工作日八小時日時量平均音壓級不得超過 90 分貝之變動性噪音 ④任何時間不得暴露於峰值超過 140 分貝之衝擊性噪音。

( ) 77. 下列何者對於中央主管機關指定之機械、設備或器具，其構造、性能及防護非符合安全標準者，不得產製、運出廠場、輸入、租賃、供應或設置？ ①供應者 ②輸入者 ③雇主 ④製造者。

( ) 78. 下列有關權衡電網之描述何者正確？ ①F 權衡電網適於機械噪音監測 ②D 權衡電網適於飛航噪音監測 ③A 權衡電網適於人耳噪音監測 ④B 權衡電網較適於機械噪音監測。

( ) 79. 代謝熱可由下列何者來推估？ ①工作型態代謝熱 ②基礎代謝熱 ③工作速度代謝熱 ④工作姿勢代謝熱。

( ) 80. 依據高溫作業勞工作息時間標準規定，重工作係指下列何者？ ①掘 ②走動提舉 ③推 ④鏟 之全身運動工作者。

三、解答

1.(4)	2.(1)	3.(4)	4.(3)	5.(3)	6.(1)	7.(3)	8.(1)	9.(2)	10.(3)
11.(4)	12.(1)	13.(2)	14.(4)	15.(2)	16.(3)	17.(4)	18.(1)	19.(1)	20.(1)
21.(2)	22.(3)	23.(1)	24.(4)	25.(1)	26.(3)	27.(2)	28.(1)	29.(3)	30.(2)
31.(2)	32.(4)	33.(3)	34.(4)	35.(2)	36.(1)	37.(1)	38.(1)	39.(1)	40.(3)
41.(4)	42.(4)	43.(1)	44.(4)	45.(4)	46.(3)	47.(3)	48.(2)	49.(3)	50.(1)

51.(2)　52.(2)　53.(1)　54.(2)　55.(3)　56.(3)　57.(3)　58.(4)　59.(1)　60.(4)

61.(13)　62.(134) 63.(14)　64.(1234) 65.(13)　66.(124) 67.(234) 68.(14)　69.(34)　70.(1234)

71.(234)　72.(34)　73.(124) 74.(234)　75.(12)　76.(1234) 77.(1234) 78.(123) 79.(1234) 80.(134)

四、難題解析

15. 因為是變動性噪音，無法由 15 分之劑量估算 10 小時劑量。

18. 依題意 29.3＝0.7×濕球溫度＋0.2×42＋0.1×27，濕球溫度＝26.0。

19. 只有 1,000 Hz 各權衡音量都一樣。

20. 代謝率：坐＜站＜走＜跑。

27. 一個頻帶可分成 3 個 1/3 頻帶。

33. L＝20 log 2÷(20×10−6)＝20×5＝100。

35. 實驗室為 Type 0，精密噪音計為 Type 1，普通噪音計為 Type 2。

44. 兩音量差＝20log 2÷1＝6。

49. 自然濕球權數為 0.7。

50. D＝132%×8÷4＝264%，TWA＝16.61 log2.64＋90＝97。

54. 連續性噪音瞬間不能超過 115 分貝，衝擊性噪音不能超過 140 分貝。

55. 變動性噪音用劑量計量測，穩定性噪音用噪音計量測。

67. 0 型容許偏差為 ±0.7，1 型容許偏差為 ±1.0，2 型容許偏差為 ±1.5。

68. D＝25%＋2÷8＋50%＋2÷16＝1.125，TWA＝16.61 log1.125＋90＝90.85。

69. 應將 80 分貝以上納入計算。

72. 噪音量測會受濕度及電磁波影響。

109年3月物理性因子作業環境監測甲級技術士技能檢定學科測試試題

本試卷有選擇題 80 題，單選選擇題 60 題，每題 1 分；複選選擇題 20 題，每題 2 分，測試時間為 100 分鐘，請在答案卡上作答，答錯不倒扣；未作答者，不予計分。

一、單選題

( ) 1. 下列何者不是溫濕環境監測設備？ ①自然濕球溫度計 ②阿斯曼乾濕度計 ③卡達溫度計 ④黑球溫度計。

( ) 2. 如想使高溫作業下勞工之直腸溫度不大於 38℃，則其需氧量與最大攝氧量之比值應為 ①2/3 ②3/4 ③1/3 ④1/2 以下。

( ) 3. 勞工工作日噪音暴露總劑量為 200%，則其工作日八小時日時量平均音壓級為多少分貝？ ①93 ②90 ③85 ④95。

( ) 4. 下列何者屬濕熱作業場所？ ①鍊鋼作業 ②電子組裝業 ③鉛作業 ④染整作業。

( ) 5. 勞工健康保護規則規定一般體格檢查結果應至少保存幾年？ ①五 ②三十 ③七 ④三。

( ) 6. 勞工發生死亡職業災害時，雇主應經以下何單位之許可，方得移動或破壞現場？ ①調解委員會 ②勞動檢查機構 ③法律輔助機構 ④保險公司。

( ) 7. 一水泥牆的傳送損失(transmission loss)為 45dB，由於施工不慎導致牆壁留有氣孔且氣孔面積佔水泥牆面積約 0.1%，問此帶有氣孔的水泥牆，其傳送損失最接近下列何值(dB)？ ①44 ②30 ③40 ④42。

( ) 8. 對於八音度頻帶而言，若已知上限頻率為 88Hz，則其下限頻率為多少Hz？ ①355 ②22 ③11 ④44。

( ) 9. 同一厚度下列何者阻尼能力最大？ ①橡膠板 ②硬質塑膠板 ③木板 ④金屬板。

( ) 10. 當響度(loudness)加倍時，一般人耳感覺聲音大增加多少倍？ ①4 ②2 ③3 ④1。

( ) 11. 依據三分法，聽力損失之平均聽力介於 25~40dB 者為何種障礙？ ①極嚴重 ②輕微 ③中等 ④嚴重。

( ) 12. 勞工健康保護規則規定雇主對勞工之健康管理屬第幾級管理者，經醫師評估現場仍有工作危害因子之暴露者，應採取危害控制及相關管理措施？ ①三 ②四 ③一 ④二。

( ) 13. 窗戶開啟後,該缺口面積之吸音率為? ①1.0 ②0 ③0.25 ④0.5。

( ) 14. 為了節能與降低電費的需求,家電產品的正確選用應該如何? ①設備沒有壞,還是堪用,繼續用,不會增加支出 ②優先選用取得節能標章的產品 ③選用高功率的產品效率較高 ④選用能效分級數字較高的產品,效率較高,5 級的比 1 級的電器產品更省電。

( ) 15. 每個人日常生活皆會產生垃圾,下列何種處理垃圾的觀念與方式是不正確的? ①廚餘回收堆肥後製成肥料 ②垃圾分類,使資源回收再利用 ③可燃性垃圾經焚化燃燒可有效減少垃圾體積 ④所有垃圾皆掩埋處理,垃圾將會自然分解。

( ) 16. WBGT 數值變動者之熱暴露評估以何者為準? ①數值最高者 ②算術平均數 ③數值最低者 ④時量平均。

( ) 17. 正常人最小之聽力閾值以下列何者表示較為恰當? ①0dBB ②0dBF ③0dBC ④0dBA。

( ) 18. 對於聲音性質之描述,下列何者不正確? ①須有介質才能傳遞 ②質點振動方向垂直於波傳遞方向之波動 ③為其傳遞介質所產生的一種壓力波動現象 ④除非遇到障礙物,其具有直線前進之性質。

( ) 19. 殘響時間量測係指音壓級衰減幾分貝所需之時間? ①30dB ②60dB ③40dB ④50dB。

( ) 20. 勞工需於噪音停止暴露幾小時後,方能執行聽力檢查? ①3 小時 ②2 小時 ③14 小時 ④8 小時。

( ) 21. 基於節能減碳的目標,下列何種光源發光效率最低,不鼓勵使用? ①白熾燈泡 ②省電燈泡 ③LED 燈泡 ④螢光燈管。

( ) 22. 測某戶外日曬高溫作業場所得自然濕球溫度為 24.0℃,乾球溫度為 28.0℃,黑球溫度為 32.0℃,則綜合溫度熱指數為 ①25.6 ②26.0 ③26.4 ④28.0 ℃。

( ) 23. 中暑(heat stroke)時,患者 ①體溫降低 ②體溫升高 ③體溫正常 ④大量流汗。

( ) 24. 在一 24 小時穩定運轉工廠外圍量測其音壓級(只考慮該工廠噪音源),問何時量測的音壓級最大? ①清晨 ②中午 ③晚上 ④午夜。

( ) 25. 勞工噪音暴露工作日總劑量為 100%,則其八小時日時量平均音壓級為 ①82 ②90 ③85 ④95 分貝。

( ) 26. 消除靜電的有效方法為下列何者？ ①接地 ②隔離 ③絕緣 ④摩擦。

( ) 27. 音速在空氣中與在固體中何者速率較快？ ①前者快 ②相同 ③不能比較 ④後者快。

( ) 28. 公司總務部門員工因辦理政府採購案，而與公務機關人員有互動時，下列敘述何者「正確」？ ①以借貸名義，餽贈財物予公務員，即可規避刑事追究 ②對於機關承辦人，經常給予不超過新台幣 5 佰元以下的好處，無論有無對價關係，對方收受皆符合廉政倫理規範 ③招待驗收人員至餐廳用餐，是慣例屬社交禮貌行為 ④因民俗節慶公開舉辦之活動，機關公務員在簽准後可受邀參與。

( ) 29. 四公尺以內之公共巷、弄路面及水溝之廢棄物，應由何人負責清除？ ①清潔隊 ②環保志工 ③相對戶或相鄰戶分別各半清除 ④里辦公處。

( ) 30. 下列何者不屬 HSI 之優點？ ①適用於乾熱或濕熱條件 ②各項交換熱可隨環境修正 ③顯示生理危害 ④顯示心理危害。

( ) 31. 請問下列何者非為個人資料保護法第 3 條所規範之當事人權利？ ①請求停止蒐集、處理或利用 ②查詢或請求閱覽 ③請求刪除他人之資料 ④請求補充或更正。

( ) 32. 當空氣溫度大於體表溫度時，如要進行熱危害工程改善，下列何者不是控制傳導對流熱交換率(C)之有效對策？ ①降低空氣溫度 ②減少衣著量 ③局部冷卻 ④降低流經皮膚之風速。

( ) 33. 人耳開始感覺疼痛之音壓級範圍為？ ①50~60dB ②120~140dB ③80~100dB ④70~80dB。

( ) 34. 下列何者為戶外有日曬綜合溫度熱指數之計算式？ ①0.7 自然濕球溫度＋0.2 黑球溫度＋0.1 乾球溫度 ②0.7 黑球溫度＋0.2 濕球溫度＋0.1 乾球溫度 ③0.7 乾球溫度＋0.2 黑球溫度＋0.1 濕球溫度 ④0.7 乾球溫度＋0.2 濕球溫度＋0.1 黑球溫度。

( ) 35. 正弦波均方根(root mean square)值為振幅之多少倍？ ①0.707 ②0.9 ③0.5 ④0.303。

( ) 36. 遮音材料使用下列何者接著或塗布，可以改善符合效應(coincidence effect)？ ①纖維布 ②阻尼材料 ③厚紙板 ④泡綿。

( ) 37. 1/1 八音度頻帶，各頻帶音壓級相同者為 ①粉紅 ②黑 ③綠 ④白噪音。

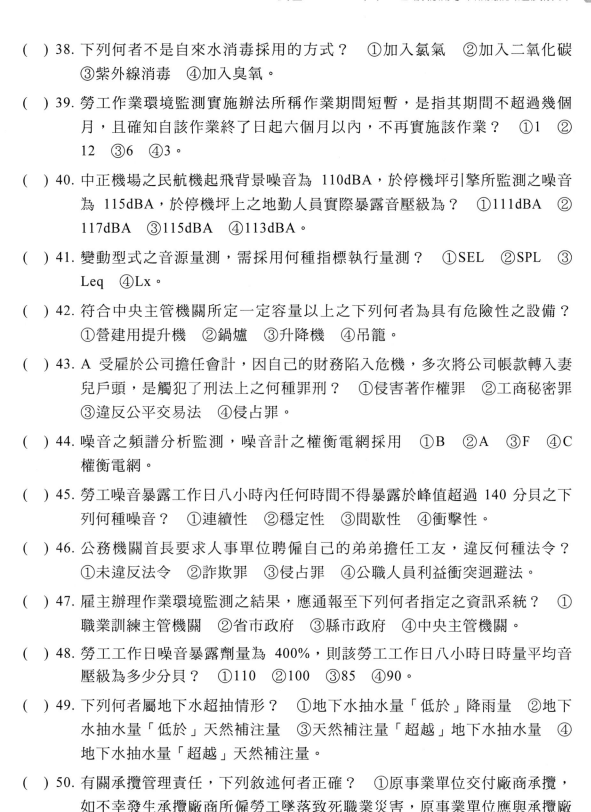

( ) 38. 下列何者不是自來水消毒採用的方式？ ①加入氯氣 ②加入二氧化碳 ③紫外線消毒 ④加入臭氧。

( ) 39. 勞工作業環境監測實施辦法所稱作業期間短暫，是指其期間不超過幾個月，且確知自該作業終了日起六個月以內，不再實施該作業？ ①1 ② 12 ③6 ④3。

( ) 40. 中正機場之民航機起飛背景噪音為 110dBA，於停機坪引擎所監測之噪音為 115dBA，於停機坪上之地勤人員實際暴露音壓級為？ ①111dBA ② 117dBA ③115dBA ④113dBA。

( ) 41. 變動型式之音源量測，需採用何種指標執行量測？ ①SEL ②SPL ③ Leq ④Lx。

( ) 42. 符合中央主管機關所定一定容量以上之下列何者為具有危險性之設備？ ①營建用提升機 ②鍋爐 ③升降機 ④吊籠。

( ) 43. A 受雇於公司擔任會計，因自己的財務陷入危機，多次將公司帳款轉入妻兒戶頭，是觸犯了刑法上之何種罪刑？ ①侵害著作權罪 ②工商秘密罪 ③違反公平交易法 ④侵占罪。

( ) 44. 噪音之頻譜分析監測，噪音計之權衡電網採用 ①B ②A ③F ④C 權衡電網。

( ) 45. 勞工噪音暴露工作日八小時內任何時間不得暴露於峰值超過 140 分貝之下列何種噪音？ ①連續性 ②穩定性 ③間歇性 ④衝擊性。

( ) 46. 公務機關首長要求人事單位聘僱自己的弟弟擔任工友，違反何種法令？ ①未違反法令 ②詐欺罪 ③侵占罪 ④公職人員利益衝突迴避法。

( ) 47. 雇主辦理作業環境監測之結果，應通報至下列何者指定之資訊系統？ ① 職業訓練主管機關 ②省市政府 ③縣市政府 ④中央主管機關。

( ) 48. 勞工工作日噪音暴露劑量為 400%，則該勞工工作日八小時日時量平均音壓級為多少分貝？ ①110 ②100 ③85 ④90。

( ) 49. 下列何者屬地下水超抽情形？ ①地下水抽水量「低於」降雨量 ②地下水抽水量「低於」天然補注量 ③天然補注量「超越」地下水抽水量 ④ 地下水抽水量「超越」天然補注量。

( ) 50. 有關承攬管理責任，下列敘述何者正確？ ①原事業單位交付廠商承攬，如不幸發生承攬廠商所僱勞工墜落致死職業災害，原事業單位應與承攬廠商負連帶補償責任 ②原事業單位交付承攬，不需負連帶補償責任 ③承

攬廠商應自負職業災害之賠償責任　④勞工投保單位即為職業災害之賠償單位。

( ) 51. 最大蒸發熱(Emax)與風速的幾次方成正比？　①0.6　②0.3　③0.2　④0.8。

( ) 52. 阻尼損失因素會隨著頻率及何者而改變？　①振動體　②厚度　③使用時間　④溫度。

( ) 53. 戶外有日曬的作業場所監測綜合溫度熱指數時，不必用到的為　①自然濕球溫度　②乾球溫度　③黑球溫度　④濕黑球溫度(WGT)。

( ) 54. 如右圖，你知道這是什麼標章嗎？　①省水標章　②奈米標章　③節能標章　④環保標章。

( ) 55. 以樹脂將交錯的玻璃纖維束縛在一起，形成一個彈性的、低密度的結構體，為一良好的　①吸音材料　②阻尼材料　③遮音材料　④振動材料。

( ) 56. 所謂重度工作係指身體產生熱量每小時約為　①100 以上，未滿 200 仟卡　②350 以上，未滿 500 仟卡　③200 以上，未滿 300 仟卡　④200 以上，未滿 350 仟卡。

( ) 57. 在噪音計中將音波之信號轉換成均方根值(RMS)推動指針偏轉為下列何者？　①時間特性　②權衡電網　③整流器　④放大器。

( ) 58. 對於職業災害之受領補償規定，下列敘述何者正確？　①勞工若離職將喪失受領補償　②勞工得將受領補償權讓與、抵銷、扣押或擔保　③受領補償權，自得受領之日起，因 2 年間不行使而消滅　④須視雇主確有過失責任，勞工方具有受領補償權。

( ) 59. 對於監測衝擊性噪音之峰值，該噪音計之反應動特性宜設為下列何種動特性？　①F　②S　③I　④PEAK。

( ) 60. 電力公司為降低尖峰負載時段超載停電風險，將尖峰時段電價費率（每度電單價）提高，離峰時段的費率降低，引導用戶轉移部分負載至離峰時段，這種電能管理策略稱為　①時間電價　②可停電力　③需量競價　④表燈用戶彈性電價。

二、複選題

( ) 61. 對於提升遮音材料效能，下列敘述何者正確？　①增加質量　②增加表面積　③增加厚度　④增加密度。

( ) 62. 測定黑球溫度所用溫度計之規格為？ ①準確度(accuracy)：±0.5℃ ②測量範圍：−5℃～ 50℃ ③測量範圍：0℃～ 50℃ ④測量範圍：−5℃～100℃。

( ) 63. 下列有關響度之敘述，何者正確？ ①人類對聲音之感覺可利用響度及響度級來說明 ②響度級以唪(phon)為單位 ③二個不同頻率的純音具有相同音壓級，在人的聽力感覺上聲音的相對大小也相同 ④響度級是以頻率1000 赫(Hz)的純音所產生之平面波傳至正常聽覺的人耳，來評判聲音的相對大小。

( ) 64. 對於噪音控制採振動阻尼，下列敘述何者正確？ ①為多孔材料 ②可減緩振動體振動 ③可將振動能轉為熱能 ④可降低音量傳送。

( ) 65. 有關材料之傳送損失(TL)的測定設施，下列何者不正確？ ①無響室 ②殘響室 ③一般實驗室 ④半無響室。

( ) 66. 勞工工作日時量平均綜合溫度熱指數達高溫作業勞工作息時間標準規定值以上之作業，下列何者屬高溫作業？ ①從事燒窯作業 ②於輪船機房從事之作業 ③於鍋爐房從事之作業 ④於蒸汽火車機房從事之作業。

( ) 67. 關於某遮音板對 1kHz 的聲音傳送損失(TL)，下列何者正確？ ①面密度增加 4 倍，傳送損失增加 12dB ②板厚度增加 3 倍，面密度增加 9 倍 ③板厚度增加 4 倍，面密度增加 4 倍 ④面密度增加 2 倍，傳送損失增加5dB。

( ) 68. 對於吸音材料之吸音率(α)，下列敘述何者正確？ ①α 為無因次群 ②α 與音源入射角有關 ③α =0 表示全反射 ④α =1 表示全吸收。

( ) 69. 下列何者可擔任甲級物理性因子監測人員？ ①職業安全衛生管理員 ②領有中央主管機關發給之作業環境測定服務人員證明並經講習者 ③領有物理性因子作業環境監測甲級技術士證照 ④領有工礦衛生技師證書者。

( ) 70. 實施噪音監測，有關噪音計功能之設定，下列何者正確？ ①A 權衡電網 ②S（慢速回應） ③C 權衡電網 ④F（快速回應）。

( ) 71. 影響勞工熱應力(heat strain)的因素有下列何者？ ①勞工衣著 ②勞工水攝取量 ③勞工熱適應 ④勞工鹽攝取量。

( ) 72. 在計算傳導對流熱交換率(C)時，須用到的參數含下列何者？ ①黑球溫度 ②空氣溫度 ③風速 ④皮膚平均溫度。

( ) 73. 當窗戶打開時，有關吸音及透音之敘述，下列何者正確？ ①窗戶透音量為 0 ②窗戶吸收能量為 1 ③窗戶吸收能量為 0 ④窗戶透音量為 1。

( ) 74. 勞工甲之工作日噪音暴露監測結果為 08：00~12：00 為 78 分貝，13：00~17：00 為 95 分貝，18：00~20：00 為 85 分貝，下列有關甲之噪音暴露之敘述，何者正確？ ①勞工甲之工作日八小時日劑量<1 ②勞工甲之工作日八小時時量平均音壓級超過 90 分貝 ③未違反勞動法令規定 ④違反勞動法令規定。

( ) 75. 事業單位勞動場所發生下列何種職業災害時，雇主應於八小時內通報勞動檢查機構？ ①發生災害之罹災人數在三人以上 ②發生災害之罹災人數在一人以上，且需住院治療 ③發生死亡災害 ④非失能傷害。

( ) 76. 對於熱衰竭危害，下列敘述何者正確？ ①好發於未熱適應個體 ②與血液供輸量有關 ③好發於未補充適量鹽分 ④好發於未補充適量水分。

( ) 77. 依據噪音能量疊加原理，噪音計監測音壓級比背景音量高出多少分貝時，其背景噪音可忽略？ ①18 分貝 ②5 分貝 ③3 分貝 ④11 分貝。

( ) 78. 對消音器應用，下列敘述何者正確？ ①消散型消音器藉吸音材料減音 ②消散型消音器對於低頻音消音較有效 ③反應型消音器對於低頻音消音較有效 ④反應型消音器藉聲音破壞干涉減音。

( ) 79. 聲音特性之描述，下列敘述何者正確？ ①聲音具有繞射的現象 ②聲音具有直線前進的現象 ③音波屬橫波 ④音波為機械波。

( ) 80. 下列何者對於未經型式驗證合格之產品或型式驗證逾期之設備或器具，不得使用驗證合格標章或易生混淆之類似標章揭示於產品？ ①供應者 ②製造者 ③輸入者 ④雇主。

三、解答

1.(3)	2.(3)	3.(4)	4.(4)	5.(3)	6.(2)	7.(2)	8.(4)	9.(1)	10.(4)
11.(2)	12.(2)	13.(2)	14.(2)	15.(4)	16.(4)	17.(4)	18.(2)	19.(2)	20.(3)
21.(1)	22.(2)	23.(2)	24.(1)	25.(2)	26.(1)	27.(4)	28.(4)	29.(3)	30.(1)
31.(3)	32.(2)	33.(2)	34.(1)	35.(1)	36.(2)	37.(1)	38.(2)	39.(1)	40.(3)
41.(3)	42.(2)	43.(4)	44.(4)	45.(4)	46.(4)	47.(4)	48.(2)	49.(4)	50.(1)
51.(1)	52.(4)	53.(4)	54.(1)	55.(1)	56.(2)	57.(3)	58.(3)	59.(4)	60.(1)
61.(134)	62.(14)	63.(124)	64.(234)	65.(134)	66.(1234)	67.(34)	68.(234)	69.(234)	70.(12)
71.(1234)	72.(234)	73.(34)	74.(24)	75.(123)	76.(124)	77.(14)	78.(134)	79.(124)	80.(1234)

四、難題解析

3. TWA＝16.61log2+90＝95。

7. 傳送損失＝10log 總面積／傳送損失面積＝10log1/0.001＝10log1000＝30。

8. 上限頻率為下限頻率的 2 倍。

9.

材　料	損失因素（20℃,1000Hz 附近）
金屬	0.0001~0.001
玻璃	0.001~0.005
混凝土、紅磚	0.001~0.01
木、軟木塞、合板	0.01~0.2
橡膠、塑膠類	0.001~1

11.

等級	聽力障礙程度	500、1,000、2,000Hz 平均聽覺閾值範圍(dB)	語言交談的瞭解能力
A	不顯著	≦25	輕聲交談沒有困難
B	輕微障礙	25~40	輕聲交談會有困難
C	中等障礙	40~55	正常語言交談常有困難
D	顯著障礙	55~70	大聲交談常有困難
E	嚴重障礙	70~90	喊叫式放大聲音才能瞭解
F	極嚴重障礙	＞90	耳朵無法聽聞

13. 窗戶打開，吸音為 0。

18. 音波屬縱波，其振動方向與聲音傳送方向平行。

19. 當室內音壓級衰減到 60dB 所需的時間稱為殘響時間，單位為秒。

22. 0.7x24＋0.2x32＋0.1x28＝26。

24. 清晨大氣易有逆溫現象，會有反射音量。

48. TWA＝16.61log4+90＝100。

51. 正常穿著者：$E_{max} = 14V_a^{0.6} (P_{sk} - P_a)$。

52. 阻尼處理效果程度常以損失因素來表示。損失因素會隨溫度、頻率改變而發生變化。

63. 不同頻率音，人耳感覺不同。

64. 吸音才是多孔材料。

67. TL = 18 log(f×m)– 44(dB)

　　　式中 f：隨機入射音的頻率(Hz)

　　　　　　m：構造的面密度（單位面積的質量）(kg/m^2)

　　　面密度增加 4 倍　　18 log(2)＝18×0.3＝5.4

74. 　D＝4÷4+2÷16＝1.125 >1，不符規定。

78. 　消散型消音器對高頻較有效。

79. 　音波屬縱波。

109年3月物理性因子作業環境監測乙級技術士技能檢定學科測試試題

本試卷有選擇題 80 題，單選選擇題 60 題，每題 1 分；複選選擇題 20 題，每題 2 分，測試時間為 100 分鐘，請在答案卡上作答，答錯不倒扣；未作答者，不予計分。

一、單選題

( ) 1. 分貝(decibel)符號為下列何者？ ①DB ②dB ③db ④Db。

( ) 2. 當氣溫小於 35℃時，如想降低對流所致熱危害，則應？ ①減少風速 ②穿著衣物 ③增加吹向人體之風速，降低氣溫或減少衣物 ④降低風速並酌加衣物。

( ) 3. 勞工對於公告實施之安全衛生工作守則不切實遵守，可處新台幣多少元以下罰鍰？ ①一萬元 ②三千元 ③五千元 ④四千元。

( ) 4. 勞工於穩定性噪音 90 分貝之作業場所一天工作 8 小時，如該勞工戴用噪音劑量計四小時監測劑量百分率讀數為多少％？ ①30 ②0 ③50 ④100。

( ) 5. 現場大型電動機械運轉，噪音監測結果較不易受下列哪個現場因素影響？ ①電力場 ②振動 ③磁力場 ④照度。

( ) 6. 依法欲判定某勞工之作業是否為高溫作業時，應進行多久時間之綜合溫度熱指數(WBGT)監測？ ①1 小時 ②2 小時 ③8 小時 ④6 小時。

( ) 7. 以下哪一項員工的作為符合敬業精神？ ①謹守職場紀律及禮節，尊重客戶隱私 ②未經雇主同意擅離工作崗位 ③利用正常工作時間從事私人事務 ④運用雇主的資源，從事個人工作。

( ) 8. 自然濕球溫度計不宜置於蒸餾水杯正上方主要是減少？ ①輻射 ②濕度 ③壓力 ④風速 影響。

( ) 9. 高溫作業勞工飲用水補充宜用？ ①熱開水 ②冰水(0℃) ③不拘 ④15℃左右之冷開水。

( ) 10. 有關再生能源的使用限制，下列何者敘述有誤？ ①設置成本較高 ②風力、太陽能屬間歇性能源，供應不穩定 ③不易受天氣影響 ④需較大的土地面積。

( ) 11. 遛狗不清理狗的排泄物係違反哪一法規？ ①空氣污染防制法 ②水污染防治法 ③毒性化學物質管理法 ④廢棄物清理法。

( ) 12. 暴露於衝擊性噪音作業勞工，峰值音壓級不可以超過多少分貝？ ①140 ②50 ③60 ④80。

( ) 13. 職業安全衛生設施規則規定雇主對坑內之溫度在攝氏多少度以上時，應使勞工停止作業？　①35　②37　③36　④36.5。

( ) 14. 在公司內部行使商務禮儀的過程，主要以參與者在公司中的何種條件來訂定順序　①性別　②社會地位　③職位　④年齡。

( ) 15. 如勞工作業時間八小時，每小時於作業場所休息十分鐘，測量勞工噪音暴露劑量，劑量計於休息時間應如何處理？　①關機暫停累計　②視背景音而定　③關不關都可以　④不必關機繼續累計。

( ) 16. 相對濕度表示法為？　①°C　②K　③%　④°F。

( ) 17. 音速為每秒 331 公尺，頻率 1000 赫，其波長為多少公尺？　①0.331　②33.1　③3.31　④331。

( ) 18. 一般人生活產生之廢棄物，何者屬有害廢棄物？　①廢玻璃　②廚餘　③鐵鋁罐　④廢日光燈管。

( ) 19. 下列何者非勞工健康保護規則所稱特別危害健康作業？　①噪音超過 85 分貝(dBA)之作業　②高溫作業勞工作息時間標準所稱之高溫作業　③游離輻射線作業　④缺氧危害預防標準所稱之缺氧作業。

( ) 20. 根據性騷擾防治法，有關性騷擾之責任與罰則，下列何者錯誤？　①意圖性騷擾，乘人不及抗拒而為親吻、擁抱或觸摸其臀部、胸部或其他身體隱私處之行為者，處 2 年以下有期徒刑、拘役或科或併科 10 萬元以下罰金　②對他人為性騷擾者，由直轄市、縣（市）主管機關處 1 萬元以上 10 萬元以下罰鍰　③對於因教育、訓練、醫療、公務、業務、求職，受自己監督、照護之人，利用權勢或機會為性騷擾者，得加重科處罰鍰至二分之一　④對他人為性騷擾者，如果沒有造成他人財產上之損失，就無需負擔金錢賠償之責任。

( ) 21. 音壓級為 0 分貝，其音壓為多少微巴斯噶(Pa)？　①20　②0.002　③0.2　④0.02。

( ) 22. 在五金行買來的強力膠中，主要有下列哪一種會對人體產生危害的化學物質？　①乙醛　②甲苯　③甲醛　④乙苯。

( ) 23. 噪音作業勞工聽力損失由下列何頻率開始發生？　①500Hz　②1000Hz　③4000Hz　④2000Hz。

( ) 24. 對於高頻噪音監測，下列規格之微音器多少英吋者，方向性較小？　①1.5　②1　③1/2　④3/4。

( ) 25. 噪音減少率(NRR)係應用於下列何者？　①噪音劑量測定　②噪音監測儀器校正　③聽力防護具　④噪音監測。

( ) 26. 下列何者是負責勞工作業環境監測機構認可之單位？　①工研院量測中心　②環保署環境檢驗所　③勞動部　④內政部社會司。

( ) 27. 下列何者須採半浸入式校正？　①乾球溫度計　②卡達溫度計　③自然濕球溫度計　④黑球溫度計。

( ) 28. 電氣設備維修時，在關掉電源後，最好停留 1 至 5 分鐘才開始檢修，其主要的理由為下列何者？　①讓機器設備降溫下來再查修　②讓裡面的電容器有時間放電完畢，才安全　③先平靜心情，做好準備才動手　④法規沒有規定，這完全沒有必要。

( ) 29. 監測綜合溫度熱指數時，其乾球溫度計之監測範圍為？　①10℃~50℃　②-5℃~50℃　③0℃~100℃　④5℃~150℃。

( ) 30. 正弦波單一頻率的聲音稱為下列何者？　①白噪音　②回音　③噪音　④純音。

( ) 31. 甲噪音源為 80dB，乙噪音源為 60dB，甲音源加乙音源之音壓級為多少 dB？　①86　②80　③140　④82。

( ) 32. 依法當勞工於操作中需接近黑球溫度多少度以上之高溫灼熱物體者，雇主應供給身體熱防護設備並使勞工確實使用？　①35.0℃　②45.0℃　③40.0℃　④50.0℃。

( ) 33. 任職於某公司的程式設計工程師，因職務所編寫之電腦程式，如果沒有特別以契約約定，則該電腦程式重製之權利歸屬下列何者？　①公司全體股東共有　②公司　③公司與編寫程式之工程師共有　④編寫程式之工程師。

( ) 34. 石綿最可能引起下列何種疾病？　①心臟病　②間皮細胞瘤　③白指症　④巴金森氏症。

( ) 35. WBGT 之測值不受下列何者影響？　①氣溫　②濕度　③風速　④作業種類（輕、中度、重工作）。

( ) 36. 噪音作業場所噪音監測，不需考慮下面那一項？　①監測條件　②量測時間　③監測點照度強弱　④量測儀器位置。

( ) 37. 40 歲以上未滿 65 歲高溫作業勞工應多久定期接受特定項目健康檢查一次以上？　①1 年　②6 個月　③5 年　④3 年。

( ) 38. 勞工若面臨長期工作負荷壓力及工作疲勞累積，沒有獲得適當休息及充足睡眠，便可能影響體能及精神狀態，甚而較易促發下列何種疾病？　①肺水腫　②皮膚癌　③多發性神經病變　④腦心血管疾病。

( ) 39. 噪音計 A、B 及 C 權衡電網監測下列那一頻率（赫）之純音時，音壓級皆相同？　①250　②2000　③1000　④500。

( ) 40. 濾波器之有效頻帶寬(effective bandwidth)為將下列何者輸入該濾波器與理想濾波器，有相同的最大回應及相同輸出？　①粉紅噪音　②白噪音　③衝擊音　④純音。

( ) 41. 勞工發生死亡職業災害時，雇主應經以下何單位之許可，方得移動或破壞現場？　①勞動檢查機構　②法律輔助機構　③保險公司　④調解委員會。

( ) 42. 塑膠為海洋生態的殺手，所以環保署推動「無塑海洋」政策，下列何項不是減少塑膠危害海洋生態的重要措施？　①禁止製造、進口及販售含塑膠柔珠的清潔用品　②淨灘、淨海　③擴大禁止免費供應塑膠袋　④定期進行海水水質監測。

( ) 43. 音速為每秒 331 公尺，頻率為 1000 赫，其週期為多少秒？　①0.1　②0.001　③0.0001　④0.01。

( ) 44. 室外有日曬的作業場所，監測綜合溫度熱指數時，需用到的溫度為？　①自然濕球溫度及黑球溫度　②自然濕球溫度、黑球溫度及乾球溫度　③濕球溫度、黑球溫度及乾球溫度　④黑球溫度及乾球溫度。

( ) 45. 依職業安全衛生法施行細則規定，下列何者非屬特別危害健康之作業？①會計作業　②游離輻射作業　③粉塵作業　④噪音作業。

( ) 46. 當以噪音劑量計量測之劑量為 100%，換算個人時量平均為幾分貝？　①90　②95　③85　④80。

( ) 47. 噪音尖峰與尖峰時間差在 1 秒以內者為下列何種噪音？　①變動性　②連續性　③間歇性　④衝擊性。

( ) 48. 物理性因子作業環境監測紀錄應至少保存幾年？　①10　②30　③5　④3。

( ) 49. 下列何者為職業安全衛生法規定之「對勞工具有特殊危害之作業」？　①異常氣壓　②游離輻射　③振動　④噪音。

( ) 50. 下列何者為非再生能源？　①太陽能　②水力能　③地熱能　④焦媒。

( ) 51. 噪音室內作業場所依法令規定應實施作業環境監測係指八小時日時量平均音壓級多少分貝(dBA)以上？ ①80 ②70 ③75 ④85。

( ) 52. 下列何頻率聲音在傳送時，能量損失最少？ ①高頻聲音 ②超高頻音 ③低頻聲音 ④中頻聲音。

( ) 53. 受濕度影響最大的溫度計是？ ①卡達 ②自然濕球 ③黑球 ④乾球。

( ) 54. 有關聽力的敘述，下列何者為誤？ ①暫時性聽力損失，在沒有充分休息恢復之下，如持續性的暴露會導致永久性聽力損失 ②職業性聽力損失，通常都是以 4k~6k 赫為中心，開始發生 ③老年性失聰，以高頻部分的聽力損失較嚴重 ④一般而言，聽力損失之趨勢，女性比男性為大。

( ) 55. 全球暖化潛勢(Global Warming Potential, GWP)是衡量溫室氣體對全球暖化的影響，下列何者 GWP 表現較差？ ①500 ②300 ③200 ④400。

( ) 56. 常用之 1/1 八音度頻譜分析儀之聲音濾波器，其各頻帶間之頻帶寬具有下列哪種特性？ ①等比頻帶寬 ②頻帶寬間呈不規則 ③等間隔頻帶寬 ④固定頻帶寬。

( ) 57. 勞工作業環境監測實施辦法由下列何單位發布施行？ ①行政院環境保護署 ②立法院 ③行政院 ④勞動部。

( ) 58. 使用噪音計監測衝擊性噪音時，下列何者較能顯示瞬間變化之音壓特性？ ①快速動特性 ②快速動特性+慢速動特性 ③慢速動特性 ④衝擊高特性。

( ) 59. 監測 WBGT 時，溫度計架設之高度與何者有關？ ①WBGT 高低 ②與熱源距離 ③作業姿勢 ④費力程度。

( ) 60. 聲音在空氣中傳送速度為 360m/s 時，頻率為 1,800 赫的聲音其波長為多少公分？ ①0.02 ②2 ③20 ④0.2。

二、複選題

( ) 61. 勞工工作日時量平均綜合溫度熱指數達高溫作業勞工作息時間標準規定值以上之作業，下列何者屬高溫作業？ ①於鍋爐房從事之作業 ②於蒸汽火車機房從事之作業 ③於輪船機房從事之作業 ④從事燒窯作業。

( ) 62. 黑球溫度可反應下列何種環境熱因子之影響？ ①氣動(Va) ②氣濕（水蒸氣壓, Pa） ③氣溫(Ta) ④輻射(R)。

( ) 63. 當人體受熱時，下列何者能迅速反應人體內部溫度？　①頭部　②耳內鼓膜　③食道下部　④直腸。

( ) 64. 人體如想長期要處於熱環境下，下列敘述何者正確？　①體心溫度＜36℃　②以綜合溫度熱指數分配作息　③體心溫度應要＜38℃　④體心溫度＜39℃。

( ) 65. 依職業安全衛生管理辦法規定，下列何者為負責擬訂、規劃及推動安全衛生管理事項，並指導有關部門實施者？　①職業衛生管理師　②職業安全衛生委員會之委員　③職業安全管理師　④職業安全衛生管理員。

( ) 66. 下列何作業場所應每 6 個月監測粉塵、二氧化碳之濃度一次以上？　①隧道掘削之建設工程之場所　②設置中央空調之室內作業場所　③礦場地下礦物之試掘、採掘場所　④隧道掘削建設工程已完工可通行之地下通道之場所。

( ) 67. 下列何者對於中央主管機關指定之機械、設備或器具，其構造、性能及防護非符合安全標準者，不得產製、運出廠場、輸入、租賃、供應或設置？　①雇主　②製造者　③輸入者　④供應者。

( ) 68. 下列何者屬於聽力保護計畫中噪音工程控制之範疇？　①勞工聽力檢查　②吸音、消音、遮音控制　③勞工配戴防音防護具　④設備加裝阻尼或減少氣流噪音。

( ) 69. 下列有關噪音監測之描述何者正確？　①作業場所噪音 TWA>85 分貝時，應每年實施監測一次　②噪音監測紀錄應至少保存 10 年　③噪音監測紀錄應至少保存 3 年　④作業場所噪音 TWA>85 分貝時，應每 6 個月實施監測一次。

( ) 70. 依法令規定，礦場地下礦物之試掘、採掘場所應每六個月監測下列何者之濃度一次以上？　①二氧化碳　②雷射　③紫外線　④粉塵。

( ) 71. 在計算傳導對流熱交換率(C)時，須用到的參數含下列何者？　①風速　②皮膚平均溫度　③黑球溫度　④空氣溫度。

( ) 72. 下列何者屬於內耳部位？　①半規管　②耳蝸　③鎚骨　④前庭階。

( ) 73. 噪音測定結果依等音壓級曲線應採措施之敘述，下列何者正確？　①超過 85dB 工作場所，雇主應使勞工使用防音防護具　②90dB 以上工作場所，應標示及公告危害之預防事項，並應採取工程控制　③低於 80dB 工作場所，屬於一般無噪音暴露地區　④依法令規定僱用勞工人數 100 人以上，音量超過 80dB 以上工作場所，應訂定聽力保護計畫。

( ) 74. 下列有關聲音特性之敘述，何者正確？ ①聲音具有直線前進及遇到障礙物繞射的現象 ②聲音遇到開口面是無反射現象 ③點音源之傳播是向四面八方傳播的 ④若聲音遇到空心牆時反射量會較實心牆大。

( ) 75. 常溫常壓下，空氣中音速 C、音波波長 λ 與頻率 f 等之敘述，下列何者錯誤？ ①T（週期）= 1/f ②C=f × λ ③C=f × T ④空氣溫度越高，聲音在空氣中傳送的速度越小。

( ) 76. 下列有關聽力檢查之描述何者正確？ ①聽力檢查室隔音不影響受測者檢查結果 ②應檢查前 14 小時避免高噪音暴露 ③耳垢不會影響測試之結果 ④受測者必須在檢查前 5 分鐘前到達檢查室。

( ) 77. 以噪音劑量計監測勞工暴露劑量時，設定之參數，下列何者正確？ ①線性(Flat)回應特性 ②快速(F)回應特性 ③A 權衡電網 ④慢速(S)回應特性。

( ) 78. 下列有關權衡電網之描述何者正確？ ①A 權衡電網適於人耳噪音監測 ②B 權衡電網較適於機械噪音監測 ③D 權衡電網適於飛航噪音監測 ④F 權衡電網適於機械噪音監測。

( ) 79. 在戶外有日曬下，計算綜合溫度熱指數時需利用到下列何者？ ①黑球溫度 ②自然濕球溫度 ③乾球溫度 ④通風濕球溫度。

( ) 80. 下列有關聲音之描述何者為正確？ ①人耳聲音頻率範圍約 20~20KHz ②20 μ Pa 為人耳能聽到最微弱音壓 ③人耳對聲音較敏感的頻率範圍約 500~2000Hz ④音速=聲音波長×頻率。

三、解答

1.(2)	2.(3)	3.(2)	4.(3)	5.(4)	6.(3)	7.(1)	8.(2)	9.(4)	10.(3)
11.(4)	12.(1)	13.(2)	14.(3)	15.(4)	16.(3)	17.(1)	18.(4)	19.(4)	20.(4)
21.(1)	22.(2)	23.(3)	24.(2)	25.(3)	26.(3)	27.(4)	28.(2)	29.(2)	30.(4)
31.(2)	32.(4)	33.(2)	34.(2)	35.(4)	36.(3)	37.(1)	38.(4)	39.(3)	40.(4)
41.(1)	42.(4)	43.(2)	44.(2)	45.(1)	46.(1)	47.(2)	48.(4)	49.(1)	50.(4)
51.(4)	52.(3)	53.(2)	54.(4)	55.(1)	56.(1)	57.(4)	58.(2)	59.(3)	60.(3)
61.(1234)	62.(134)	63.(234)	64.(23)	65.(134)	66.(134)	67.(1234)	68.(24)	69.(34)	70.(14)
71.(124)	72.(124)	73.(123)	74.(123)	75.(34)	76.(24)	77.(34)	78.(134)	79.(123)	80.(124)

四、難題解析

4. D＝4÷8＝0.5。

21. L＝20logP/20μ＝0→p＝20μ。

24. 直徑 1/2 吋的微音器有較佳的使用特性。

27. 乾球及自然濕球採全浸式。

43. 頻率為週期倒數，週期為 1/1000。

47. 噪音的衝擊間隔小於 0.5 秒時，即為連續性噪音。

55. GWP 越大，對溫室效應影響越大。

72. 鎚骨是屬於中耳。

73. 85dB 以上必須訂定聽力保護計畫。

75. 聲音的速度隨溫度而異，即 C＝20.05$\sqrt{T}$，m/s，T 為絕對溫度。

80. 人耳較敏感頻率為 4000Hz 以上。

109年11月物理性因子作業環境監測甲級技術士技能檢定學科測試試題

本試卷有選擇題 80 題，單選選擇題 60 題，每題 1 分；複選選擇題 20 題，每題 2 分，測試時間為 100 分鐘，請在答案卡上作答，答錯不倒扣；未作答者，不予計分。

一、單選題

( ) 1. 在同一操作條件下，煤、天然氣、油、核能的二氧化碳排放比例之大小，由大而小為： ①油＞煤＞核能＞天然氣 ②煤＞油＞天然氣＞核能 ③煤＞天然氣＞油＞核能 ④油＞煤＞天然氣＞核能。

( ) 2. 噪音計權衡電網之頻率響應特性曲線，於 200 赫至 2000 赫範圍為平坦回應，為何權衡電網？ ①A ②B ③D ④C。

( ) 3. 31.5 赫純音以下列那一種權衡電網測得之讀數為最大？ ①C ②B ③F ④A。

( ) 4. 正常人耳可聽範圍內，最低頻率至最高頻率間大約有幾個八音幅頻帶？ ①2 ②10 ③4 ④6。

( ) 5. 會議室之空調噪音驗收，以何種指標最為合適？ ①SIL ②Leq ③NC ④dB (A)。

( ) 6. 有三部機器置於同一處，當機器運轉時，其音壓分別為 87dB，89dB，87dB，一齊運轉時其音壓級量為多少分貝？ ①90.5 ②97.5 ③95 ④92.5。

( ) 7. 無響室背景音壓級為 19dB(A)，其八音度頻譜音壓級 dB(A)分別為：15(63Hz)，15(125Hz)，10(250Hz)，5(500Hz)，2(1kHz)，1(2kHz)，0(4kHz)。此時量測風扇音壓級為 21dB(A)，其八音度頻譜音壓級 dB(A)分別為：15(63Hz)，15(125Hz)，10(250Hz)，5(500Hz)，2(1kHz)，1(2kHz)，17(4kHz)；在扣除背景音量的風扇音壓級為多少 dB(A)？ ①不可靠的量測 ②17 ③15 ④16。

( ) 8. 監測勞工八小時日時量平均音壓級，我國採以每增加幾分貝，容許暴露時間減半之方式計算？ ①5 ②4 ③6 ④3。

( ) 9. 臺灣在一年中什麼時期會比較缺水（即枯水期）？ ①9 月至 12 月 ②11 月至次年 4 月 ③臺灣全年不缺水 ④6 月至 9 月。

( ) 10. 在計算對流熱時交換率(C)，人體皮膚平均溫度假設為 ①34 ②35 ③37 ④36℃。

( ) 11. 使用音強法監測，主要用於下列何者？ ①噪音源判定 ②監測最大音壓值 ③監測峰值 ④監測音壓。

( ) 12. 現行安全資料表內容包括幾項？ ①14 ②12 ③10 ④16。

( ) 13. 政府為推廣節能設備而補助民眾汰換老舊設備，下列何者的節電效益最佳？ ①汰換電風扇，改裝設能源效率標示分級為一級的冷氣機 ②因為經費有限，選擇便宜的產品比較重要 ③優先淘汰 10 年以上的老舊冷氣機為能源效率標示分級中之一級冷氣機 ④將桌上檯燈光源由螢光燈換為 LED 燈。

( ) 14. 勞工聽力監測器(audiometer)之頻率容許誤差為多少％？ ①±10 ②±3 ③±5 ④±7。

( ) 15. 塑膠為海洋生態的殺手，所以環保署推動「無塑海洋」政策，下列何項不是減少塑膠危害海洋生態的重要措施？ ①定期進行海水水質監測 ②禁止製造、進口及販售含塑膠柔珠的清潔用品 ③淨灘、淨海 ④擴大禁止免費供應塑膠袋。

( ) 16. 測綜合溫度熱指數時，溫度計之架設點為 ①離熱源一公尺 ②作業勞工所處位置 ③作業勞工與熱源間 ④離熱源五十公分處。

( ) 17. 有關專利權的敘述，何者正確？ ①專利有規定保護年限，當某商品、技術的專利保護年限屆滿，任何人皆可運用該項專利 ②專利權可涵蓋、保護抽象的概念性商品 ③我發明了某項商品，卻被他人率先申請專利權，我仍可主張擁有這項商品的專利權 ④專利權為世界所共有，在本國申請專利之商品進軍國外，不需向他國申請專利權。

( ) 18. 依職業安全衛生設施規則規定，雇主對於勞工工作場所因機械所發生之聲音超過多少分貝時應採取工程控制等措施，以減少噪音？ ①85 ②80 ③75 ④90。

( ) 19. 無響室(anechoic room)背景音量的音壓級為 19dB(A)，此時量測個人電腦電源供應器的音壓級為 39dB(A)（含背景噪音），在扣除背景音量的風扇噪音後的音壓級為多少 dB(A)？ ①19 ②38 ③20 ④39。

( ) 20. 小美是公司的業務經理，有一天巧遇國中同班的死黨小林，發現他是公司的下游廠商老闆。最近小美處理一件公司的招標案件，小林的公司也在其中，私下約小美見面，請求她提供這次招標案的底標，並馬上要給予幾十萬元的前謝金，請問小美該怎麼辦？ ①應該堅決拒絕，並避免每次見面

都與小林談論相關業務問題　②收下錢，將錢拿出來給單位同事們分紅　③朋友一場，給他一個比較接近底標的金額，反正又不是正確的，所以沒關係　④退回錢，並告訴小林都是老朋友，一定會全力幫忙。

( ) 21. 1/1 八音度頻帶，相鄰頻帶相差 3 分貝者為　①黑　②粉紅　③白　④綠噪音。

( ) 22. 一般辦公室影印機的碳粉匣，應如何回收？　①交由清潔隊回收　②交給拾荒者回收　③交由販賣商回收　④拿到便利商店回收。

( ) 23. 未滿 30 歲之噪音在職之作業勞工應多久定期接受特定項目健康檢查一次以上？　①5 年　②6 個月　③1 年　④3 年。

( ) 24. 美國政府工業衛生師協會建議，高溫作業之連續作業，下列敘述何者正確？　①可連續工作六小時不休息　②可連續工作八小時不休息　③中午有 30 分休息且於上下午各有一次約十五分鐘的休息　④不給予午餐休息時間。

( ) 25. 以樹脂將交錯的玻璃纖維束縛在一起，形成一個彈性的、低密度的結構體，為一良好的　①阻尼材料　②吸音材料　③遮音材料　④振動材料。

( ) 26. 聲音在前進過程中遇到障礙物的隙縫，在其隙縫處產生何者作用？　①反射　②吸收　③折射　④繞射。

( ) 27. 防音防護具的聲衰減(sound attenuat ion)指標有多種選擇，但以下列何者指標最能有效的評估防音防護具在特定噪音環境下的保護效果？　①SNR (single number rating)　②HML (high, medium, low method)　③NRR (noise reduction rating)　④八音度頻帶法(octave band method)。

( ) 28. 根據性別工作平等法，下列何者非屬職場性騷擾？　①雇主對求職者要求交往，作為雇用與否之交換條件　②公司員工執行職務時，遭到同事以「女人就是沒大腦」性別歧視用語加以辱罵，該員工感覺其人格尊嚴受損　③公司員工下班後搭乘捷運，在捷運上遭到其他乘客偷拍　④公司員工執行職務時，客戶對其講黃色笑話，該員工感覺被冒犯。

( ) 29. 對於染有油污之破布、紙屑等應如何處置？　①應分類置於回收桶內　②與一般廢棄物一起處置　③無特別規定，以方便丟棄即可　④應蓋藏於不燃性之容器內。

( ) 30. 雇主辦理作業環境監測之結果，應通報至下列何者指定之資訊系統？　①省市政府　②職業訓練主管機關　③縣市政府　④中央主管機關。

( ) 31. 根據質量律(mass law)原理，當頻率加倍，遮音材料的面重量也加倍時，垂直入射音之其傳送損失約增加多少分貝？ ①6 ②不變 ③12 ④4。

( ) 32. 一般人體皮膚與環境進行熱交換時，正常穿著者之熱輻射交換率較半裸者 ①無相關 ②高 ③低 ④一樣。

( ) 33. 依勞動基準法規定，下列何者屬不定期契約？ ①有繼續性的工作 ②季節性的工作 ③臨時性或短期性的工作 ④特定性的工作。

( ) 34. 材料的遮音性能表示，下列何者為正確？ ①反射率愈小，遮音性能愈大 ②吸音率愈大，遮音性能愈大 ③傳送損失愈大，遮音性能愈大 ④傳送率愈小，遮音性能愈小。

( ) 35. 監測對象音源以外之所有噪音為 ①粉紅噪音 ②背景噪音 ③白噪音 ④殘餘噪音。

( ) 36. 使用自由音場微音器時，其與音源須成多少角度(°)？ ①30 ②90 ③70~80 ④0。

( ) 37. 同一種設計，下列何種微音器之靈敏度最高？ ①1/4 英吋 ②1 英吋 ③1/8 英吋 ④1/2 英吋。

( ) 38. 保溫爐爐邊作業每分鐘有 60kcal 之熱量釋放，溫度為 36℃，設置整體換氣裝置使勞工站立位置及戶外溫度不超過 28℃，假設空氣比熱 300cal/℃.m³，則該整體換氣裝置之排氣量約為多少 CMM？ ①15 ②25 ③30 ④50。

( ) 39. 監測 WBGT 時儀器架設高度以與何者同高為宜？ ①腹部 ②腿部 ③頭部 ④胸部。

( ) 40. 雇主未定期實施高溫作業勞工特殊健康檢查之處分為下列何者？ ①處 3 萬元以上，6 萬元以下罰鍰 ②科 9 萬元以下罰金 ③科 15 萬元以下罰金 ④處 3 萬元以上，15 萬元以下罰鍰。

( ) 41. 一般遮音材料之聲音傳送等級(STC)在何噪音(dB)以下屬遮音性能不佳？ ①40 ②60 ③50 ④30。

( ) 42. 下列何者可從通風濕度表可得出？ ①大氣水蒸氣壓 ②風速 ③大氣壓力 ④黑球溫度。

( ) 43. 電氣設備維修時，在關掉電源後，最好停留 1 至 5 分鐘才開始檢修，其主要的理由為下列何者？ ①先平靜心情，做好準備才動手 ②法規沒有規

定，這完全沒有必要　③讓裡面的電容器有時間放電完畢，才安全　④讓機器設備降溫下來再查修。

( )44. 噪音計在下列那一個頻率（赫）之純音，以 A、B、C 權衡電網監測時結果相同？　①1000　②2000　③16000　④100。

( )45. 職業安全衛生法所稱協議組織應由下列何者召集之？　①原事業單位　②工會　③承攬人　④再承攬人。

( )46. 我國職業災害勞工保護法，適用之對象為何？　①未加入勞工保險而遭遇職業災害之勞工　②未參加團體保險之勞工　③未投保健康保險之勞工　④失業勞工。

( )47. 量測噪音前，使用活塞校正器(250Hz,114dB)校正噪音計時，噪音計的頻率特性設定在何檔位最簡便？　①C　②L　③A　④D。

( )48. 監測自然濕球溫度計覆蓋溫度計球部所使用布為　①脫脂紗布　②全脂紗布　③不織布　④潑水布。

( )49. 有一個 4 吋厚鋼筋混凝土牆，其傳送損失為 45dB，牆中有隙縫，隙縫面積占總牆面積 1%，如果增加牆厚，使傳送損失提高為 55dB，則該牆之有效傳送損失增加多少分貝？　①3　②5　③小於 1　④9.9。

( )50. 在營建工地進行鏟土等全身性運動之工作者，其代謝熱為　①350 以上，未滿 500 仟卡／時　②200 以上，未滿 350 仟卡／時　③200 以上，未滿 350 卡／時　④200 以上，未滿 350 仟卡／分。

( )51. 年輕正常人耳 F 權衡音壓級之聽力閾值最小值為多少赫？　①500　②1000　③10000　④4000。

( )52. 以噪音計監測音壓級固定不變之噪音，理論上下述何者敘述為正確？　①快速動特性(Fast)監測值最大　②衝擊回應(Impulse)監測值最大　③衝擊、快速動特性、慢速動特性監測值相同　④慢速動特性(Slow)監測值最大。

( )53. 下列何者為節能標章？

① 　② 　③ 　④  。

( ) 54. 甲公司將其新開發受營業秘密法保護之技術，授權乙公司使用，下列何者不得為之？ ①要求被授權人乙公司在一定期間負有保密義務 ②約定授權使用限於一定之地域、時間 ③約定授權使用限於特定之內容、一定之使用方法 ④乙公司已獲授權，所以可以未經甲公司同意，再授權丙公司使用。

( ) 55. 若音壓減半時，則音壓級將減少多少分貝？ ①6 ②5 ③3 ④4。

( ) 56. 對於吹哨者保護規定，下列敘述何者有誤？ ①事業單位不得對勞工申訴人終止勞動契約 ②任何情況下，事業單位都不得有不利勞工申訴人之行為 ③勞動檢查機構受理勞工申訴必須保密 ④為實施勞動檢查，必要時得告知事業單位有關勞工申訴人身分。

( ) 57. 高溫作業勞工之特殊健康檢查應幾年實施一次以上？ ①1 ②2 ③4 ④3。

( ) 58. 下列何者不是一般高溫作業場所使用之耐熱衣常用材質？ ①皮質布 ②防火纖維 ③鉛片 ④鋁箔防火材料。

( ) 59. 噪音計微音器採擦磨入射回應設計時，微音器圓柱體中心軸與聲波入射角度為 ①0° ②45° ③90° ④120°。

( ) 60. 大氣層中臭氧層有何作用？ ①吸收紫外線 ②保持溫度 ③造成光害 ④對流最旺盛的區域。

二、複選題

( ) 61. 人體透過下列那些與環境進行對流交換熱？ ①皮膚與空氣接觸 ②皮膚與熱源接觸 ③吸入空氣與呼吸道間熱交換 ④皮膚與水蒸氣熱交換。

( ) 62. 下列有關聲音之敘述，何者正確？ ①$20\mu Pa$ 為人耳所能聽到的最微弱聲音的音壓 ②從音源單位時間內所放射出的聲音能量稱為音強度 ③因物體振動而產生的空氣壓力變化稱為音壓 ④從聲音進行方向垂直之某點，單位時間內，通過單位面積的聲音能量稱為音功率。

( ) 63. 衝擊性噪音評估時，可量測下列何者判定？ ①噪音之頻譜 ②累積暴露劑量 ③峰值音壓級(Lpeak) ④時量平均音壓級。

( ) 64. 下列何者為職業安全衛生法所稱具有危害性化學品？ ①生理食鹽水 ②菸草 ③符合 CNS 15030 分類，具有健康危害者 ④符合 CNS 15030 分類，具有物理性危害者。

( ) 65. 有關時量平均音壓級(LTWA)與均能音量(Leq)之敘述，量測時間為減半率，下列何者正確？　①以 S（慢速）回應，三分貝減半率監測結果，LTWA,t=Leq,t　②以 S（慢速）回應，五分貝減半率監測結果，LTWA,t>Leq,t　③以 S（慢速）回應，五分貝規則監測結果，LTWA,t<Leq,t　④以 F（快速）回應，五分貝監測結果，LTWA,t=Leq,t。

( ) 66. 有關噪音控制中振動絕緣的敘述，下列何者正確？　①振動源與板子中置入彈簧　②振動源的振動不會直接傳出去　③聲音會被吸收而衰減　④聲音轉為振動能。

( ) 67. 人體皮膚與傳導對流熱受下列何者影響？　①大氣蒸氣壓　②環境溫度　③皮膚平均溫度　④環境風速。

( ) 68. 聲音特性之描述，下列敘述何者正確？　①音波振動方向與聲音傳送方向平行　②音波為縱波　③聲音需靠介質才能傳遞　④音波在真空中可以傳遞。

( ) 69. 勞工甲之工作日噪音暴露監測結果為 08：00~10：00 之劑量為 25%，10：00~12：00 為 90 分貝，13：00~17：00 為 50%，18：00~20：00 為 80 分貝，下列有關甲之噪音暴露之敘述，何者正確？　①違反勞動法令規定　②未違反勞動法令規定　③勞工甲之工作日噪音暴露時量平均音壓級低於 90 分貝　④勞工甲之工作日噪音暴露時量平均音壓級超過 90 分貝。

( ) 70. 下列有關噪音計校準器之敘述，何者正確？　①內部校準器用來校準噪音計的電子迴路　②每次使用噪音計前，僅須使用內部校準器校準噪音計　③噪音計之微音器與前置放大器，應使用外部標準音源校準　④使用外部標準音源時，不須考慮作業場所背景噪音大小。

( ) 71. 依據高溫作業勞工作息時間標準，勞工之作業性質可分為下列何者？　①輕工作　②中度工作　③重工作　④高度工作。

( ) 72. 雇主對在職勞工定期實施一般健康檢查之規定為何？　①未滿 40 歲者每五年檢查一次　②年滿 65 歲者每年檢查一次　③40 歲以上未滿 65 歲者每三年檢查一次　④全體在職勞工每三年檢查一次。

( ) 73. 噪音計外部校準順序之敘述何者正確？　①依測定場所聲音之大小選擇適當的校準音壓級(94dB、104dB)　②打開噪音計進行外部校準，若噪音計之讀數與校準器之設定值不同時，應調整　③將噪音計設定在校準狀態，按下校準鍵校準　④取下微音器防風球，關閉噪音計電源後，將音響校準器套放於噪音計之微音器上。

( ) 74. 噪音測定應以控制對策所需的基本資料為著眼點，須考慮事項包括下列何者？ ①相關法令規定 ②噪音源的音響特性 ③傳送途徑的掌握 ④特定目標噪音與背景噪音值比較。

( ) 75. 事業單位之職業安全衛生管理員，可由具下列資格者擔任？ ①職業安全衛生管理乙級技術士 ②職業安全管理師 ③職業衛生管理師 ④甲種安全衛生業務主管。

( ) 76. 實施噪音監測，有關噪音計功能之設定，下列何者正確？ ①A 權衡電網 ②S（慢速回應） ③F（快速回應） ④C 權衡電網。

( ) 77. 人體皮膚汗之蒸發熱受下列何者影響？ ①環境輻射熱 ②環境風速 ③大氣蒸氣壓 ④皮膚飽和水蒸汽壓。

( ) 78. 有關背景噪音之敘述，下列何者正確？ ①目標音源音量比背景音量高出 10dB 以上，背景噪音影響不可忽略 ②針對某一特定音源實施測定時，可將其他所有噪音源的作業停止，再測定 ③目標音源音量比背景音量相差值在 3~10dB 範圍，則應計算修正 ④測定目標所關心的特定音源外，所有其他音源所發出的音量均屬背景噪音。

( ) 79. 下列有關噪音危害預防措施之描述何者正確？ ①機械設備所發生之聲音超過 90dB 時，應採行工程控制措施 ②勞工噪音暴露劑量≧50%時，應使勞工配戴防音防護具 ③噪音超過 90 分貝之場所，應標示及公告噪音危害預防事項 ④勞工噪音暴露 TWA8hr 為 95 分貝時，應使噪音暴露時間≦5 小時。

( ) 80. 代謝熱可由下列何者來推估？ ①工作姿勢代謝熱 ②基礎代謝熱 ③工作速度代謝熱 ④工作型態代謝熱。

三、解答

1.(2)	2.(4)	3.(3)	4.(2)	5.(3)	6.(4)	7.(2)	8.(1)	9.(2)	10.(2)
11.(1)	12.(4)	13.(3)	14.(2)	15.(1)	16.(2)	17.(1)	18.(4)	19.(4)	20.(1)
21.(3)	22.(3)	23.(3)	24.(3)	25.(2)	26.(4)	27.(4)	28.(3)	29.(4)	30.(4)
31.(3)	32.(3)	33.(1)	34.(3)	35.(2)	36.(4)	37.(3)	38.(2)	39.(1)	40.(4)
41.(4)	42.(1)	43.(3)	44.(1)	45.(1)	46.(1)	47.(2)	48.(1)	49.(3)	50.(1)
51.(4)	52.(3)	53.(3)	54.(4)	55.(1)	56.(4)	57.(1)	58.(3)	59.(3)	60.(1)
61.(13)	62.(13)	63.(234)	64.(34)	65.(13)	66.(12)	67.(234)	68.(123)	69.(14)	70.(13)
71.(123)	72.(123)	73.(124)	74.(1234)	75.(123)	76.(12)	77.(234)	78.(234)	79.(123)	80.(1234)

四、難題解析

2.

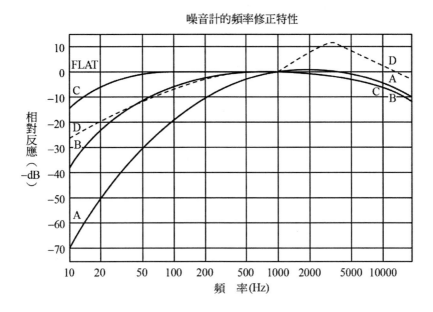

噪音計的頻率修正特性

3. F 最大。

6. $10\log(10^{87/10}+10^{87/10}+10^{89/10})$。

7. $10\log(10^{21/10}-10^{19/10})=16.7$。

21. 每增加一個八音幅頻帶，其能量便加倍，即增加 3 分貝，此類型噪音稱為白噪音。

31. $18\log(2\times2)=18\log4=10.8$。

38. $Q=(60\times1000)\div((36-28)\times300)=60000\div2400=25$。

41.

STC	交談隱蔽性的聽力狀況
25	正常交談很容易聽懂
30	大聲交談很容易聽懂
35	大聲交談可以聽到但不易聽懂
42	大聲交談聽起來聲音很小
45	大聲交談仔細聽才可聽到
48	部分大聲交談勉強可聽到
50	大聲交談也聽不到

55. $20\log 2 = 20 \times 0.3 = 6$。

65. 三分貝規則係管制勞工噪音暴露之能量，又稱為等能量規則，其時量平均音量等於均能音量。TWA（三分貝規則）= Leq；TWA（五分貝規則）< Leq。

68. 聲音在真空中不能傳播。

69. D=25%+2÷8+50%+2÷16=1.125，不符規定。

79. 98 分貝，暴露時間應小於 4 小時。

110 年 3 月物理性因子作業環境監測甲級技術士技能檢定學科測試試題

本試卷有選擇題 80 題，單選選擇題 60 題，每題 1 分；複選選擇題 20 題，每題 2 分，測試時間為 100 分鐘，請在答案卡上作答，答錯不倒扣；未作答者，不予計分。

一、單選題

( ) 1. 固定頻帶寬分析器之頻帶心頻率為 110 赫，下限頻率為 100 赫，則上限頻率為何者？ ①120 ②200 ③300 ④80 赫。

( ) 2. 沙賓(Sabins)定義為多少面積之聲音吸收值？ ①1 平方公分 ②1 平方呎英 ③1 平方英吋 ④1 平方米。

( ) 3. 頻率 1000Hz 的音壓級為 40dB，則在此時聲音的響度級(loudness level)為多少唪(phon)？ ①50 ②40 ③30 ④20。

( ) 4. 依勞動基準法規定，雇主延長勞工之工作時間連同正常工作時間，每日不得超過多少小時？ ①12 ②10 ③15 ④11。

( ) 5. 音速在空氣中與在固體中何者速率較快？ ①後者快 ②前者快 ③相同 ④不能比較。

( ) 6. 用產生與噪音聲波相位(phase)差 180°之聲音，來減低噪音之方法為何種噪音控制？ ①遮音 ②主動 ③吸音 ④被動。

( ) 7. 依法令規定，勞工八小時日時量平均音壓級超過幾分貝時，雇主應使勞工著用防音防護具？ ①85 ②75 ③70 ④80。

( ) 8. 爆裂的容器碎片所致的危害是由何種能所造成？ ①輻射能 ②電能 ③機械能 ④化學能。

( ) 9. 經濟部能源局的能源效率標示分為幾個等級？ ①7 ②1 ③3 ④5。

( ) 10. 卡達溫度計(Kata thermometer)的用途是測量 ①溫度 ②風速 ③氣壓 ④濕度。

( ) 11. 八音度頻帶範圍為 707~1414 赫，如分為 1/3 八音度頻帶時有幾個頻帶？ ①9 ②1/3 ③1 ④3。

( ) 12. 下列何者不是溫濕環境監測設備？ ①黑球溫度計 ②阿斯曼乾濕度計 ③卡達溫度計 ④自然濕球溫度計。

( ) 13. 關於建築中常用的金屬玻璃帷幕牆，下列敘述何者正確？ ①臺灣的氣候濕熱，特別適合在大樓以金屬玻璃帷幕作為建材 ②玻璃帷幕牆的使用能節省室內空調使用 ③玻璃帷幕牆適用於臺灣，讓夏天的室內產生溫暖的

感覺　④在溫度高的國家，建築使用金屬玻璃帷幕會造成日照輻射熱，產生室內「溫室效應」。

( )　14. 噪音音壓級不隨時間改變者為　①背景噪音　②變動性噪音　③衝擊性噪音　④穩定性噪音。

( )　15. 雇主對其離職之勞工要求發給體格檢查、健康檢查等有關資料時，不得拒絕。但其檢查期間已超過下列何者，不在此限？　①五年　②十年　③保存期限　④十五年。

( )　16. 使用電容微音器實施噪音監測，當聲波到達隔膜時，其進行方向與隔膜垂直者，噪音計之回應為　①垂直入射回應　②70°入射回應　③擦磨入射回應　④散亂入射回應。

( )　17. 下列敘述何者正確？　①黑球、乾球及濕球溫度計都要遮蔽　②乾球溫度計要遮蔽防輻射熱影響　③黑球溫度計要遮蔽　④濕球溫度計要防止空氣流動。

( )　18. 職業性聽力損失中，下列何者頻率(Hz)的聽力損失最早出現？　①8000　②500　③1000　④4000。

( )　19. 噪音監測靠近電氣設備，電磁場對監測結果影響以下列那一頻率較大？　①200　②500　③60　④1000　赫。

( )　20. 根據性別工作平等法，有關雇主防治性騷擾之責任與罰則，下列何者錯誤？　①雇主知悉性騷擾發生時，應採取立即有效之糾正及補救措施　②雇主違反應訂定性騷擾申訴管道者，應限期令其改善，屆期未改善者，應按次處罰　③僱用受僱者 30 人以上者，應訂定性騷擾防治措施、申訴及懲戒辦法　④雇主違反應訂定性騷擾防治措施之規定時，處以罰鍰即可，不用公布其姓名。

( )　21. 自然濕球溫度計潤濕用之紗布要如何包紮？　①將紗布包到 20℃ 刻度的高度　②將整支溫度計包住　③將紗布包住球部即可　④自球部上方約 2.5 公分位置以下之部位以紗布包住。

( )　22. 為了節能與降低電費的需求，家電產品的正確選用應該如何？　①優先選用取得節能標章的產品　②選用高功率的產品效率較高　③選用能效分級數字較高的產品，效率較高，5 級的比 1 級的電器產品更省電　④設備沒有壞，還是堪用，繼續用，不會增加支出。

( ) 23. 若使用後的廢電池未經回收，直接廢棄所含重金屬物質曝露於環境中可能產生那些影響？A.地下水污染、B.對人體產生中毒等不良作用、C.對生物產生重金屬累積及濃縮作用、D.造成優養化　①ABC　②ACD　③ABCD　④BCD。

( ) 24. 人體熱誘發疾病演變過程中，對於血液中鹽份不足，會產生下列何種症狀？　①熱痙攣　②熱中暑　③體溫升高　④熱暈厥。

( ) 25. 某吸音材料在各八音度頻帶的吸音率分別為：0.2(125Hz)，0.4(250Hz)，0.6(500Hz)，0.7(1kHz)，0.7(2kHz)，0.8(4kHz)；請問此一吸音材料的 NRC 值為多少？　①0.6　②0.55　③0.5　④0.7。

( ) 26. 1/1 八音度頻帶，各頻帶音壓級相同者為　①粉紅　②黑　③綠　④白噪音。

( ) 27. 下列何種措施較可避免工作單調重複或負荷過重？　①經常性加班　②連續夜班　③工時過長　④排班保有規律性。

( ) 28. 某離職同事請求在職員工將離職前所製作之某份文件傳送給他，請問下列回應方式何者正確？　①可能構成對於營業秘密之侵害，應予拒絕並請他直接向公司提出請求　②由於該項文件係由該離職員工製作，因此可以傳送文件　③視彼此交情決定是否傳送文件　④若其目的僅為保留檔案備份，便可以傳送文件。

( ) 29. 室內裝修業者承攬裝修工程，工程中所產生的廢棄物應該如何處理？　①河岸邊掩埋　②委託合法清除機構清運　③倒在偏遠山坡地　④交給清潔隊垃圾車。

( ) 30. 量測衝擊噪音時，噪音計使用何種時間特性(time constant)所量到的音壓級數據最大？　①A 特性(A-weighting)　②衝擊特性(Impulse)　③慢速動特性(Slow)　④快速動特性(Fast)。

( ) 31. 勞工於穩定性噪音 90 分貝之作業場所，一天工作八小時，如該勞工戴用噪音劑量計其劑量為　①100　②80　③200　④150　％。

( ) 32. 為建立良好之公司治理制度，公司內部宜納入何種檢舉人制度？　①不告不理制度　②告訴乃論制度　③吹哨者(whistleblower)管道及保護制度　④非告訴乃論制度。

( ) 33. 依據三分法，聽力損失之平均聽力介於 25~40dB 者為何種障礙？　①極嚴重　②中等　③輕微　④嚴重。

( ) 34. 以樹脂將交錯的玻璃纖維束縛在一起，形成一個彈性的、低密度的結構體，為一良好的 ①吸音材料 ②阻尼材料 ③遮音材料 ④振動材料。

( ) 35. 噪音計快(fast)回應之時間常數為 ①0.0035 ②0.035 ③0.125 ④1秒。

( ) 36. 依職業安全法規定僱用勞工人數在多少人以上之事業單位，應聘用或特約醫護人員？ ①200 ②100 ③300 ④50。

( ) 37. 熱危害工程改善對策中，下列何者不是提高最大蒸發熱交換率(Emax)之有效對策？ ①降低空氣溫度 ②增加空氣流動速度 ③減少衣著量 ④降低周圍空氣之水蒸氣壓。

( ) 38. 以迴轉運動的活塞在密閉的空洞中產生已知音壓級的聲音供噪音計校正為何種校正器？ ①接受式 ②活塞式 ③電功率轉換式 ④側邊式。

( ) 39. 勞工工作日噪音暴露時量平均音壓級 90 分貝，其劑量為 100%，如採用五分貝減半率，其措施音壓級(action level)劑量為 50%之八小時日時量平均音壓級為 ①80 ②87 ③85 ④90 分貝。

( ) 40. 有關著作權的下列敘述何者錯誤？ ①撰寫碩博士論文時，在合理範圍內引用他人的著作，只要註明出處，不會構成侵害著作權 ②在網路的部落格看到一篇文章很棒，只要註明出處，就可以把文章複製在自己的部落格 ③在網路散布盜版光碟，不管有沒有營利，會構成侵害著作權 ④將補習班老師的上課內容錄音檔，放到網路上拍賣，會構成侵害著作權。

( ) 41. 卡達溫度計若外部鍍銀，其作用是減少 ①反應熱 ②對流熱 ③輻射熱 ④傳導熱。

( ) 42. 無響室(ahechoic room)為具有極大聲音 ①殘響 ②吸收 ③反射 ④回音 之空間。

( ) 43. 職場內部常見之身體或精神不法侵害不包含下列何者？ ①脅迫、名譽損毀、侮辱、嚴重辱罵勞工 ②強求勞工執行業務上明顯不必要或不可能之工作 ③過度介入勞工私人事宜 ④使勞工執行與能力、經驗相符的工作。

( ) 44. 為了節能及兼顧冰箱的保溫效果，下列何者是錯誤或不正確的做法？ ①冰箱門的密封壓條如果鬆弛，無法緊密關門，應儘速更新修復 ②食物存放位置紀錄清楚，一次拿齊食物，減少開門次數 ③冰箱內食物擺滿塞滿，效益最高 ④冰箱內上下層間不要塞滿，以利冷藏對流。

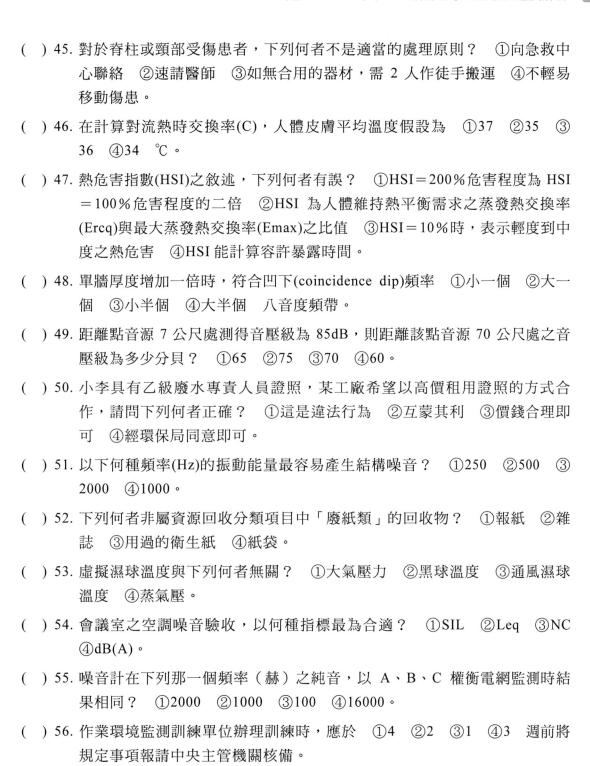

( ) 45. 對於脊柱或頸部受傷患者，下列何者不是適當的處理原則？ ①向急救中心聯絡 ②速請醫師 ③如無合用的器材，需 2 人作徒手搬運 ④不輕易移動傷患。

( ) 46. 在計算對流熱時交換率(C)，人體皮膚平均溫度假設為 ①37 ②35 ③36 ④34 ℃。

( ) 47. 熱危害指數(HSI)之敘述，下列何者有誤？ ①HSI＝200％危害程度為 HSI＝100％危害程度的二倍 ②HSI 為人體維持熱平衡需求之蒸發熱交換率(Ercq)與最大蒸發熱交換率(Emax)之比值 ③HSI＝10％時，表示輕度到中度之熱危害 ④HSI 能計算容許暴露時間。

( ) 48. 單牆厚度增加一倍時，符合凹下(coincidence dip)頻率 ①小一個 ②大一個 ③小半個 ④大半個 八音度頻帶。

( ) 49. 距離點音源 7 公尺處測得音壓級為 85dB，則距離該點音源 70 公尺處之音壓級為多少分貝？ ①65 ②75 ③70 ④60。

( ) 50. 小李具有乙級廢水專責人員證照，某工廠希望以高價租用證照的方式合作，請問下列何者正確？ ①這是違法行為 ②互蒙其利 ③價錢合理即可 ④經環保局同意即可。

( ) 51. 以下何種頻率(Hz)的振動能量最容易產生結構噪音？ ①250 ②500 ③2000 ④1000。

( ) 52. 下列何者非屬資源回收分類項目中「廢紙類」的回收物？ ①報紙 ②雜誌 ③用過的衛生紙 ④紙袋。

( ) 53. 虛擬濕球溫度與下列何者無關？ ①大氣壓力 ②黑球溫度 ③通風濕球溫度 ④蒸氣壓。

( ) 54. 會議室之空調噪音驗收，以何種指標最為合適？ ①SIL ②Leq ③NC ④dB(A)。

( ) 55. 噪音計在下列那一個頻率（赫）之純音，以 A、B、C 權衡電網監測時結果相同？ ①2000 ②1000 ③100 ④16000。

( ) 56. 作業環境監測訓練單位辦理訓練時，應於 ①4 ②2 ③1 ④3 週前將規定事項報請中央主管機關核備。

( ) 57. 雇主未定期實施高溫作業勞工特殊健康檢查之處分為下列何者？ ①科 9 萬元以下罰金 ②處 3 萬元以上，15 萬元以下罰鍰 ③科 15 萬元以下罰金 ④處 3 萬元以上，6 萬元以下罰鍰。

( ) 58. 不能遮蔽輻射熱之溫度監測為　①黑球溫度　②濕球溫度　③乾球溫度　④自然濕球溫度。

( ) 59. 下列何者屬從事高溫作業勞工作息時間標準所稱高溫作業勞工之特殊健康檢查項目？　①心臟血管、呼吸等之理學檢查　②耳道物理檢查　③胸部X光攝影檢查　④腎臟、肝臟等之物理檢查。

( ) 60. 下列何者為響度(loudness)單位？　①dB　②Phon　③Pa　④Sone。

二、複選題

( ) 61. 與熱適應前比較，經熱適應之勞工執行同一工作時，下列情形何者正確？　①心跳率會降低　②出汗率會降低　③體心溫度會降低　④汗水含鹽量會降低。

( ) 62. 在以四分法進行勞工聽力損失測量時，常以下列哪些純音量測不同頻譜的聽力閾值作為評估指標？　①4000Hz　②1000Hz　③500Hz　④2000Hz。

( ) 63. 測定黑球溫度時須用到何者？　①測量範圍：−5℃~ 100℃溫度計　②直徑 15 公分之鋁製黑球　③測量範圍：−5℃~ 50℃溫度計　④直徑 15 公分之中空銅製黑球。

( ) 64. 下列何者屬於中耳部位？　①前庭階　②砧骨　③耳咽管　④鐙骨。

( ) 65. 下列有關聲音之敘述何者正確？　①粉紅噪音其頻帶寬度不相同且每一頻帶音功率亦不相同　②白噪音係指在相同寬度的頻帶具有相同的功率之聲音　③日常生活中之噪音多為複合音　④只含有一單一頻率之聲音為純音。

( ) 66. 一個良好的環境熱指標應能充分反應下列哪些因子之變化？　①輻射(R)　②氣動(Va)　③氣溫(Ta)　④氣濕（水蒸氣壓，Pa）。

( ) 67. 以下何種等級之噪音計可用於量測工作場所噪音是否符合法令規定？　①Type 0　②Type 1　③Type 3　④Type 2。

( ) 68. 對於主動式噪音控制方法應用，下列何者敘述正確？　①適用於高壓氣體噴槍作業　②較適用於低頻　③較適用於高頻　④適用於螺旋槳飛機之機艙。

( ) 69. 改善輻射熱環境之方法包括下列何者？　①降低輻射熱源溫度　②設置輻射熱反射屏蔽　③設置通風換氣設備　④提供輻射熱個人防護具。

( ) 70. 依勞工作業環境監測實施辦法規定,雇主實施作業環境監測之前,規劃採樣策略時,應考量下列何者? ①監測費用 ②監測目的 ③作業環境危害特性 ④中央主管機關公告之相關指引。

( ) 71. 下列何者為噪音控制中之傳音路徑控制策略? ①鋪設吸音材 ②振動減衰 ③架設隔音牆 ④音源封閉。

( ) 72. 噪音頻譜分析儀對某頻率為 1000HZ、2000HZ、4000HZ 之音源實施量測,其線性回應音壓級分別為 70、90、90dB,A 特性權衡音壓級(dBA)為下列何者? ①該音源 A 特性權衡音壓級>93 dBA ②在 1000HZ 之 A 特性權衡音壓級分別為 70 dBA ③該音源 A 特性權衡音壓級為 90 dBA ④在 2000HZ 之 A 特性權衡音壓級為 88dBA。

( ) 73. 下列有關噪音暴露劑量(D)、TWA（時量平均音壓級）、容許暴露時間(T)與實際暴露時間(t)之關係,何者正確? ①D=(t/T)×100% ②五分貝規則,D=0.5 及 t=8 時,TWA=85 分貝 ③五分貝規則時,TWA= 16.61 log(D/12.5t)+90 ④五分貝規則,D>1 及 t=8 時,TWA=90 分貝。

( ) 74. 依據高溫作業勞工作息時間標準進行分配勞工作業及休息時間前,應先考慮下列何者? ①勞工是否攝取足夠的水分及鹽分 ②勞工工作負荷之輕重 ③勞工衣著是否會阻礙水分的蒸發 ④勞工是否有熱適應。

( ) 75. 以劑量計進行變動性噪音暴露監測評估時,有關劑量計功能之選擇或設定,下列那些正確? ①功能鍵設定 F 回應特性 ②功能鍵設定取 A 權衡 ③選擇符合 IEC 651 Type2 以上之劑量計 ④功能鍵設定 S 回應特性。

( ) 76. 衝擊性噪音評估時,可量測下列何者判定? ①累積暴露劑量 ②時量平均音壓級 ③噪音之頻譜 ④峰值音壓級(Lpeak)。

( ) 77. 監測機構除必要之採樣及測定儀器設備之外,應具備下列何種資格條件? ①專屬之認證實驗室 ②三人以上甲級監測人員或一人以上執業工礦衛生技師 ③監測專用車輛 ④二年內未經撤銷或廢止認可。

( ) 78. 噪音計微音器之選用,應考量下列哪些參數之影響? ①濕度 ②振動 ③磁場 ④溫度。

( ) 79. 依勞工作業環境監測實施辦法規定,監測機構之監測人員每年至少應參加 12 小時勞工作業環境監測相關之下列何種在職提升能力活動? ①宣導會 ②研討會 ③訓練 ④講習會。

( ) 80. 下列有關勞工噪音監測之描述那些正確？ ①噪音劑量計之微音器應置於勞工衣領 ②噪音劑量計之微音器應置於勞工肩上 ③測定前應實施噪音計外部校正 ④微音器應置於勞工耳部 30 公分範圍內。

三、解答

1.(1)　　2.(2)　　3.(2)　　4.(1)　　5.(1)　　6.(2)　　7.(1)　　8.(4)　　9.(4)　　10.(2)

11.(4)　12.(3)　13.(4)　14.(4)　15.(3)　16.(1)　17.(2)　18.(4)　19.(3)　20.(4)

21.(4)　22.(1)　23.(1)　24.(1)　25.(1)　26.(1)　27.(4)　28.(1)　29.(2)　30.(2)

31.(1)　32.(3)　33.(3)　34.(1)　35.(3)　36.(4)　37.(1)　38.(2)　39.(3)　40.(2)

41.(3)　42.(2)　43.(4)　44.(1)　45.(3)　46.(2)　47.(1)　48.(1)　49.(1)　50.(1)

51.(1)　52.(3)　53.(1)　54.(3)　55.(2)　56.(2)　57.(2)　58.(1)　59.(1)　60.(4)

61.(134) 62.(234) 63.(14) 64.(24) 65.(234) 66.(1234) 67.(124) 68.(24) 69.(124) 70.(234)

71.(13) 72.(12) 73.(123) 74.(1234) 75.(234) 76.(124) 77.(124) 78.(1234) 79.(234) 80.(234)

四、難題解析

1. $110 = \sqrt{上限頻率 \times 下限頻率}$ ，所以上限頻率＝11×11＝121。

18. 人耳最敏感的頻率為 4000Hz。

25. NRC 為 250、500、1000、2000Hz 下吸音率之算術平均值。

31. D＝暴露時間／容許時間＝8÷8＝1。

33.

等級	聽力障礙程度	500、1,000、2,000Hz 平均聽覺閾值範圍(dB)	語言交談的瞭解能力
A	不顯著	≦25	輕聲交談沒有困難
B	輕微障礙	25~40	輕聲交談會有困難
C	中等障礙	40~55	正常語言交談常有困難
D	顯著障礙	55~70	大聲交談常有困難
E	嚴重障礙	70~90	喊叫式放大聲音才能瞭解
F	極嚴重障礙	＞90	耳朵無法聽聞

36. 答案有誤，應是(3)。《勞工健康保護規則》第 3 條，事業單位之同一工作場所，勞工總人數在三百人以上或從事特別危害健康作業之勞工總人數在一百人以上者，應視該場所之規模及性質，分別依附表二與附表三所定之人力配置及

臨場服務頻率，僱用或特約從事勞工健康服務之醫師及僱用從事勞工健康服務之護理人員（以下簡稱醫護人員），辦理臨場健康服務。

51. 頻率越低越會產生結構噪音。

60. 對於響度的心理感受，一般用單位嗓(Sone)來度量，並定義 lkHz、40dB 的純音的響度為 1 嗓。響度的相對量稱為響度級，它表示的是某響度與基準響度比值的對數值，單位為嗪(phon)，即當人耳感到某聲音與 1kHz 單一頻率的純音同樣響時，該聲音聲壓級的分貝數即為其響度級。

64. 中耳又稱鼓室，內含三塊聽小骨，即鎚骨、砧骨及鐙骨。

72.

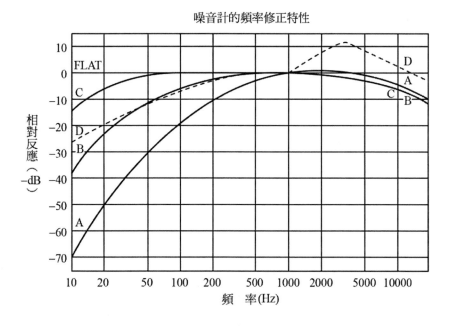

噪音計的頻率修正特性

1000Hz70dBA=70dB，2000Hz，A 權衡應比 90dB 高。

110 年 3 月物理性因子作業環境監測乙級技術士技能檢定學科測試試題

本試卷有選擇題 80 題，單選選擇題 60 題，每題 1 分；複選選擇題 20 題，每題 2 分，測試時間為 100 分鐘，請在答案卡上作答，答錯不倒扣；未作答者，不予計分。

一、單選題

( ) 1. 若使用後的廢電池未經回收，直接廢棄所含重金屬物質曝露於環境中可能產生那些影響？A.地下水污染、B.對人體產生中毒等不良作用、C.對生物產生重金屬累積及濃縮作用、D.造成優養化　①ACD　②BCD　③ABCD　④ABC。

( ) 2. 下列那一項作業屬於特別危害健康作業？　①超音波　②噪音　③振動　④高架。

( ) 3. 勞工經常作業之室內場所氣溫在攝氏 10 度以下換氣時，不得使勞工暴露於每秒多少公尺以上之氣流中？　①0.8　②0.6　③1.0　④0.5。

( ) 4. 綜合溫度熱指數隨時間變動時，熱暴露評估以何者為準？　①算術平均　②時量平均　③數值最大者　④數值最小者。

( ) 5. 正弦波單一頻率的聲音是下列何者？　①複合音　②純音　③白噪音　④環境噪音。

( ) 6. 下列何種作業有可能屬於我國法定之高溫作業？　①家庭主婦廚房工作　②戶外球類運動　③鋼鐵之熔煉　④夏天戶外營建工作。

( ) 7. 一公升氧氣消耗氧量約可產生　①7.8　②8.8　③4.8　④6.8　仟卡的代謝熱。

( ) 8. 計算綜合溫度熱指數時，影響最大的溫度為？　①乾球溫度　②自然濕球溫度　③黑球溫度　④強制通風濕球溫度。

( ) 9. 經勞動部核定公告為勞動基準法第 84 條之 1 規定之工作者，得由勞雇雙方另行約定之勞動條件，事業單位仍應報請下列哪個機關核備？　①當地主管機關　②法院公證處　③勞動部　④勞動檢查機構。

( ) 10. 某一振動體每秒振動 400 次，則振動頻率為多少赫？　①600　②300　③500　④400。

( ) 11. 高溫作業環境之休息室與作業位置 WBGT 差異大時，應分別測量，則該時段之 WBGT 以何者為代表？　①取最大值　②休息室　③兩者之時量平均　④作業位置。

( ) 12. 下列何種構造可輔助辨認聲音方向功能？ ①歐氏管 ②內耳 ③中耳 ④外耳。

( ) 13. 1 巴斯葛(Pascal)音壓相當於多少達因／平方公分？ ①50 ②5 ③10 ④1。

( ) 14. 公司的車子，假日又沒人使用，你是鑰匙保管者，請問假日可以開出去嗎？ ①不可以，因為是公司的，並非私人擁有 ②可以，只要付費加油即可 ③不可以，應該是讓公司想要使用的員工，輪流使用才可 ④可以，反正假日不影響公務。

( ) 15. 噪音監測易受微音器方向影響者為下列何者？ ①低頻音 ②超低頻者 ③高頻音 ④中低頻音。

( ) 16. 單一正弦波的均方根值(rms)為其最大值的多少倍？ ①1.732 ②0.866 ③0.707 ④1.414。

( ) 17. 監測某一室內無日曬作業環境得自然濕球溫度為 25.0℃，黑球溫度為 35.0℃，乾球溫度何者為可能？ ①24.0 ②20.0 ③36.0 ④28.0 ℃。

( ) 18. 噪音計之時間特性為 0.125 秒，在國際標準定義稱為哪種特性？ ①I ②S ③F ④P。

( ) 19. 計算綜合溫度熱指數時影響最少的溫度為？ ①阿斯曼濕球溫度 ②黑球溫度 ③乾球溫度 ④自然濕球溫度。

( ) 20. 有效而正確的節能從選購產品開始，就一般而言，下列的因素中，何者是選購電氣設備的最優先考量項目？ ①名人或演藝明星推薦，應該口碑較好 ②用電量消耗電功率是多少瓦攸關電費支出，用電量小的優先 ③安全第一，一定要通過安規檢驗合格 ④採購價格比較，便宜優先。

( ) 21. 下列何者為職業安全衛生法適用範圍內僱用勞工從事工作之機構？ ①勞動場所 ②事業單位 ③作業場所 ④工作場所。

( ) 22. 下列何者為重工作？ ①走動巡查 ②開堆高機 ③書寫 ④以鏟、掘等全身運動之工作。

( ) 23. 依勞動基準法規定，雇主延長勞工之工作時間連同正常工作時間，每日不得超過多少小時？ ①11 ②12 ③10 ④15。

( ) 24. 職業安全衛生設施規則規定雇主對勞工經常作業之室內作業場所，除設備及自地面算起高度超過 4 公尺以上之空間不計外，每一勞工原則上應有多少立方公尺以上之空間？ ①8 ②6 ③4 ④10。

( ) 25. 下列何者「不是」室內空氣污染源？ ①廢紙回收箱 ②建材 ③辦公室事務機 ④油漆及塗料。

( ) 26. 室內裝修業者承攬裝修工程，工程中所產生的廢棄物應該如何處理？ ①河岸邊掩埋 ②交給清潔隊垃圾車 ③倒在偏遠山坡地 ④委託合法清除機構清運。

( ) 27. 欲監測室外有日曬作業場所綜合溫度熱指數(WBGT)，得黑球溫度為 38.0℃，乾球溫度為 31.0℃，自然濕球溫度為 30.0℃，請問 WBGT 為多少℃？ ①33.0 ②32.4 ③31.7 ④31.0。

( ) 28. 室溫時聲音以下列何種介質傳送較快？ ①水 ②空氣 ③真空 ④鋼鐵。

( ) 29. 噪音傳送途徑不受下列那個因素之影響？ ①地形地表 ②氣象條件 ③環境的電場 ④四周壁材。

( ) 30. 下列有關智慧財產權行為之敘述，何者有誤？ ①以 101 大樓、美麗華百貨公司做為拍攝電影的背景，屬於合理使用的範圍 ②製造、販售仿冒註冊商標的商品不屬於公訴罪之範疇，但已侵害商標權之行為 ③著作權是為促進文化發展為目的，所保護的財產權之一 ④原作者自行創作某音樂作品後，即可宣稱擁有該作品之著作權。

( ) 31. 下列何者不是目前台灣主要的發電方式？ ①燃煤 ②燃氣 ③核能 ④地熱。

( ) 32. 下列何者屬從事高溫作業勞工作息時間標準所稱高溫作業勞工之特殊體格檢查項目？ ①腎臟、肝臟等之物理檢查 ②肛溫檢查 ③肺功能檢查 ④尿沉渣鏡檢。

( ) 33. 行進火車產生之聲音可視為下列何者？ ①線音源、自由音場 ②線音源、半自由音場 ③點音源、自由音場度 ④點音源、半自由音場。

( ) 34. 使用自由音場微音器測量自由音場音壓時，其與音源傳送方向須成多少角度？ ①70~80 ②30 ③90 ④0。

( ) 35. 職業安全衛生法所稱協議組織應由下列何者召集之？ ①原事業單位 ②再承攬人 ③工會 ④承攬人。

( ) 36. 對於使用手提式研磨機，間歇性從事大型鑄件毛邊整修作業之勞工，欲監測其工作日八小時日時量平均音壓級時應使用下列何種儀器？ ①1/3 八音度頻譜分析儀 ②噪音劑量計 ③精密噪音計 ④八音度頻譜分析儀。

( ) 37. 國家溫室氣體長期減量目標為中華民國 139 年溫室氣體排放量降為中華民國 94 年溫室氣體排放量百分之多少以下？ ①50 ②40 ③30 ④20。

( ) 38. 在常溫常壓下，下列何者成立？ ①LW（音功率級）≒LP（音壓級） ②LP（音壓級）≒LI（音強度級） ③LI（音強度級）≒LP（音壓級）≒LW（音功率級） ④LI（音強度級）≒LW（音功率級）。

( ) 39. 某勞工於穩定性音源工作場所工作十小時，經測得劑量 15 分鐘為 5%，則其 TWA（時量平均音壓級）值為多少 dB？ ①100 ②70 ③50 ④95。

( ) 40. 下列何種作業非屬職業安全衛生法規定具有特殊危害之作業？ ①異常氣壓 ②精密 ③高壓氣體 ④高溫。

( ) 41. 有關觸電的處理方式，下列敘述何者錯誤？ ①應立刻將觸電者拉離現場 ②使用絕緣的裝備來移除電源 ③把電源開關關閉 ④通知救護人員。

( ) 42. 間歇性噪音週期為 1 小時，則勞工戴用噪音劑量計監測時間至少應戴用多少時間？ ①4 小時 ②2 小時 ③1 小時 ④半小時。

( ) 43. 從事於易踏穿材料構築之屋頂修繕作業時，應有何種作業主管在場執行主管業務？ ①屋頂 ②模板支撐 ③施工架組配 ④擋土支撐組配。

( ) 44. 華氏 104 度等於攝氏多少度？ ①39.5 ②43.5 ③41.0 ④40.0。

( ) 45. 依職業安全衛生法施行細則規定，下列何者非屬特別危害健康之作業？ ①粉塵作業 ②會計作業 ③噪音作業 ④游離輻射作業。

( ) 46. 於吵雜噪音中，欲尋求其最高分貝及頻率音源發生處，較常用之儀器為下列何者？ ①噪音計 ②劑量計 ③精密噪音計 ④頻譜分析儀。

( ) 47. 黑球溫度計之精度為攝氏多少度？ ①±1 ②±0.2 ③±0.1 ④±0.5。

( ) 48. 如乾濕球溫度均為 28.0℃，且有效溫度為 28.0℃時，則此時作業環境中之風速為多少？ ①4m/s ②0m/s ③3m/s ④1m/s。

( ) 49. 下列何者屬地下水超抽情形？ ①天然補注量「超越」地下水抽水量 ②地下水抽水量「超越」天然補注量 ③地下水抽水量「低於」天然補注量 ④地下水抽水量「低於」降雨量。

( ) 50. 音壓增加一倍，則音壓級增加多少分貝？ ①4 ②3 ③6 ④2。

( ) 51. 根據 IEC6051 及 60804 的標準噪音計 TYPE 2 型容許誤差範圍為多少 dB？ ①±2 ②±0.7 ③±1.0 ④±1.5。

( ) 52. 聲音以 A 權衡電網監測與 C 權衡電網監測結果相差在 1 分貝以下，則該聲音頻率為多少赫率(Hz)？ ①200 ②1000 ③100 ④50。

( ) 53. 監測勞工噪音暴露劑量以那一種儀器最為簡便直接？ ①簡易噪音計 ②精密噪音計 ③普通噪音計 ④噪音劑量計。

( ) 54. 噪音作業勞工聽力損失由下列何頻率開始發生？ ①2000Hz ②1000Hz ③500Hz ④4000Hz。

( ) 55. 中耳又稱鼓室，內含幾塊聽小骨？ ①3 ②4 ③5 ④2。

( ) 56. 專利權又可區分為發明、新型與設計三種專利權，其中發明專利權是否有保護期限？期限為何？ ①有，20 年 ②有，5 年 ③無期限，只要申請後就永久歸申請人所有 ④有，50 年。

( ) 57. 操作鏈鋸工人易罹患之職業病為下列何者？ ①白指症 ②中暑 ③潛水夫病 ④皮膚癌。

( ) 58. 下列何者「不是」菸害防制法之立法目的？ ①保護未成年免於菸害 ②保護孕婦免於菸害 ③促進菸品的使用 ④防制菸害。

( ) 59. 戶外有日曬下高溫作業計算綜合溫度熱指數時，乾球溫度之權數佔百分比為？ ①10% ②30% ③70% ④5％。

( ) 60. 音源監測時，背景音壓級比目的噪音源音壓級低於多少分貝以上才可以忽略不計？ ①3 ②10 ③7 ④5。

二、複選題

( ) 61. 下列何者屬特別危害健康作業？ ①高溫作業 ②高架作業 ③噪音作業 ④游離輻射作業。

( ) 62. 在熱暴露不均勻情況下，要量測綜合溫度熱指數，其 WBGT 儀器架設高度應為下列何者？ ①腹部 ②腿部 ③頭部 ④腳踝。

( ) 63. 下列何者對於未經型式驗證合格之產品或型式驗證逾期之設備或器具，不得使用驗證合格標章或易生混淆之類似標章揭示於產品？ ①輸入者 ②供應者 ③製造者 ④雇主。

( ) 64. 勞工工作場所建築物之設計，應符合下列何規定？ ①應以鋼筋混凝土構築 ②應符合建築法規 ③應由依法登記開業之建築師設計 ④應符合職業安全衛生法有關規定。

( ) 65. 依職業安全衛生管理辦法規定，事業單位勞工人數應包含於同一期間、同一工作場所作業之下列何者？　①其他受工作場所負責人指揮或監督從事勞動之人員　②原事業單位勞工　③承攬人及再承攬人之勞工　④承攬人及再承攬人。

( ) 66. 有關背景噪音之敘述，下列那些正確？　①針對某一特定音源實施測定時，可將其他所有噪音源的作業停止，再測定　②目標音源音量比背景音量高出 10dB 以上，背景噪音影響不可忽略　③測定目標所關心的特定音源外，所有其他音源所發出的音量均屬背景噪音　④目標音源音量比背景音量相差值在 3~10dB 範圍，則應計算修正。

( ) 67. 綜合溫度熱指數使用之溫度計規格，下列敘述何者正確？　①靈敏度達 1.0℃　②黑球溫度範圍-5~100℃　③乾球溫度範圍-5~50℃　④自然濕球溫度範圍-5~50℃。

( ) 68. 下列有關音場之敘述，那些正確？　①相同音功率之音源在某距音源 r 公尺處之聲音強度，自由音場比半自由音場小　②在自由音場中，距離音源之距離加倍，其音壓級減少 3 分貝　③自由音場之點音源，距離音源愈遠，聲音強度愈小　④音強度(I)與音壓(P)平方成正比。

( ) 69. 依據噪音能量疊加原理，噪音計監測音壓級比背景音量高出多少分貝時，其背景噪音可忽略？　①5 分貝　②3 分貝　③18 分貝　④11 分貝。

( ) 70. 用噪音劑量計量測某勞工暴露劑量之結果，勞工暴露之總劑量為 105%，則該勞工之噪音暴露為下列何者？　①該勞工之暴露音壓級低於 90dBA　②該勞工之暴露音壓級超過 90dBA　③符合噪音暴露標準之規定　④違反噪音暴露標準之規定。

( ) 71. 勞工工作日時量平均綜合溫度熱指數達高溫作業勞工作息時間標準規定值以上之作業，下列何者屬高溫作業？　①於鍋爐房從事之作業　②從事燒窯作業　③從事蒸汽操作作業　④於廚房從事之作業。

( ) 72. 於一穩定性音源下，分別以 F、I、S 回應特性進行量測時，其達穩定狀態之時間常數關係何者正確？　①F 回應特性>I 回應特性　②F 回應特性>S 回應特性　③I 回應特性>F 回應特性　④S 回應特性>I 回應特性。

( ) 73. 下列何者為活塞式音壓校準器之特性？　①利用往復壓縮空氣產生音源　②易受大氣壓力變化影響　③可產生多種頻率音源　④只能產生單一頻率音源。

( ) 74. 以噪音劑量計測定暴露劑量時，相關設定何者正確？ ①音壓級 85dBA 以下不納入 ②慢(S)回應特性 ③音壓級低於 80dBA 不納入 ④A 權衡電網。

( ) 75. 影響人體與環境間熱的交換因子，包括下列何者？ ①傳導對流熱 ②輻射熱 ③壓力大小 ④蒸發對流熱。

( ) 76. 使用噪音劑量計評估勞工噪音暴露之必要作法，以下何者正確？ ①要確認設定之累積起始音量 ②每次監測前進行校正 ③檢查儀器功能是否正常 ④檢查電力是否充足。

( ) 77. 使用自然濕球溫度計測定，下列敘述何者正確？ ①要遮避氣流 ②使用脫脂棉紗將溫度計球心及其上方 1-2 公分範圍包覆 ③不要遮避氣流 ④使用未脫脂棉紗包覆溫度計根部。

( ) 78. 影響人體與環境間熱交換率之環境因子，包括下列何者？ ①氣溫(Ta) ②濕度(Pa) ③氣濕（水蒸氣壓，Pa） ④輻射(R)。

( ) 79. 聲音特性之描述，下列敘述何者正確？ ①音波屬橫波 ②聲音具有直線前進的現象 ③音波為機械波 ④聲音具有繞射的現象。

( ) 80. 下列有關權衡電網之描述何者正確？ ①D 權衡電網適於飛航噪音監測 ②B 權衡電網較適於機械噪音監測 ③F 權衡電網適於機械噪音監測 ④A 權衡電網適於人耳噪音監測。

三、解答

1.(4)	2.(2)	3.(3)	4.(2)	5.(2)	6.(3)	7.(3)	8.(2)	9.(1)	10.(4)
11.(3)	12.(4)	13.(3)	14.(1)	15.(3)	16.(3)	17.(4)	18.(3)	19.(3)	20.(3)
21.(2)	22.(4)	23.(2)	24.(4)	25.(1)	26.(4)	27.(3)	28.(4)	29.(3)	30.(2)
31.(4)	32.(3)	33.(2)	34.(4)	35.(1)	36.(2)	37.(1)	38.(2)	39.(4)	40.(3)
41.(1)	42.(3)	43.(1)	44.(4)	45.(2)	46.(4)	47.(4)	48.(2)	49.(2)	50.(3)
51.(4)	52.(2)	53.(4)	54.(4)	55.(1)	56.(1)	57.(1)	58.(3)	59.(1)	60.(2)
61.(134)	62.(134)	63.(1234)	64.(234)	65.(123)	66.(134)	67.(234)	68.(134)	69.(34)	70.(24)
71.(123)	72.(23)	73.(124)	74.(234)	75.(124)	76.(1234)	77.(23)	78.(1234)	79.(234)	80.(134)

四、難題解析

3 《職業安全衛生設施規則》第 311 條

雇主對於勞工經常作業之室內作業場所，其窗戶及其他開口部分等可直接與大氣相通之開口部分面積，應為地板面積之二十分之一以上。但設置具有充分換氣能力之機械通風設備者，不在此限。

雇主對於前項室內作業場所之氣溫在攝氏十度以下換氣時，不得使勞工暴露於每秒一公尺以上之氣流中。

8. 自然濕球溫度要乘 0.7。

15. 微音器對高頻較靈敏。

17. 乾球溫度介於黑球溫度及自然濕球溫度間。

18. 快速動(F)特性，即規定指針的動特性，換算為電氣回路的時間常數大約為 125 毫秒，可以量測到變動性噪音。而對於穩定變動小的噪音，可以用慢速動(S)特性之時間常數來量測，其時間常數為 1 秒，另外，有些噪音計還有一種衝擊回應特性，其時間常數為 35 毫秒。

24. 《職業安全衛生設施規則》第 309 條。

雇主對於勞工經常作業之室內作業場所，除設備及自地面算起高度超過 4 公尺以上之空間不計外，每一勞工原則上應有 10 立方公尺以上之空間。

27. $0.7 \times 30 + 0.2 \times 38 + 0.1 \times 31 = 31.7$。

34. 室外測定屬自由音場測定，宜適用 IEC 規範之垂直入射回應（0 度），而室內作業場所音場特性屬擴散音場，宜使用散亂入射回應微音器（70 度至 80 度）。

39. $D = 5\% \times 4 \times 10 = 2$，$TWA = 16.61 \log 2 + 90 = 95$。

44. $(104 - 32) \times 5 \div 9 = 40.0$。

50. $20 \log 2 = 6$。

51. Type 0 型：實驗室參考標準用，其容許誤差極小，主要頻率容許偏差為 ±0.7dB。

Type 1 型：屬於精密量測，可用於實驗室或現場測量，其主要頻率容許偏差範圍為±1.0dB。

Type 2 型：一般現場使用，主要頻率容許偏差範圍為±1.5dB。

59. 乾球溫度乘 0.1。

67. 靈敏度 0.5℃。

68. 音壓級減少 6 分貝。

69. 10 分貝以上可忽略。

72. 達穩定狀態時間 I＞F＞S。

78. 溫濕四要素。

111 年 3 月物理性因子作業環境監測甲級技術士技能檢定學科測試試題

本試卷有選擇題 80 題，單選選擇題 60 題，每題 1 分；複選選擇題 20 題，每題 2 分，測試時間為 100 分鐘，請在答案卡上作答，答錯不倒扣；未作答者，不予計分。

一、單選題

( ) 1. 事業單位之勞工代表如何產生？ ①由產業工會推派之 ②由勞工輪流擔任之 ③由企業工會推派之 ④由勞資雙方協議推派之。

( ) 2. 對輻射熱交換率(R)而言，正常穿著者比半裸者約少 ①70% ②30~40% ③10% ④20%。

( ) 3. 虛擬濕球溫度與下列何者無關？ ①乾球溫度 ②自然濕球溫度 ③黑球溫度 ④蒸氣壓。

( ) 4. 在生物鏈越上端的物種其體內累積持久性有機污染物(POPs)濃度將越高，危害性也將越大，這是說明 POPs 具有下列何種特性？ ①持久性 ②生物累積性 ③高毒性 ④半揮發性。

( ) 5. 未滿 30 歲之噪音在職之作業勞工應多久定期接受特定項目健康檢查一次以上？ ①1 年 ②6 個月 ③3 年 ④5 年。

( ) 6. 某變電所有十台相同變壓器，十台變壓器同時運轉時於周界 A 點處測得音壓級為 74 分貝，假設每一台變壓器噪音對 A 點處的影響皆相同，如要將 A 點處噪音值降為 70 分貝以下時，最多應只能運轉幾台？ ①2 ②4 ③1 ④6。

( ) 7. 熱危害指數(HSI)之敘述，下列何者有誤？ ①HSI 能計算容許暴露時間 ②HSI＝200%危害程度為 HSI＝100%危害程度的二倍 ③HSI＝10%時，表示輕度到中度之熱危害 ④HSI 為人體維持熱平衡需求之蒸發熱交換率(E_{req})與最大蒸發熱交換率(E_{max})之比值。

( ) 8. 對於頻率為 10kHz 的聲音，噪音計若使用 1 吋電容微音器，以下列何種角度入射者回應的分貝值影響為最大 ①270° ②0° ③90° ④180°。

( ) 9. 下列何者係指在連續頻率的噪音中，在相同寬度的頻帶具有相同之功率？ ①衝擊音 ②粉紅噪音 ③純音 ④白噪音。

( ) 10. 高溫作業勞工之特殊健康檢查應幾年實施一次以上？ ①3 ②4 ③1 ④2。

( ) 11. 下列何者與人耳聽力損失無關？ ①性別 ②頻率 ③體重 ④音壓級。

( ) 12. 作業場所高頻率噪音較易導致下列何種症狀？　①失眠　②肺部疾病　③腕道症候群　④聽力損失。

( ) 13. 下列那一項作業屬於特別危害健康作業？　①超音波　②振動　③高溫　④高架。

( ) 14. 下列何者屬人體受熱時，正常體溫調節動作？　①血流減慢　②增加代謝熱　③出汗量增加　④血管收縮。

( ) 15. 檢舉人向有偵查權機關或政風機構檢舉貪污瀆職，必須於何時為之始可能給與獎金？　①犯罪未發覺前　②預備犯罪前　③犯罪未遂前　④犯罪未起訴前。

( ) 16. 無響室(ahechoic room)為具有極大聲音　①回音　②殘響　③吸收　④反射　之空間。

( ) 17. 正常人耳可聽範圍內，最低頻率至最高頻率間大約有幾個八音幅頻帶？　①4　②2　③6　④10。

( ) 18. 上班性質的商辦大樓為了降低尖峰時段用電，下列何者是錯的？　①使用儲冰式空調系統減少白天空調電能需求　②汰換老舊電梯馬達並使用變頻控制　③電梯設定隔層停止控制，減少頻繁啟動　④白天有陽光照明，所以白天可以將照明設備全關掉。

( ) 19. 三十歲之在職勞工從事噪音作業應每年實施下列何種檢查？　①一般健康檢查　②體格檢查　③特殊體格檢查　④特殊健康檢查。

( ) 20. 開放式防音牆就目前實務而言，其最大噪音保護效果為　①24　②無限大　③10　④50　分貝。

( ) 21. 在一　24　小時穩定運轉工廠外圍量測其音壓級（只考慮該工廠噪音源），問何時量測的音壓級最大？　①清晨　②午夜　③中午　④晚上。

( ) 22. 為減少日照降低空調負載，下列何種處理方式是錯誤的？　①於屋頂進行薄層綠化　②將窗戶或門開啟，讓屋內外空氣自然對流　③屋頂加裝隔熱材、高反射率塗料或噴水　④窗戶裝設窗簾或貼隔熱紙。

( ) 23. 對於勞動部公告列入應實施型式驗證之機械、設備或器具，下列何種情形不得免驗證？　①供國防軍事用途使用者　②輸入僅供科技研發之專用機　③依其他法律規定實施驗證者　④輸入僅供收藏使用之限量品。

( ) 24. 使用電容微音器實施噪音監測，當聲波到達隔膜時，其進行方向與隔膜垂直者，噪音計之回應為　①擦磨入射回應　②散亂入射回應　③垂直入射回應　④70°入射回應。

( ) 25. 下列何者為從事特別危害健康作業勞工之特殊體格檢查之共同項目？　①肺功能檢查　②作業經歷之調查　③心電圖檢查　④尿蛋白檢查。

( ) 26. 依 500Hz、1000Hz、2000Hz 平均聽覺閾值聽力程度分類法中，屬於嚴重障礙之範圍為多少分貝(dB)？　①50~70　②60~80　③70~90　④80~100。

( ) 27. 高速公路旁常見有農田違法焚燒稻草，除易產生濃煙影響行車安全外，也會產生下列何種空氣污染物對人體健康造成不良的作用？　①沼氣　②臭氧(O_3)　③懸浮微粒　④二氧化碳(CO_2)。

( ) 28. 噪音計外部校準使用之標準音源須大於環境背景噪音多少 dB？　①10　②5　③1　④2。

( ) 29. 下列何者對人與環境間的熱交換影響最少？　①風速　②濕度　③空氣密度　④空氣溫度。

( ) 30. 均方根(rms)音壓為 2 牛頓／平方公尺，則音壓級為多少分貝？　①1000　②10　③100　④1。

( ) 31. 依據頻譜分析結果，進行噪音改善時宜先從下列何者著手？　①任一頻率　②高音量頻率　③低音量頻率　④所有頻率。

( ) 32. 下列何種方式沒有辦法降低洗衣機之使用水量，所以不建議採用？　①使用低水位清洗　②兩、三件衣服也丟洗衣機洗　③選擇快洗行程　④選擇有自動調節水量的洗衣機，洗衣清洗前先脫水 1 次。

( ) 33. 下列何者行為非屬個人資料保護法所稱之國際傳輸？　①將個人資料傳送給法國的人事部門　②將個人資料傳送給經濟部　③將個人資料傳送給美國的分公司　④將個人資料傳送給日本的委託公司。

( ) 34. 在單一自由度系統的振動絕緣器(vibration isolator)，若需要有振動絕緣功能，其頻率比 r（＝外力激振頻率/結構共振頻率）應落在何種範圍內為最佳？　①1＜r≦1.5　②0.5≦r≦1　③r＜0.5　④r＞1.5。

( ) 35. 漏電影響節電成效，並且影響用電安全，簡易的查修方法為　①用手碰觸就可以知道有無漏電　②看電費單有無紀錄　③用三用電表檢查　④電氣材料行買支驗電起子，碰觸電氣設備的外殼，就可查出漏電與否。

( ) 36. 修正有效溫度是以黑球溫度取代 ①乾球溫度 ②濕球溫度 ③風速 ④濕度。

( ) 37. 職業上危害因子所引起的勞工疾病，稱為何種疾病？ ①職業疾病 ②法定傳染病 ③流行性疾病 ④遺傳性疾病。

( ) 38. 同一遮音材料，厚度增加，符合凹下(coincidence dip)頻率 ①降低 ②不變 ③不一定 ④增高。

( ) 39. 無響室(anechoic room)為能提供自由音場之室，其戶內周邊為良好的 ①金屬板 ②吸音材料 ③遮音材料 ④反射材料。

( ) 40. 音速在空氣中與在固體中何者速率較快？ ①不能比較 ②相同 ③後者快 ④前者快。

( ) 41. 下列那一項水質濃度降低會導致河川魚類大量死亡？ ①二氧化碳 ②溶氧 ③生化需氧量 ④氨氮。

( ) 42. 下列何者為戶外有日曬綜合溫度熱指數之計算式？ ①0.7*乾球溫度＋0.2*黑球溫度＋0.1*濕球溫度 ②0.7*黑球溫度＋0.2*濕球溫度＋0.1*乾球溫度 ③0.7*自然濕球溫度＋0.2*黑球溫度＋0.1*乾球溫度 ④0.7*乾球溫度＋0.2*濕球溫度＋0.1*黑球溫度。

( ) 43. 作業環境監測訓練單位辦理訓練時，應於 ①4 ②1 ③3 ④2 週前將規定事項報請中央主管機關核備。

( ) 44. 戶外無日曬的作業場所，計算綜合溫度熱指數時，需用到的溫度為 ①濕球溫度、濕黑球溫度及乾球溫度 ②自然濕球溫度及黑球溫度 ③自然濕球溫度、黑球溫度及乾球溫度 ④黑球溫度及乾球溫度。

( ) 45. 八音度頻帶之定義係上限頻率等於多少？ ①二倍下限頻率 ②二分之一倍下限頻率 ③四倍下限頻率 ④下限頻率。

( ) 46. 勞工噪音暴露工作日八小時內任何時間不得暴露於峰值超過 140 分貝之下列何種噪音？ ①穩定性 ②連續性 ③衝擊性 ④間歇性。

( ) 47. 自由音場之等方向性點音源，在距離 10 公尺處測得其音壓級為 119 分貝，則其音源之音功率的瓦特數為何者？ ①100 ②10000 ③5000 ④1000。

( ) 48. 計算綜合溫度熱指數時影響最大的溫度為 ①自然濕球溫度 ②阿斯曼濕球溫度 ③乾球溫度 ④黑球溫度。

( )49. 距線音源 7 公尺處測得音壓級為 85dB，則距離該線音源 70 公尺處之音壓級為多少分貝？ ①60 ②65 ③70 ④75。

( )50. 對電子煙的敘述，何者錯誤？ ①會有爆炸危險 ②含有毒致癌物質 ③含有尼古丁會成癮 ④可以幫助戒菸。

( )51. 是否屬高溫作業之判斷與下列何者無關？ ①性別 ②作息時間 ③工作方法 ④WBGT。

( )52. 雙牆之傳送損失於孔洞共鳴頻率(cavity resonance frequancy)較單牆在該頻率適用質量律之傳送損失 ①減少 6 分貝 ②增加 6 分貝 ③減少 3 分貝 ④增加 3 分貝。

( )53. A 權衡電網在何聲音頻率下回應曲線為最大？ ①20000 ②1000 ③2500 ④250 赫。

( )54. 在量測機械噪音時，為取得較平均的音壓級，宜使用下列那一種時間特性(time constant)？ ①快速動特性(Fast) ②衝擊特性(Impulse) ③峰值特性(peak) ④慢速動特性(Slow)。

( )55. 阻尼損失因素會隨著頻率及何者而改變？ ①溫度 ②使用時間 ③厚度 ④振動體。

( )56. 2015 年巴黎協議之目的為何？ ①生物多樣性保育 ②遏阻全球暖化趨勢 ③避免臭氧層破壞 ④減少持久性污染物排放。

( )57. 非公務機關利用個人資料進行行銷時，下列敘述何者「錯誤」？ ①若已取得當事人書面同意，當事人即不得拒絕利用其個人資料行銷 ②當事人表示拒絕接受行銷時，應停止利用其個人資料 ③倘非公務機關違反「應即停止利用其個人資料行銷」之義務，未於限期內改正者，按次處新臺幣 2 萬元以上 20 萬元以下罰鍰 ④於首次行銷時，應提供當事人表示拒絕行銷之方式。

( )58. 強大的衝擊性噪音或爆炸聲音造成鼓膜破裂，屬於下列何種聽力損失？ ①年老性 ②永久性 ③傳音性 ④暫時性。

( )59. 下列何者並非熱危害評估指標？ ①WBGT ②Clo ③WGT ④ET。

( )60. 分貝的定義是噪音物理量與基準噪音物理量比值取對數值再乘以下列何者？ ①20 ②10 ③5 ④15。

二、複選題

( ) 61. 依據噪音能量疊加原理，噪音計監測音壓級比背景音量高出多少分貝時，其背景噪音可忽略？ ①3 分貝 ②18 分貝 ③5 分貝 ④11 分貝。

( ) 62. 於僱用勞工或變更其工作時，為識別勞工工作適性，考量其是否有不適合作業之疾病所實施之身體檢查，為下列何者？ ①特殊體格檢查 ②特殊健康檢查 ③健康追縱檢查 ④一般體格檢查。

( ) 63. 工作場所噪音經頻譜分析，頻率範圍為 1000~5000 赫，實施噪音監測，不同權衡電網之測定結果下列那些正確？ ①$L_A>L_F$ ②$L_A>L_C$ ③$L_A=L_C$ ④$L_C>L_F$。

( ) 64. 依據高溫作業勞工作息時間標準進行分配勞工作業及休息時間前，應先考慮下列何者？ ①勞工是否攝取足夠的水分及鹽分 ②勞工衣著是否會阻礙水分的蒸發 ③勞工是否有熱適應 ④勞工工作負荷之輕重。

( ) 65. 有關材料之傳送損失(TL)的測定設施，下列何者不正確？ ①殘響室 ②半無響室 ③一般實驗室 ④無響室。

( ) 66. 以下何種等級之噪音計可用於量測工作場所噪音是否符合法令規定？ ①Type 2 ②Type 0 ③Type 1 ④Type 3。

( ) 67. 下列何作業場所應每 6 個月監測粉塵、二氧化碳之濃度一次以上？ ①隧道掘削之建設工程之場所 ②隧道掘削建設工程已完工可通行之地下通道之場所 ③礦場地下礦物之試掘、採掘場所 ④設置中央空調之室內作業場所。

( ) 68. 利用通風濕度表求相對濕度時，須使用到下列何者？ ①乾球溫度 ②黑球溫度 ③濕球溫度 ④自然濕球溫度。

( ) 69. 噪音計主要頻率容許偏差值，下列敘述何者正確？ ①Type 3 型之偏差為 ±3dB ②Type 0 型之偏差為 ±0.5dB ③Type 2 型之偏差為 ±1.5dB ④Type 1 型之偏差為 ±1dB。

( ) 70. 下列有關噪音監測之描述何者正確？ ①應考量聲音之傳送途徑 ②應考量背景噪音之干擾 ③應考量相關法規之規定 ④應考量音源之聲音特性。

( ) 71. 雇主依相關規定訂定作業環境監測計畫，實施作業環境監測時，應會同下列何者實施？ ①職業安全衛生人員 ②勞工代表 ③工作場所負責人 ④急救人員。

( ) 72. 下列有關熱痙攣之描述，下列何者是正確的？ ①是因血中氯化鈉濃度過低所致 ②指隨意肌的痙攣 ③治療方法是給患者適量飲用水及食鹽 ④指不隨意肌的痙攣。

( ) 73. 影響人體熱平衡的因素包括下列者？ ①蒸發交換熱 ②輻射交換熱 ③對流交換熱 ④代謝熱。

( ) 74. 勞工甲之工作日噪音暴露監測結果為 08：00~12：00 為 78 分貝，13：00~17：00 為 95 分貝，18：00~20：00 為 85 分貝，下列有關甲之噪音暴露之敘述，那些正確？ ①違反勞動法令規定 ②勞工甲之工作日八小時時量平均音壓級超過 90 分貝 ③勞工甲之工作日八小時日劑量<1 ④未違反勞動法令規定。

( ) 75. 對自由音場音源傳播特質，下列何者正確？ ①線音源隨距離增加 1 倍，音壓級衰減 3 分貝 ②點音源隨距離增加 1 倍，音壓級衰減 6 分貝 ③線音源隨距離增加 1 倍，音壓級衰減 2 分貝 ④點音源隨距離增加 1 倍，音壓級衰減 4 分貝。

( ) 76. 在計算最大蒸發熱交換率(E_{max})時，須用到的參數包括下列何者？ ①35℃下皮膚飽和水蒸氣壓 ②大氣水蒸氣壓 ③黑球溫度 ④風速。

( ) 77. 對於平均傳送損失(STL)為 32dB，下列何者敘述正確？ ①大聲交談可聽到但不易聽懂 ②遮音評估分類為良好 ③遮音評估分類為可 ④正常交談可以聽到。

( ) 78. 聲音在空氣中傳送的速度會受下列哪些變數之影響？ ①空氣溫度(K) ②頻率 ③空氣密度 ④波長。

( ) 79. 使用噪音劑量計評估勞工於穩定性噪音的暴露，以下敘述何者不正確？ ①可將噪音劑量計置於工作台上 ②監測時間可選擇一個作業週期 ③選擇快速回應 ④選擇 A 權衡電網。

( ) 80. 對於吸音材料之吸音率(α)，下列敘述何者正確？ ①α 為無因次群 ②α=0 表示全反射 ③α=1 表示全吸收 ④α 與音源入射角有關。

三、解答

1.(3)	2.(2)	3.(2)	4.(2)	5.(1)	6.(2)	7.(2)	8.(4)	9.(4)	10.(3)
11.(3)	12.(4)	13.(3)	14.(3)	15.(1)	16.(3)	17.(4)	18.(4)	19.(4)	20.(1)
21.(1)	22.(2)	23.(4)	24.(3)	25.(2)	26.(3)	27.(3)	28.(1)	29.(3)	30.(3)
31.(2)	32.(2)	33.(2)	34.(4)	35.(4)	36.(1)	37.(1)	38.(1)	39.(2)	40.(3)

41.(2) 42.(3) 43.(4) 44.(2) 45.(1) 46.(3) 47.(4) 48.(1) 49.(4) 50.(4)

51.(1) 52.(1) 53.(3) 54.(4) 55.(1) 56.(2) 57.(1) 58.(3) 59.(2) 60.(2)

61.(24) 62.(14) 63.(12) 64.(1234) 65.(234) 66.(123) 67.(123) 68.(13) 69.(34) 70.(1234)

71.(12) 72.(123) 73.(1234) 74.(12) 75.(12) 76.(124) 77.(34) 78.(1234) 79.(13) 80.(234)

四、難題解析

3. 參考本書 P46 例題 2。

6. $74 = 10\log\left(10 \times 10^{L/10}\right)$ 得 L=64

   $70 = 10\log\left(n \times 10^{64/10}\right)$ 得 n=4

24. 參考本書 P113。

26. 參考本書 P103 表 5.5。

30. $20\log\left(2 \div \left(20 \times 10^{-6}\right)\right) = 100$。

47. $119 = Lw - 20\log 10 - 11$ 得 Lw=150=10log W/10^{-12} 得 W=1000。

49. $85 - L = 10\log\left(70 \div 7\right)$ 得 L=75。

63. 參考本書 P114 圖 6.3。

66. 參考本書 P117 6.1.2。

69. 參考本書 P117 6.1.2。

74. $D = 4 \div 4 + 2 \div 16 = 1.125 > 1$ 超標。

75. 參考本書 P96~97。

76. 參考本書 P38。

77. 參考本書 P163 表 7.1。

80. 參考本書 P158。

111 年 3 月物理性因子作業環境監測乙級技術士技能檢定學科測試試題

本試卷有選擇題 80 題,單選選擇題 60 題,每題 1 分;複選選擇題 20 題,每題 2 分,測試時間為 100 分鐘,請在答案卡上作答,答錯不倒扣;未作答者,不予計分。

一、單選題

( ) 1. 頻率 500 赫以下噪音,噪音計以 A 權衡電網監測結果較採用 C 權衡電網監測結果比較之敘述,下列何者正確? ①C 權衡電網大 ②A 權衡電網大 ③二者讀數相同 ④二者沒有關係。

( ) 2. 下列何者為輕工作? ①上緊螺絲 ②走動中提舉物 ③堆高物 ④鏟土。

( ) 3. 「勞工腦心血管疾病發病的風險與年齡、吸菸、總膽固醇數值、家族病史、生活型態、心臟方面疾病」之相關性為何? ①無 ②負 ③可正可負 ④正。

( ) 4. 使用風扇可影響下列何者? ①對流與輻射效應 ②輻射 ③傳導 ④對流。

( ) 5. 醫院、飯店或宿舍之熱水系統耗能大,要設置熱水系統時,應優先選用何種熱水系統較節能? ①熱泵熱水系統 ②電能熱水系統 ③瓦斯熱水系統 ④重油熱水系統。

( ) 6. 穩定連續噪音音壓級不隨時間變化,勞工一天工作八小時噪音暴露劑量為 130%,如欲以行政管理措施,使該勞工噪音暴露未超過法令規定,則於一天中減少噪音暴露時間多少小時? ①2.5 ②1.52 ③1.85 ④1。

( ) 7. 下列何者為從事特別危害健康作業勞工之特殊健康檢查項目之共同項目? ①尿蛋白檢查 ②肺功能檢查 ③心電圖檢查 ④作業經歷調查。

( ) 8. 下列何者現象表示體溫調節失效? ①熱痙攣 ②熱衰厥 ③熱濕疹 ④中暑。

( ) 9. 不斷電系統 UPS 與緊急發電機的裝置都是應付臨時性供電狀況;停電時,下列的陳述何者是對的? ①不斷電系統 UPS 可以撐比較久 ②緊急發電機會先啟動,不斷電系統 UPS 是後備的 ③不斷電系統 UPS 先啟動,緊急發電機是後備的 ④兩者同時啟動。

( ) 10. 量測黑球溫度所用之溫度計量測範圍宜選用何者? ①-5～+100℃ ②-30～+50℃ ③-15～+50℃ ④-5～+50℃。

( ) 11. 用以監測衝擊性噪音，噪音計衝擊回應特性的上升時間常數為多少秒？
①0.53　②0.35　③0.5　④0.035。

( ) 12. 勞工健康保護規則規定，噪音特殊健康檢查結果應至少保存多少年？　①
五　②三　③十　④三十。

( ) 13. 對於 32Hz 的純音，以何種權衡電網監測所得之音壓級為最大？　①A
②B　③C　④F。

( ) 14. 甲公司嚴格保密之最新配方產品大賣，下列何者侵害甲公司之營業秘密？
①甲公司與乙公司協議共有配方　②鑑定人 A 因司法審理而知悉配方　③
甲公司之 B 員工擅自將配方盜賣給乙公司　④甲公司授權乙公司使用其配
方。

( ) 15. 下列何者不是自來水消毒採用的方式？　①加入臭氧　②紫外線消毒　③
加入氯氣　④加入二氧化碳。

( ) 16. 下列何者為頻率之單位？　①公尺／秒　②公尺　③赫　④秒。

( ) 17. 40 歲以上未滿 65 歲高溫作業勞工應多久定期接受特定項目健康檢查一次
以上？　①1 年　②3 年　③6 個月　④5 年。

( ) 18. 公制熱量單位為？　①℃　②卡　③℉　④BTU。

( ) 19. 勞工工作時手部嚴重受傷，住院醫療期間公司應按下列何者給予職業災害
補償？　①前 1 年平均工資　②基本工資　③前 6 個月平均工資　④原領
工資。

( ) 20. 下列何種開發行為若對環境有不良影響之虞者，應實施環境影響評估：A.
開發科學園區；B.新建捷運工程；C.採礦。　①BC　②AB　③AC　④
ABC。

( ) 21. 從事工作日八小時日時量平均音壓級在 85 分貝以上之作業勞工，其特殊
體格檢查應如何實施？　①每一年一次以上　②依體格檢查結果再進一步
決定　③於受僱時　④每二年一次以上。

( ) 22. 下列何種作業屬職業安全衛生法規定具有特殊危害之作業？　①噪音　②
游離輻射線　③高溫　④四烷基鉛。

( ) 23. 在五金行買來的強力膠中，主要有下列哪一種會對人體產生危害的化學物
質？　①甲苯　②甲醛　③乙苯　④乙醛。

( ) 24. 當以噪音劑量計量測之劑量為 100%，換算個人時量平均為幾分貝？　①
85　②90　③95　④80。

( ) 25. 解決台灣水荒（缺水）問題的無效對策是　①水資源重複利用，海水淡化…等　②興建水庫、蓄洪（豐）濟枯　③全面節約用水　④積極推動全民體育運動。

( ) 26. 黑球溫度計之溫度計球部最好深入黑球內部？　①3.5 公分　②15 公分　③11.5 公分　④7.5 公分　為宜。

( ) 27. 監測發生源之噪音，如選擇 C 權衡電網時，監測值以什麼單位表示？　① dBC　②dBD　③dBF　④dBA。

( ) 28. 噪音計之時間特性為 0.125 秒，在國際標準定義稱為哪種特性？　①P　②F　③S　④I。

( ) 29. 音功率之單位為下列何者？　①瓦特　②分貝　③焦耳　④公斤。

( ) 30. 某廠商之商標在我國已經獲准註冊，請問若希望將商品行銷販賣到國外，請問是否需在當地申請註冊才能受到保護？　①否，因為我國申請註冊之商標權在國外也會受到承認　②不一定，需視我國是否與商品希望行銷販賣的國家訂有相互商標承認之協定　③是，因為商標權註冊採取屬地保護原則　④不一定，需視商品希望行銷販賣的國家是否為 WTO 會員國。

( ) 31. 下列何者「非」屬於營業秘密？　①具廣告性質的不動產交易底價　②客戶名單　③公司內部管制的各種計畫方案　④須授權取得之產品設計或開發流程圖示。

( ) 32. 測量黑球溫度時，黑球溫度計於架設約幾分鐘後才達熱平衡？　①5 分　②10 分　③25 分　④12 分。

( ) 33. 所謂通風充分之室內作業場所，其窗戶及其他開口部分等可直接與大氣相通之開口部分面積，應為地板面積之多少以上？　①三十分之一　②四十分之一　③二十分之一　④五十分之一。

( ) 34. 1 卡(CALORIE)的熱量可使 1 公克的水升高？　①0.1℃　②0.1℉　③1℃　④1℉。

( ) 35. 石綿最可能引起下列何種疾病？　①間皮細胞瘤　②白指症　③巴金森氏症　④心臟病。

( ) 36. 勞工噪音工作時間為八小時，其工作場所噪音為週期性變動噪音，變動週期為 1 小時，如該勞工使用噪音劑量計監測四小時結果劑量為 100%，則該勞工噪音暴露為工作日八小時日時量平均音壓級為多少分貝？　①90　②95　③93　④85。

( ) 37. 我國高溫作業勞工作息時間標準中，工作輕重等級區分為幾級？　①3
②4　③2　④5。

( ) 38. 下列何者非屬噪音的作業環境改善設施？　①封閉噪音源　②裝置消音器
於噪音源　③人員佩戴防音防護具　④加裝噪音吸音裝置。

( ) 39. 職業安全衛生法所稱協議組織應由下列何者召集之？　①原事業單位　②
工會　③再承攬人　④承攬人。

( ) 40. 機械關掉時，測得音壓級為 86.8dB，打開運轉時測得 90dB，則該機械噪
音為多少 dB？　①79.2　②88.2　③80.2　④87.2。

( ) 41. 下列何種動作下人體代謝熱最少？　①站　②跑　③走　④坐。

( ) 42. 下列何項不是照明節能改善需優先考量之因素？　①燈具之外型是否美觀
②照明方式是否適當　③照度是否適當　④照明之品質是否適當。

( ) 43. 高空飛機產生之聲音可視為下列何者？　①線音源、半自由音場　②點音
源、半自由音場　③線音源、自由音場　④點音源、自由音場度。

( ) 44. 某一熱均勻作業場所下，對於地板坐姿勞工進行綜合溫度熱指數(WBGT)
監測，則溫度計架設之溫度計球部高度應如何？　①1.1 公尺　②1.0 公尺
③0.6 公尺　④0.8 公尺。

( ) 45. 織布廠勞工每日工作八小時，工作場所為穩定性噪音，勞工戴用劑量計監
測二小時，結果劑量為 30%，則該勞工噪音暴露工作日八小時日時量平均
音壓級為多少分貝？　①86.3　②96.3　③103.3　④91.3。

( ) 46. 使用噪音劑量計監測勞工個人暴露，劑量計之設定，下列何者為正確？
①時間特性為快，權衡電網為 A　②時間特性為慢，權衡電網為 C　③時
間特性為尖峰，權衡電網為 A　④時間特性為慢，權衡電網為 A。

( ) 47. 濾波器之有效頻帶寬(effective bandwidth)為將下列何者輸入該濾波器與理
想濾波器，有相同的最大回應及相同輸出？　①粉紅噪音　②衝擊音　③
白噪音　④純音。

( ) 48. 0.2 巴斯噶(Pa)之聲音壓力，相當於多少分貝？　①0　②40　③20　④
80。

( ) 49. 純音以噪音計監測結果為 65dBA、83dBB、90dBC 則該噪音是在那一個頻
率(赫)範圍？　①20~600　②1200~2400　③1000~1200　④2400~4800。

( ) 50. 噪音計外部校準使用之標準音源應大於環境背景噪音多少 dB？　①1　②
10　③2　④5。

( ) 51. 勞工於作業環境工作，可因一段時間的暴露後產生適應性之環境為下列何者？ ①熱環境 ②振動環境 ③輻射環境 ④噪音環境。

( ) 52. 依職業安全衛生法施行細則規定，下列何者非屬特別危害健康之作業？ ①游離輻射作業 ②粉塵作業 ③噪音作業 ④會計作業。

( ) 53. 下列何者為室外無日曬綜合溫度熱指數之計算式？ ①0.7*自然濕球溫度＋0.2*黑球溫度＋0.1*乾球溫度 ②0.7*自然濕球溫度＋0.3*乾球溫度 ③0.7*自然濕球溫度＋0.3*黑球溫度 ④0.7*乾球溫度＋0.3*黑球溫度。

( ) 54. 均方根(rms)音壓為 2 牛頓／平方公尺，則音壓級為多少分貝？ ①1 ②10 ③100 ④1000。

( ) 55. 當 HSI 大於 100 時，正常人體心溫度每增加 1℃約有？ ①30 ②120 ③90 ④60 仟卡之熱儲存。

( ) 56. 量測打樁機或沖床噪音時，下列何參數最不應使用？ ①衝擊特性 ②TWA（時量平均音壓級） ③最大值 ④慢特性。

( ) 57. 利用豬隻的排泄物當燃料發電，是屬於下列那一種能源？ ①地熱能 ②太陽能 ③生質能 ④核能。

( ) 58. 下列關於政府採購人員之敘述，何者為正確？ ①不可主動向廠商求取，偶發地收取廠商致贈價值在新臺幣 500 元以下之廣告物、促銷品、紀念品 ②利用職務關係向廠商借貸 ③要求廠商提供與採購無關之額外服務 ④利用職務關係媒介親友至廠商處所任職。

( ) 59. 八音度頻帶，相鄰頻帶間音壓級差 3 分貝應為下列何種噪音？ ①黑 ②綠 ③粉紅 ④白。

( ) 60. 一噪音作業勞工全工作日時間為十小時，經劑量計監測之累積劑量為 75%，其工作日八小時日時量平均音壓級約為多少分貝？ ①88 ②85 ③90 ④92。

二、複選題

( ) 61. 下列何者為噪音作業場所進行噪音監測時，應考慮之因素？ ①測定條件（如天氣、風速等） ②測定點照度強弱 ③量測儀器位置 ④量測時間。

( ) 62. 聲音特性之描述，下列敘述何者正確？ ①聲音需靠介質才能傳遞 ②音波在真空中可以傳遞 ③音波振動方向與聲音傳送方向平行 ④音波為縱波。

( ) 63. 噪音計主要頻率容許偏差值，下列敘述何者正確？ ①Type 2 型之偏差為±1.5dB ②Type 3 型之偏差為±3dB ③Type 1 型之偏差為±1dB ④Type 0 型之偏差為±0.5dB。

( ) 64. 有關勞工之噪音暴露評估，依法令規定下列敘述何者正確？ ①以工作日均能量音壓級評估 ②每增加 3 分貝，容許暴露時間減半 ③80 分貝以上之噪音均應納入 ④每增加 5 分貝，容許暴露時間減半。

( ) 65. 皮膚平均溫度量測，下列敘述何者正確？ ①為皮膚 5 點以上平均測值 35℃下 ②一般量測溫度為 33℃~34℃ ③會受環境溫度影響 ④熱環境中量測溫度為 38℃。

( ) 66. 職業安全衛生法施行細則所稱在職勞工應施行之健康檢查包括下列何者？ ①特定對象及特定項目之健康檢查 ②一般健康檢查 ③特殊健康檢查 ④成人健康檢查。

( ) 67. 黑球溫度可反應下列那些環境熱因子之影響？ ①氣溫(Ta) ②氣動(Va) ③輻射(R) ④氣濕（水蒸氣壓, Pa）。

( ) 68. 下列何作業場所應每 6 個月監測粉塵、二氧化碳之濃度一次以上？ ①礦場地下礦物之試掘、採掘場所 ②隧道掘削建設工程已完工可通行之地下通道之場所 ③設置中央空調之室內作業場所 ④隧道掘削之建設工程之場所。

( ) 69. 使用黑球溫度計測定，下列敘述何者正確？ ①要避光 ②要面向熱源 ③黑球直徑為 15 公分 ④黑球材質應使用銅製並塗不反光黑色。

( ) 70. 控制蒸發熱的方法，包含下列何者？ ①增加作業場所濕度 ②降低作業場所濕度 ③降低作業場所輻射熱 ④提高作業場所空氣流速。

( ) 71. 於一穩定性音源下，分別以 F、I、S 回應特性進行量測時，其達穩定狀態之時間常數關係何者正確？ ①F 回應特性>S 回應特性 ②I 回應特性>F 回應特性 ③F 回應特性>I 回應特性 ④S 回應特性>I 回應特性。

( ) 72. 噪音測定應以控制對策所需的基本資料為著眼點，須考慮事項包括下列何者？ ①特定目標噪音與背景噪音值比較 ②相關法令規定 ③噪音源的音響特性 ④傳送途徑的掌握。

( ) 73. 下列有關聲音之描述何者為正確？ ①人耳聲音頻率範圍約 20~20KHz ②音速=聲音波長×頻率 ③20μPa 為人耳能聽到最微弱音壓 ④人耳對聲音較敏感的頻率範圍約 500~2000Hz。

( ) 74. 噪音測定結果依等音壓級曲線應採措施之敘述,下列何者正確? ①超過 85dB 工作場所,雇主應使勞工使用防音防護具 ②低於 80dB 工作場所,屬於一般無噪音暴露地區 ③依法令規定僱用勞工人數 100 人以上,音量超過 80dB 以上工作場所,應訂定聽力保護計畫 ④90dB 以上工作場所,應標示及公告危害之預防事項,並應採取工程控制。

( ) 75. 下列有關聽力之敘述,何者正確? ①聽力閾值大小,可評估人耳聽力好壞的程度 ②聽力閾值是以聽力最好的 20 歲左右年青人之最小可聽到的平均值為 0dB 音壓級 ③聽力好壞程度是人耳能聽到最小聲音的能力 ④聽力閾值高的人只能聽到音壓級較大的聲音。

( ) 76. 使用自然濕球溫度計測定,下列敘述何者正確? ①使用未脫脂棉紗包覆溫度計根部 ②不要遮避氣流 ③使用脫脂棉紗將溫度計球心及其上方 1~2 公分範圍包覆 ④要遮避氣流。

( ) 77. 依據勞工健康保護規則,勞工有下列何種條件時不得使其從事高溫作業? ①高血壓 ②無汗症 ③心臟病 ④腎臟疾病。

( ) 78. 位置相當接近之二台機械各別運轉產生之音壓級為 90 分貝,其中一台單獨運轉時之音壓級亦為 90 分貝,則另外一台單獨運轉時之音壓級不可能為下列何者? ①90 分貝 ②85~90 分貝 ③低於 80 分貝 ④80~85 分貝。

( ) 79. 雇主對擔任下列何種職業安全衛生管理之勞工,應於事前使其接受職業安全衛生管理人員之安全衛生教育訓練? ①職業安全管理師 ②職業衛生管理師 ③特定化學物質作業主管 ④職業安全衛生管理員。

( ) 80. 依法令規定,下列何種作業,每年至少應實施作業環境監測一次以上? ①高溫作業 ②四烷基鉛作業 ③粉塵作業 ④鉛作業。

三、解答

1.(1)	2.(1)	3.(4)	4.(4)	5.(1)	6.(3)	7.(4)	8.(4)	9.(3)	10.(1)
11.(4)	12.(3)	13.(4)	14.(3)	15.(4)	16.(3)	17.(1)	18.(2)	19.(4)	20.(4)
21.(3)	22.(3)	23.(1)	24.(2)	25.(4)	26.(4)	27.(1)	28.(2)	29.(1)	30.(3)
31.(1)	32.(4)	33.(3)	34.(4)	35.(1)	36.(2)	37.(4)	38.(3)	39.(1)	40.(4)
41.(4)	42.(1)	43.(4)	44.(3)	45.(4)	46.(4)	47.(3)	48.(4)	49.(1)	50.(2)
51.(1)	52.(4)	53.(3)	54.(3)	55.(4)	56.(4)	57.(3)	58.(1)	59.(4)	60.(1)
61.(134)	62.(134)	63.(13)	64.(34)	65.(23)	66.(123)	67.(123)	68.(124)	69.(234)	70.(24)
71.(12)	72.(1234)	73.(123)	74.(124)	75.(1234)	76.(23)	77.(1234)	78.(124)	79.(124)	80.(24)

四、難題解析

1. 參考本書 P114，圖 6.3 500Hz 以下 A 權衡要修正較多，所以 C 權衡量測值較大。

6. TWA$=16.61\log1.3+90=91.89$，容許時間$=8\div2^{(91.89-90)\div5}=6.15$，$8-6.15=1.85$。

11. 參考本書 P117，五、時間特性，衝擊性回應特性，時間常數為 35 毫秒。

13. 參考本書 P114，圖 6.3，權衡最大。

24. $16.61\log1+90=90$。

26. 黑球直徑為 15 公分，半徑為 7.5 公分。

28. 參考本書 P117，五、時間特性，快速動特性，時間常數為 125 毫秒。

36. 4 小時 100%，8 小時為 200%，TWA$=16.61\log2+90=95$。

40. $10\log(10^{90/10}-10^{86.8/10})=87.2$。

44. 坐姿腹部高度為 0.6 公尺。

45. $30\%\times8\div2=120\%$，TWA$=16.61\log1.2+90=91.3$。

48. $20\log0.2\div(20\times10^{-6})=80$。

49. 參考本書 P114，圖 6.3，這聲音一定是低頻。

54. $20\log2\div(20\times10^{-6})=100$。

59. 參考本書 P85，是白噪音。

60. $16.61\log0.75+90=88$。

63. 參考本書 P117，0 型誤差為±0.7，1 型誤差±1，2 型誤差±1.5。

70. 參考本書 P28，蒸發熱與風速成正比 與水蒸氣壓成反比。

74. 85 分貝以上才要訂聽力保護計畫。

78. 單獨一台與兩台的音量相當，表示其中一台與另一台的音量差 10 分貝以上。

111 年 11 月物理性因子作業環境監測甲級技術士技能檢定學科測試試題

本試卷有選擇題 80 題，單選選擇題 60 題，每題 1 分；複選選擇題 20 題，每題 2 分，測試時間為 100 分鐘，請在答案卡上作答，答錯不倒扣；未作答者，不予計分。

一、單選題

( ) 1. 乾濕球溫度差為 0℃，且濕球溫度在 27℃ 以上時，空氣之相對濕度最少為多少%以上？　①100　②85　③90　④95。

( ) 2. 當空氣溫度大於體表溫度時，如要進行熱危害工程改善，下列何者不是控制傳導對流熱交換率(C)之有效對策？　①減少衣著量　②降低空氣溫度　③局部冷卻　④降低流經皮膚之風速。

( ) 3. 雇主對其離職之勞工要求發給體格檢查、健康檢查等有關資料時，不得拒絕。但其檢查期間已超過下列何者，不在此限？　①五年　②十五年　③保存期限　④十年。

( ) 4. 音功率 1 瓦特的點音源，假設在半自由空間下，距離音源 10 公尺處的音壓級為多少分貝？　①120　②80　③110　④92。

( ) 5. 高溫作業勞工特殊體格檢查項目與特殊健康檢查項目之關係為下列何者？　①特殊健康檢查增加胸部 X 光攝影檢查　②特殊健康檢查增加神經及皮膚之物理檢查　③完全不同　④完全相同。

( ) 6. 從事電信線路、水電煤氣管道之敷設、拆除及修理之事業屬於下列何者？　①水電燃氣業　②製造業　③營造業　④修理服務業。

( ) 7. 高頻率噪音監測，使用噪音計之微音器，其直徑大小為採用下列何者為宜？　①小者　②大小皆可　③大者　④大小皆不可。

( ) 8. 估算身體產生熱量多寡時，下列何者不使用？　①WBGT　②基礎代謝　③工作方法　④工作姿勢。

( ) 9. 下列何者屬從事高溫作業勞工作息時間標準所稱高溫作業勞工之特殊健康檢查項目？　①心臟血管、呼吸等之理學檢查　②胸部 X 光攝影檢查　③耳道物理檢查　④腎臟、肝臟等之物理檢查。

( ) 10. 下列何者對人與環境間的熱交換影響最少？　①空氣溫度　②風速　③濕度　④空氣密度。

( ) 11. 在同一環境下，當某一聲音存在時，將導致耳朵對另一聲音聽力閾值的升高，此效應又稱為何種效應？　①共振效應　②反射效應　③遮蔽效應　④吸音效應。

( ) 12. 以下何種頻率(Hz)的振動能量最容易產生結構噪音？　①250　②1000
③2000　④500。

( ) 13. 熱危害指數(HSI)之敘述，下列何者有誤？　①HSI 能計算容許暴露時間
②HSI 為人體維持熱平衡需求之蒸發熱交換率(E_{req})與最大蒸發熱交換率
(E_{max})之比值　③HSI＝200％危害程度為 HSI＝100％危害程度的二倍　④
HSI＝10％時，表示輕度到中度之熱危害。

( ) 14. 量測一批 7 個機器聲音功率，其音功率級(sound power level)分別為
78dB(A)，75dB(A)，76dB(A)，77dB(A)，74dB(A)，76dB(A)與 75dB(A)，
請問此批機器的平均音功率級最接近多少 dB(A)？　①75　②77　③76
④74。

( ) 15. 正常人最小之聽力閾值以下列何者表示較為恰當？　①0dBB　②0dBA
③0dBF　④0dBC。

( ) 16. 對於均質構造材料（如平板），當頻率增加一倍其傳送損失約增加多少
倍？　①7　②9　③5　④3。

( ) 17. 聲音在空氣中傳送一百公尺之大氣衰減值，在下列何相對濕度時為最大？
①60%　②10%　③30%　④100%。

( ) 18. 下列何種措施較可避免工作單調重複或負荷過重？　①工時過長　②經常
性加班　③連續夜班　④排班保有規律性。

( ) 19. 檢舉人應以何種方式檢舉貪污瀆職始能核給獎金？　①匿名　②以真實姓
名檢舉　③以他人名義檢舉　④委託他人檢舉。

( ) 20. 材料的遮音性能表示，下列何者為正確？　①反射率愈小，遮音性能愈大
②傳送損失愈大，遮音性能愈大　③傳送率愈小，遮音性能愈小　④吸音
率愈大，遮音性能愈大。

( ) 21. 下列何者非屬活塞式音響校正器特性？　①易受大氣壓力變化影響　②可
產生多種頻率音源　③利用往復壓縮空氣產生音源　④僅能產生單一頻率
音源。

( ) 22. 下列何者非屬職業安全衛生法所稱特別危害健康之作業？　①高溫作業
②游離輻射作業　③異常氣壓作業　④高架作業。

( ) 23. 下列有關平行式濾波器描述，何種正確？　①價錢較低廉　②逐一頻帶分
析　③所有頻帶同時分析　④量測時間較長。

( ) 24. 專利權又可區分為發明、新型與設計三種專利權，其中發明專利權是否有保護期限？期限為何？ ①無期限，只要申請後就永久歸申請人所有 ②有，20 年 ③有，50 年 ④有，5 年。

( ) 25. 若發生瓦斯外洩之情形，下列處理方法何者錯誤？ ①在漏氣止住前，應保持警戒，嚴禁煙火 ②應先關閉瓦斯爐或熱水器等開關 ③緩慢地打開門窗，讓瓦斯自然飄散 ④開啟電風扇，加強空氣流動。

( ) 26. 學校駐衛警察之遴選規定以服畢兵役男性作為遴選條件之一，根據消除對婦女一切形式歧視公約(CEDAW)，下列何者錯誤？ ①此遴選條件雖明定限男性，但實務上不屬性別歧視 ②駐衛警察之遴選應以從事該工作所需的能力或資格作為條件 ③已違反 CEDAW 第 1 條對婦女的歧視 ④服畢兵役者仍以男性為主，此條件已排除多數女性被遴選的機會，屬性別歧視。

( ) 27. 在求修正有效溫度(CET)時，共會用到那些溫度？ ①濕、黑球溫度 ②乾、黑球溫度 ③乾、濕球溫度 ④乾、濕及黑球溫度。

( ) 28. 臺灣地狹人稠，垃圾處理一直是不易解決的問題，下列何種是較佳的因應對策？ ①垃圾分類資源回收 ②蓋焚化廠 ③運至國外處理 ④向海爭地掩埋。

( ) 29. 下列何者不是潔淨能源？ ①太陽能 ②頁岩氣 ③風能 ④地熱。

( ) 30. 響度(Loudness)加倍時，響度級(Loundness Level)增加多少唪？ ①2 ②10 ③3 ④20。

( ) 31. 人體熱誘發疾病演變過程中，對於血液中鹽份不足，會產生下列何種症狀？ ①熱暈厥 ②熱痙攣 ③熱中暑 ④體溫升高。

( ) 32. 對最大蒸發熱交換率(E_{max})而言，正常穿著者比半裸者約少？ ①20% ②70% ③30~40% ④10%。

( ) 33. 下列何者，非屬法定之勞工？ ①受薪之工讀生 ②被派遣之工作者 ③委任之經理人 ④部分工時之工作者。

( ) 34. 一般人體皮膚與環境進行熱交換時，正常穿著者之熱對流交換率較半裸者 ①高 ②無相關 ③少 ④一樣。

( ) 35. 噪音作業勞工接受聽力檢查前至少多久小時應避免職業性與非職業性噪音暴露？ ①14 ②4 ③10 ④2。

( ) 36. 下列有關工作場所安全衛生之敘述何者有誤？ ①事業單位應備置足夠的零食自動販賣機 ②事業單位應備置足夠急救藥品及器材 ③對於勞工從事其身體或衣著有被污染之虞之特殊作業時，應備置該勞工洗眼、洗澡、漱口、更衣、洗濯等設備 ④勞工應定期接受健康檢查。

( ) 37. 下列有關串列式濾波器描述，何種正確？ ①所有頻帶同時分析 ②量測時間極短 ③適用於變動性音源 ④逐一頻帶分析。

( ) 38. 某離職同事請求在職員工將離職前所製作之某份文件傳送給他，請問下列回應方式何者正確？ ①由於該項文件係由該離職員工製作，因此可以傳送文件 ②視彼此交情決定是否傳送文件 ③可能構成對於營業秘密之侵害，應予拒絕並請他直接向公司提出請求 ④若其目的僅為保留檔案備份，便可以傳送文件。

( ) 39. 下列敘述何者正確？ ①黑球、乾球及濕球溫度計都要遮蔽 ②乾球溫度計要遮蔽防輻射熱影響 ③濕球溫度計要防止空氣流動 ④黑球溫度計要遮蔽。

( ) 40. 對於遮音板厚度增加四倍，計算傳送損失時可將面密度增加多少倍計算？ ①2 ②1 ③4 ④3。

( ) 41. 使用音強法監測，主要用於下列何者？ ①噪音源判定 ②監測最大音壓值 ③監測音壓 ④監測峰值。

( ) 42. 噪音頻譜分析器將噪音依頻率大小予以分離者為下列何者？ ①濾波器(filter) ②微音器(microphone) ③放大器(amplifier) ④衰減器(attenuator)。

( ) 43. 基準音壓(reference sound pressure)為年輕人正常人耳所能聽到最微小的聲音，其值為 ①10 瓦特 ②2pascals ③10 瓦特／平方公尺 ④0.00002 pascals。

( ) 44. 台灣地區地形陡峭雨旱季分明，水資源開發不易常有缺水現象，目前推動生活污水經處理再生利用，可填補部分水資源，主要可供哪些用途：A.工業用水、B.景觀澆灌、C.飲用水、D.消防用水？ ①ABCD ②BCD ③ACD ④ABD。

( ) 45. 若使用後的廢電池未經回收，直接廢棄所含重金屬物質曝露於環境中可能產生那些影響？A.地下水污染、B.對人體產生中毒等不良作用、C.對生物產生重金屬累積及濃縮作用、D.造成優養化 ①BCD ②ACD ③ABCD ④ABC。

( ) 46. 下列有關多孔質吸音材之吸音性能說明，何者為誤？ ①空氣空間的厚度愈大，吸音率愈大 ②頻率愈高，吸音率愈小 ③材料愈厚，吸音率愈大 ④空氣空間可提高低頻之吸音效果。

( ) 47. 無響室(anechoic room)為能提供自由音場之室，其戶內周邊為良好的 ①反射材料 ②遮音材料 ③金屬板 ④吸音材料。

( ) 48. 進行聽力檢查時，一般起始測試頻率(Hz)為下列何者？ ①1k ②500 ③6k ④2k。

( ) 49. 下列何者不是勞工作業環境監測實施辦法規定之作業環境監測項目？ ①噪音音壓級 ②振動加速度級 ③二氧化碳濃度 ④綜合溫度熱指數。

( ) 50. 以下何者非屬導致勞工健康危害之物理性因子？ ①粉塵 ②噪音 ③高溫 ④振動。

( ) 51. 整體換氣裝置依據氣流進出方式可分為 ①二 ②三 ③四 ④一 種。

( ) 52. 陳先生到機車行換機油時，發現機車行老闆將廢機油直接倒入路旁的排水溝，請問這樣的行為是違反了 ①道路交通管理處罰條例 ②飲用水管理條例 ③職業安全衛生法 ④廢棄物清理法。

( ) 53. 如果水龍頭流量過大，下列何種處理方式是錯誤的？ ①直接調整水龍頭到適當水量 ②加裝節水墊片或起波器 ③加裝可自動關閉水龍頭的自動感應器 ④直接換裝沒有省水標章的水龍頭。

( ) 54. 體殼(body shell)溫度通常是由體殼表皮取幾個以上的位置溫度相加後取平均值得之？ ①4 ②2 ③10 ④6。

( ) 55. 若音壓減半時，則音壓級將減少多少分貝？ ①3 ②4 ③6 ④5。

( ) 56. 不當抬舉導致肌肉骨骼傷害或肌肉疲勞之現象，可稱之為下列何者？ ①不當動作 ②感電事件 ③不安全環境 ④被撞事件。

( ) 57. 有一音壓級為 80dB 之聲音，其音壓為多少 Pa？ ①0.4 ②0.3 ③0.2 ④0.1。

( ) 58. 某一音速為 500 公尺／秒，波長為 2 公尺，其頻率為多少赫(Hz)？ ①40 ②10000 ③500 ④250。

( ) 59. 攝氏 25 度絕對溫度多少度？ ①298 ②303 ③295 ④300 K。

( ) 60. 電腦機房使用時間長、耗電量大，下列何項措施對電腦機房之用電管理較不適當？ ①使用較高效率之空調設備 ②機房設定較低之溫度 ③設置冷熱通道 ④使用新型高效能電腦設備。

二、複選題

( ) 61. 利用通風濕度表可求得下列何者？ ①有效溫度(ET) ②水蒸氣壓 ③相對濕度 ④空氣中含水量。

( ) 62. 下列何作業場所應每 6 個月監測粉塵、二氧化碳之濃度一次以上？ ①隧道掘削之建設工程之場所 ②設置中央空調之室內作業場所 ③隧道掘削建設工程已完工可通行之地下通道之場所 ④礦場地下礦物之試掘、採掘場所。

( ) 63. 依職業安全衛生管理辦法規定，下列何者為負責擬訂、規劃及推動安全衛生管理事項，並指導有關部門實施者？ ①職業安全管理師 ②職業衛生管理師 ③職業安全衛生管理員 ④職業安全衛生委員會之委員。

( ) 64. 下列何者為噪音控制中之傳音路徑控制策略？ ①振動減衰 ②音源封閉 ③鋪設吸音材 ④架設隔音牆。

( ) 65. 下列有關聲音之敘述何者正確？ ①日常生活中之噪音多為複合音 ②粉紅噪音其頻帶寬度不相同且每一頻帶音功率亦不相同 ③只含有一單一頻率之聲音為純音 ④白噪音係指在相同寬度的頻帶具有相同的功率之聲音。

( ) 66. 板狀吸音材料指下列那些？ ①開孔鋁板 ②發泡樹脂材料 ③合板 ④石膏板。

( ) 67. 對於遮音材料之傳送損失(TL)，下列敘述何者正確？ ①TL 值大小與材料無關 ②TL 值大表示遮音效能低 ③TL 值大表示遮音效能佳 ④TL 單位為 dB。

( ) 68. 對於遮音材料之符合效應(coincidence)，下列何者敘述正確？ ①由於材料本身發生共鳴現象 ②當頻率高於某值時會使聲音傳送損失下降 ③當頻率高於某值時會與質量法則不一致 ④當頻率高於某值時會與質量法則一致。

( ) 69. 雇主依相關規定訂定作業環境監測計畫，實施作業環境監測時，應會同下列何者實施？ ①職業安全衛生人員 ②勞工代表 ③急救人員 ④工作場所負責人。

( ) 70. 衝擊性噪音之評估，應測定下列何者？ ①工作日時間率平均音壓級 ②工作日均能音壓級(Leq) ③Lpeak ④工作日時量平均音壓級。

( ) 71. 對於吸音材料之吸音率(α)，下列敘述何者正確？　①α =0 表示全反射　②α 與音源入射角有關　③α =1 表示全吸收　④α 為無因次群。

( ) 72. 評估人體代謝熱可透過下列何方法？　①體溫　②血壓　③氧攝取量　④心跳。

( ) 73. 在戶內或戶外無日曬下，計算綜合溫度熱指數時需利用到下列何者？　①乾球溫度　②黑球溫度　③通風濕球溫度　④自然濕球溫度。

( ) 74. 以噪音劑量計監測勞工暴露劑量時，設定之參數，下列何者正確？　①快速(F)回應特性　②A 權衡電網　③慢速(S)回應特性　④線性(Flat)回應特性。

( ) 75. 測定乾球溫度所用溫度計之規格為？　①準確度(accuracy)：±0.5℃　②測量範圍：-5℃~100℃　③測量範圍：-5℃~50℃　④測量範圍：0℃~50℃。

( ) 76. 以噪音劑量計測定暴露劑量時，相關設定何者正確？　①慢(S)回應特性　②A 權衡電網　③音壓級低於 80dBA 不納入　④音壓級 85dBA 以下不納入。

( ) 77. 對於提升遮音材料效能，下列敘述何者正確？　①增加密度　②增加質量　③增加厚度　④增加表面積。

( ) 78. 下列何者為反應型消音器(Reactive muffler)組成？　①多孔吸音材質　②孔管　③膨脹室　④共鳴體。

( ) 79. 人體皮膚與傳導對流熱受下列何者影響？　①大氣蒸氣壓　②皮膚平均溫度　③環境風速　④環境溫度。

( ) 80. 依據噪音能量疊加原理，噪音計監測音壓級比背景音量高出多少分貝時，其背景噪音可忽略？　①5 分貝　②3 分貝　③11 分貝　④18 分貝。

三、解答

1.(1)	2.(1)	3.(3)	4.(4)	5.(4)	6.(3)	7.(1)	8.(1)	9.(1)	10.(4)
11.(3)	12.(1)	13.(3)	14.(3)	15.(2)	16.(3)	17.(2)	18.(4)	19.(2)	20.(2)
21.(2)	22.(4)	23.(3)	24.(2)	25.(4)	26.(1)	27.(4)	28.(1)	29.(2)	30.(2)
31.(2)	32.(3)	33.(3)	34.(4)	35.(1)	36.(1)	37.(4)	38.(3)	39.(1)	40.(3)
41.(1)	42.(1)	43.(4)	44.(4)	45.(4)	46.(2)	47.(4)	48.(1)	49.(2)	50.(1)
51.(2)	52.(4)	53.(4)	54.(3)	55.(3)	56.(1)	57.(3)	58.(4)	59.(1)	60.(2)

61.(234) 62.(134) 63.(123) 64.(34) 65.(134) 66.(34) 67.(34) 68.(123) 69.(12) 70.(234)
71.(123) 72.(34) 73.(24) 74.(23) 75.(13) 76.(123) 77.(123) 78.(234) 79.(234) 80.(34)

四、難題解析

1. 乾球溫度＝濕球溫度時　相對濕度為 100%

4. $L=Lw-20\log 10-8$　$lw=110\log 1/10^{-12}=120$　所以 $L=120-20-8=92$。

7. 微音器直徑越大　靈敏度越大。

13. 參考本書 P42。

14. 參考本書 P93 公式 (5.13)。

16. 參考本書 P164。

17. 聲音衰減（空氣吸收）與相對溼度成反比，參考本書 P95。

20. 參考本書 P162。

30. 響度級＝$10\log$ 響度　響度增加 2 倍　$10\log 2＝3$。

40. 厚度增加等於面密度增加。

55. $20\log 2=6$，參考本書 P90。

57. $80=20\log P/(20\times10^{-6})$，$P=0.2$。

58. $500=2\times$ 頻率 ，頻率＝250。

61. 參考本書 P39。

65. 參考本書 P85。

67. 參考本書 P162。

71. 參考本書 P158。

79. 參考本書 P37，公式(2.3)。

112 年 3 月物理性因子作業環境監測甲級技術士技能檢定學科測試試題

本試卷有選擇題 80 題，單選選擇題 60 題，每題 1 分；複選選擇題 20 題，每題 2 分，測試時間為 100 分鐘，請在答案卡上作答，答錯不倒扣；未作答者，不予計分。

一、單選題

( ) 1. 在一戶內作業場所測得溫度，為黑球溫度 35.0℃，乾球溫度 30.0℃，自然濕球溫度 28.0℃，則綜合溫度熱指數(WBGT)應為多少℃？　①30.1　②29.6　③31.0　④29.7。

( ) 2. 勞工於穩定性噪音 90 分貝之作業場所，一天工作八小時，如該勞工戴用噪音劑量計其劑量為　①80　②150　③200　④100　％。

( ) 3. 安全門或緊急出口平時應維持何狀態？　①與一般進出門相同，視各樓層規定可開可關　②門應關上但不可上鎖　③保持開門狀態以保持逃生路徑暢通　④門可上鎖但不可封死。

( ) 4. 公務機關首長要求人事單位聘僱自己的弟弟擔任工友，違反何種法令？　①公職人員利益衝突迴避法　②刑法　③貪污治罪條例　④未違反法令。

( ) 5. 距離點音源 7 公尺處測得音壓級為 85dB，則距離該點音源 70 公尺處之音壓級為多少分貝？　①65　②60　③75　④70。

( ) 6. 下列何者屬從事高溫作業勞工作息時間標準所稱高溫作業勞工之特殊健康檢查項目？　①胸部 X 光攝影檢查　②心臟血管、呼吸等之理學檢查　③耳道物理檢查　④腎臟、肝臟等之物理檢查。

( ) 7. 吸音材料面積 6 平方公尺，吸音係數為 0.5，該吸音材料之音吸收為多少米沙賓(metric sabins)？　①30　②60　③65　④3。

( ) 8. 響度級的單位為下列何者？　①秒　②松(sone)　③唪(phon)　④分貝。

( ) 9. 下列何者非屬資源回收分類項目中「廢紙類」的回收物？　①用過的衛生紙　②報紙　③紙袋　④雜誌。

( ) 10. 固定頻帶寬分析器之頻帶心頻率為 110 赫，下限頻率為 100 赫，則上限頻率為何者？　①300　②200　③120　④80　赫。

( ) 11. 在量測機械噪音時，為取得較平均的音壓級，宜使用下列那一種時間特性(time constant)？　①快速動特性(Fast)　②慢速動特性(Slow)　③衝擊特性(Impulse)　④峰值特性(peak)。

( ) 12. 當一個人的聽力在下列頻率（赫）範圍良好時，就沒有語言交談的困難？
①3000~8000 ②8000~1600 ③20~200 ④500~2000。

( ) 13. 不當抬舉導致肌肉骨骼傷害或肌肉疲勞之現象，可稱之為下列何者？ ①不安全環境 ②感電事件 ③不當動作 ④被撞事件。

( ) 14. WBGT 數值變動者之熱暴露評估以何者為準？ ①數值最高者 ②時量平均 ③算術平均數 ④數值最低者。

( ) 15. 在公司內部行使商務禮儀的過程，主要以參與者在公司中的何種條件來訂定順序？ ①社會地位 ②年齡 ③性別 ④職位。

( ) 16. 一般人耳較不易被噪音損傷之部位為？ ①基底膜 ②柯氏器 ③內耳 ④中耳。

( ) 17. 一般人體皮膚與環境進行熱交換時，正常穿著者之熱對流交換率較半裸者
①少 ②高 ③一樣 ④無相關。

( ) 18. 下列何者與人耳聽力損失無關？ ①音壓級 ②頻率 ③性別 ④體重。

( ) 19. 氧化還原反應所導致的能量變化，為下列何者？ ①熱能 ②輻射能 ③化學能 ④電能。

( ) 20. 設最大蒸發熱交換率(Emax)為 600 仟卡／小時，而維持熱平衡熱交換需求值(Ereq)為 300 仟卡／小時，則熱危害指數(HSI)為 ①20 ②50 ③5 ④200。

( ) 21. 下列何者為從事特別危害健康作業勞工之特殊體格檢查之共同項目？ ①尿蛋白檢查 ②肺功能檢查 ③作業經歷之調查 ④心電圖檢查。

( ) 22. 傳送損失與頻率關係曲線，會有符合凹下(coincidence dip)效應為下列何者？ ①只發生於雙牆，不發生於單牆 ②發生於單牆，雙牆不會發生 ③單牆、雙牆都會發生 ④單牆、雙牆都不會發生。

( ) 23. 勞工暴露於八小時日時量平均音壓級 100 分貝時，其每日容許暴露時間為幾小時？ ①2 ②6 ③4 ④8。

( ) 24. 與熱適應前比較，經熱適應之勞工執行同一工作時，則下列敘述何者為誤？ ①體心溫度下降 ②出汗率上升 ③心跳率下降 ④汗水中鹽量上升。

( ) 25. 活塞型音響校準器對下列何種影響最明顯？ ①溫度 ②風 ③大氣壓力 ④濕度。

( ) 26. 下列何者不是造成臺灣水資源減少的主要因素？　①雨水酸化　②超抽地下水　③濫用水資源　④水庫淤積。

( ) 27. 在求修正有效溫度(CET)時，共會用到那些溫度？　①乾、黑球溫度　②濕、黑球溫度　③乾、濕球溫度　④乾、濕及黑球溫度。

( ) 28. 與公務機關有業務往來構成職務利害關係者，下列敘述何者「正確」？　①將餽贈之財物請公務員父母代轉，該公務員亦已違反規定　②機關公務員藉子女婚宴廣邀業務往來廠商之行為，並無不妥　③高級茶葉低價售予有利害關係之承辦公務員，有價購行為就不算違反法規　④與公務機關承辦人飲宴應酬為增進基本關係的必要方法。

( ) 29. 游離輻射係指輻射具有的能量在多少 keV 以上？　①100　②500　③10　④50。

( ) 30. 澆花的時間何時較為適當，水分不易蒸發又對植物最好？　①半夜十二點　②下午時段　③正中午　④清晨或傍晚。

( ) 31. 某公司員工因執行業務，擅自以重製之方法侵害他人之著作財產權，若被害人提起告訴，下列對於處罰對象的敘述，何者正確？　①僅處罰侵犯他人著作財產權之員工　②員工只要在從事侵犯他人著作財產權之行為前請示雇主並獲同意，便可以不受處罰　③該名員工及其雇主皆須受罰　④僅處罰雇用該名員工的公司。

( ) 32. 活線作業勞工應佩戴何種防護手套？　①絕緣手套　②耐熱手套　③防振手套　④棉紗手套。

( ) 33. 光源在某一立體弧度角上的發光強度為下列何者？　①亮度　②輝度　③照度　④光度。

( ) 34. 八音度頻帶之中心頻率為上限頻率及下限頻率之　①算術平均　②對數平均　③幾何平均　④和。

( ) 35. 台灣電力公司電價表所指的夏月用電月份（電價比其他月份高）是為　①4/1~7/31　②6/1~9/30　③5/1~8/31　④7/1~10/31。

( ) 36. 有效溫度要考慮的因素　①風速、濕度、輻射熱　②乾球溫度、風速、濕球溫度　③溫度、風速、輻射熱　④溫度、濕度、輻射熱。

( ) 37. 成人基礎代謝率約為　①1.0 仟卡／分　②1.8 仟卡／分　③0.5 仟卡／分　④0.3 仟卡／分。

( ) 38. 一戶外日曬作業場所乾球溫度為 29.0℃，自然濕球溫度為 26.0℃，綜合溫度熱指數為 29.1℃，黑球溫度應為　①39.0　②38.0　③40.0　④41.0 ℃。

( ) 39. 評估勞工作業環境噪音以下列何者指標最適宜？　①音壓級　②音功率級　③響度　④音強度級。

( ) 40. 「垃圾強制分類」的主要目的為：A.減少垃圾清運量、B.回收有用資源、C.回收廚餘予以再利用、D.變賣賺錢？　①ABCD　②BCD　③ABC　④ACD。

( ) 41. 測一戶內作業環境得自然濕球溫度為 25.0℃，黑球溫度為 35.0℃，乾球溫度何者為可能？　①24.0　②20.0　③36.0　④27.0 ℃。

( ) 42. 噪音計組接 1/3 八音度頻帶頻譜分析器實施頻譜分析時，噪音計之權衡電網應為下列何者？　①F　②B　③A　④C。

( ) 43. 熱適應之過程一般所需時間約為　①一天　②一個月　③一星期　④三個月。

( ) 44. 噪音計微音器採垂直入射(grazing incidence)回應設計時，微音器圓柱體中心軸與聲波入射角度為　①0°　②90°　③120°　④45°。

( ) 45. 在一 24 小時穩定運轉工廠外圍量測其音壓級（只考慮該工廠噪音源），問何時量測的音壓級最大？　①中午　②午夜　③清晨　④晚上。

( ) 46. 不斷電系統 UPS 與緊急發電機的裝置都是應付臨時性供電狀況；停電時，下列的陳述何者是對的？　①兩者同時啟動　②不斷電系統 UPS 先啟動，緊急發電機是後備的　③不斷電系統 UPS 可以撐比較久　④緊急發電機會先啟動，不斷電系統 UPS 是後備的。

( ) 47. 無響室背景音壓級為 19dB(A)，其八音度頻譜音壓級 dB(A)分別為：15(63Hz)，15(125Hz)，10(250Hz)，5(500Hz)，2(1kHz)，1(2kHz)，0(4kHz)。此時量測風扇音壓級為 21dB(A)，其八音度頻譜音壓級 dB(A)分別為：15(63Hz)，15(125Hz)，10(250Hz)，5(500Hz)，2(1kHz)，1(2kHz)，17(4kHz)；在扣除背景音量的風扇音壓級為多少 dB(A)？　①16　②15　③不可靠的量測　④17。

( ) 48. 同一厚度下列何者阻尼能力最大？　①金屬板　②硬質塑膠板　③橡膠板　④木板。

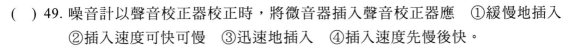

( ) 49. 噪音計以聲音校正器校正時,將微音器插入聲音校正器應　①緩慢地插入　②插入速度可快可慢　③迅速地插入　④插入速度先慢後快。

( ) 50. 窗戶開啟後,該缺口面積之吸音率為?　①1.0　②0.5　③0.25　④0。

( ) 51. 職業上危害因子所引起的勞工疾病,稱為何種疾病?　①遺傳性疾病　②職業疾病　③法定傳染病　④流行性疾病。

( ) 52. 為了節能及兼顧冰箱的保溫效果,下列何者是錯誤或不正確的做法?　①冰箱門的密封壓條如果鬆弛,無法緊密關門,應盡速更新修復　②冰箱內上下層間不要塞滿,以利冷藏對流　③食物存放位置紀錄清楚,一次拿齊食物,減少開門次數　④冰箱內食物擺滿塞滿,效益最高。

( ) 53. 噪音計外部校準使用之標準音源須大於環境背景噪音多少 dB?　①1　②2　③5　④10。

( ) 54. 訓練單位辦理作業環境監測人員之安全衛生教育訓練時,應於幾日前將規定事項報請地方主管機關備查?　①10　②15　③20　④30。

( ) 55. 高溫作業勞工特殊體格檢查項目與特殊健康檢查項目之關係為下列何者?　①完全不同　②特殊健康檢查增加神經及皮膚之物理檢查　③特殊健康檢查增加胸部 X 光攝影檢查　④完全相同。

( ) 56. 人體皮膚表面周圍空氣之流動所產生的熱傳遞為　①輻射　②對流　③揮發　④傳導。

( ) 57. 噪音計之 A 權衡在多少赫(Hz)之回應值最大?　①0.5k　②8k　③6k　④1k。

( ) 58. 評估作業勞工噪音暴露以何者為宜?　①日夜音壓級　②百分之五十時間率音壓級　③時量平均音壓級　④均能音壓級。

( ) 59. F 權衡音壓級均為 50 分貝之 50 赫、100 赫、1000 赫、4000 赫之純音,其響度以何頻率(Hz)為大?　①1000　②50　③100　④4000。

( ) 60. 何謂水足跡,下列何者是正確的?　①水循環的過程　②水利用的途徑　③消費者所購買的商品,在生產過程中消耗的用水量　④每人用水量紀錄。

二、複選題

( ) 61. 噪音頻譜分析儀對音源實施量測,其不同中心頻率之線性回應音壓級分別為 86、79、73dB,而 A 特性不同中心頻率權衡音壓級(dBA)分別 70、

70、70dB，可預估該音源特性為下列何者？　①該音源 A 特性權衡音壓級 >86dBA　②低頻音　③高頻音　④該音源 A 特性權衡音壓級為 74.77dBA。

(　) 62. 下列有關音場之敘述，何者正確？　①音強度(I)與音壓(P)平方成正比　②自由音場之點音源，距離音源愈遠，聲音強度愈小　③相同音功率之音源在某距音源 r 公尺處之聲音強度，自由音場比半自由音場小　④在自由音場中，距離音源之距離加倍，其音壓級減少 3 分貝。

(　) 63. 在計算輻射熱交換率(R)時，須用到的參數含下列何者？　①黑球溫度　②皮膚平均溫度　③乾球溫度　④風速。

(　) 64. 依據高溫作業勞工作息時間標準規定，輕工作係指下列何者？　①於走動中提舉一般重量物體者　②僅以立姿進行手臂動作以操作機器者　③僅以坐姿進行手臂動作以操作機器者　④於走動中推動一般重量物體者。

(　) 65. 依勞工作業環境監測實施辦法規定，監測機構之監測人員每年至少應參加 12 小時勞工作業環境監測相關之下列何種在職提升能力活動？　①宣導會　②講習會　③研討會　④訓練。

(　) 66. 對於提升遮音材料效能，下列敘述何者正確？　①增加表面積　②增加密度　③增加質量　④增加厚度。

(　) 67. 勞工工作日時量平均綜合溫度熱指數達高溫作業勞工作息時間標準規定值以上之作業，下列何者屬高溫作業？　①於鍋爐房從事之作業　②於蒸汽火車機房從事之作業　③從事燒窯作業　④於輪船機房從事之作業。

(　) 68. 勞工週期性變動性噪音監測評估之敘述，下列何者正確？　①可監測全程工作日之噪音劑量　②可監測一個週期之噪音劑量　③可監測該工作場所機械設備之噪音　④可監測一個工作日之時量平均音壓級。

(　) 69. 對於勞工具有特殊危害之作業，不包括下列何者？　①特定化學物質作業　②精密作業　③鉛作業　④異常氣壓作業。

(　) 70. 評估勞工於衝擊性噪音的暴露是否符合法令規定，應確認以下何者？　①暴露劑量　②峰值音壓級　③溫度　④風速。

(　) 71. 為確認連續性噪音是否為穩定性噪音，可監測下列那些事項確定？　①時間率音壓級 $L_x(L_{90}, L_{50}, L_{10})$　②工作日時量平均音壓級　③最大音壓級及最小音壓級　④時間率音壓級 L_{50}, L_{eq}（工作日均能音壓級）。

( ) 72. 人體皮膚與傳導對流熱受下列何者影響？　①環境風速　②大氣蒸氣壓　③環境溫度　④皮膚平均溫度。

( ) 73. 職業安全衛生法適用於各業、但因下列那些因素，得經中央主管機關指定公告適用該法之部分規定？　①事業規模　②僱用外勞人數　③風險　④性質。

( ) 74. 有關材料之傳送損失(TL)的測定設施，下列何者不正確？　①殘響室　②一般實驗室　③半無響室　④無響室。

( ) 75. 常溫常壓下，空氣中音速 C、音波波長 λ 與頻率 f 等之敘述，下列何者錯誤？　①C=f×λ　②C=f×T　③空氣溫度越高，聲音在空氣中傳送的速度越小　④T（週期）=1/f。

( ) 76. 對於吸音材料之吸音率(a)，下列敘述何者正確？　①a 介於 0~1　②a=0 表示全反射　③a=0 表示全吸收　④a 值與音源入射角有關。

( ) 77. 對於平均傳送損失(STL)為 32dB，下列何者敘述正確？　①遮音評估分類為良好　②遮音評估分類為可　③大聲交談可聽到但不易聽懂　④正常交談可以聽到。

( ) 78. 使用噪音劑量計測定暴露劑量時，應選擇下列那些？　①A 權衡電網　②慢速(SLOW)動特性　③C 權衡電網　④快速(FAST)動特性。

( ) 79. 控制對流熱交換率的方法，主要是下列何者？　①降低相對濕度　②降低輻射熱　③改變作業場所空氣流速　④空氣溫度(Ta)。

( ) 80. 對於主動式噪音控制方法之限制，下列何者敘述正確？　①較適用於密閉大空間　②較適用於無方向性噪音　③適用於小型空間　④適用於低頻音。

三、解答

1.(1)	2.(4)	3.(2)	4.(1)	5.(1)	6.(2)	7.(4)	8.(3)	9.(1)	10.(3)
11.(2)	12.(4)	13.(3)	14.(2)	15.(4)	16.(4)	17.(1)	18.(4)	19.(3)	20.(2)
21.(3)	22.(3)	23.(1)	24.(4)	25.(3)	26.(1)	27.(4)	28.(1)	29.(3)	30.(4)
31.(3)	32.(1)	33.(1)	34.(3)	35.(2)	36.(2)	37.(1)	38.(3)	39.(1)	40.(3)
41.(4)	42.(1)	43.(3)	44.(1)	45.(3)	46.(2)	47.(4)	48.(3)	49.(1)	50.(4)
51.(2)	52.(4)	53.(4)	54.(2)	55.(4)	56.(2)	57.(4)	58.(3)	59.(4)	60.(3)
61.(24)	62.(123)	63.(1234)	64.(23)	65.(234)	66.(234)	67.(1234)	68.(124)	69.(13)	70.(12)
71.(134)	72.(134)	73.(134)	74.(234)	75.(23)	76.(124)	77.(24)	78.(12)	79.(34)	80.(34)

四、難題解析

1. 0.7×28+0.3×35=30.1。

7. 6×0.5=3。

10. 中心頻率 $=\left(上限頻率 \times 下限頻率\right)^{0.5}=110$　　上限頻率 $=12100 \div 100=121$。

20. 300÷600×100=5。

36. 參考本書 P45。

41. 乾球溫度介於黑球溫度及濕球溫度之間。

44. 參考本書 P113。

47. $L=10\log\left(10^{0.21}-100^{0.19}\right)=17$。

50. 吸音率＝1。

61. F 權衡與 A 權衡差異越大　代表低頻音（參考本書圖 6.3）。

62. 音壓級減少 6 分貝（參考本書 P96）。

76. a＝1　表示全吸收。

77. 參考本書表 7.1。

112年3月物理性因子作業環境監測乙級技術士技能檢定學科測試試題

本試卷有選擇題 80 題，單選選擇題 60 題，每題 1 分；複選選擇題 20 題，每題 2 分，測試時間為 100 分鐘，請在答案卡上作答，答錯不倒扣；未作答者，不予計分。

一、單選題

(　) 1. 從事高溫作業勞工作息時間標準所稱高溫作業勞工之特殊體格檢查項目與特殊健康檢查項目，下列何者正確？　①特殊健康檢查增加胸部 X 光攝影檢查　②完全不同　③特殊健康檢查增加神經及皮膚之物理檢查　④完全相同。

(　) 2. 設置中央管理方式之空氣調節設備之建築物室內作業場所，應多久監測二氧化碳濃度一次以上？　①六個月　②二個月　③三個月　④一個月。

(　) 3. 點音源之聲音功率為 100 瓦特，在全無響室距離該點音源 2 公尺處之音壓級為多少 dB？　①123　②163　③153　④143。

(　) 4. 下列何者屬從事高溫作業勞工作息時間標準所稱高溫作業勞工之特殊體格檢查項目？　①肺功能檢查　②肛溫檢查　③尿沈渣鏡檢　④腎臟、肝臟等之物理檢查。

(　) 5. 人耳對聲音音壓級之痛覺閾值(threshold of pain)為多少分貝？　①140　②90　③120　④160。

(　) 6. 聲音在空氣中傳送，相對濕度愈大，則空氣造成聲音衰減值為下列何者？　①愈小　②不一定　③愈大　④不變。

(　) 7. 量測黑球溫度所用之溫度計量測範圍宜選用何者？　①-5~+50℃　②-5~+100℃　③-30~+50℃　④-15~+50℃。

(　) 8. 室內裝修業者承攬裝修工程，工程中所產生的廢棄物應該如何處理？　①委託合法清除機構清運　②倒在偏遠山坡地　③交給清潔隊垃圾車　④河岸邊掩埋。

(　) 9. 勞工工作日 10 小時，噪音暴露劑量 200%，相當於工作日八小時日時量平均音壓級多少分貝？　①95　②90　③88.4　④93.4。

(　) 10. 下列何者為勞工健康保護規則所稱特別危害健康作業？　①營造作業　②缺氧作業　③高溫作業　④高壓氣體作業。

(　) 11. 一噪音作業勞工全工作日時間為十小時，經劑量計監測之累積劑量為 75％，其工作日八小時日時量平均音壓級約為多少分貝？　①90　②92　③88　④85。

( ) 12. 噪音源音壓級高過背景多少分貝以上，可不考慮背景噪音之影響？　①3　②4至6　③10　④6至9。

( ) 13. 有效溫度未考慮下列何者之影響因素？　①乾球溫度　②阿斯曼通風乾濕球溫度　③輻射　④風速。

( ) 14. 使用無方向性型微音器時，對於散亂入射回應測定時應維持多少度？　①70~80　②30　③90　④0。

( ) 15. 下列何者是造成臺灣雨水酸鹼(pH)值下降的主要原因？　①森林減少　②國外火山噴發　③工業排放廢氣　④降雨量減少。

( ) 16. 一大氣壓等於下列何者？　①10　②10_5　③10_6　④10_3　Pa。

( ) 17. 下列何者不是溫濕度監測設備？　①自然濕球溫度計　②卡達溫度計　③阿斯曼乾濕度計　④黑球溫度計。

( ) 18. 可聽到閾值(threshold of audibility)為下列何者？　①遮蔽程度(degree of masking)　②聽力閾值(threshold of hearing)　③痛覺閾值(threshold of pain)　④感覺閾值(threshold of feeling)。

( ) 19. 下列何者為人耳不能聽到的頻率？　①30kHz　②1800Hz　③80Hz　④12kHz。

( ) 20. 關於綠色採購的敘述，下列何者錯誤？　①採購回收材料製造之物品　②選購產品對環境傷害較少、污染程度較低者　③以精美包裝為主要首選　④採購的產品對環境及人類健康有最小的傷害性。

( ) 21. 下列何者符合專業人員的職業道德？　①利用雇主的機具設備私自接單生產　②未經顧客同意，任意散佈或利用顧客資料　③未經雇主同意，於上班時間從事私人事務　④盡力維護雇主及客戶的權益。

( ) 22. 穩定性噪音 95 分貝工作場所，勞工工作日噪音暴露為四小時，另四小時為 72 分貝時，則該勞工工作日八小時噪音日時量平均音壓級為多少貝？　①93　②85　③95　④90。

( ) 23. 皮膚平均溫度通常在體表至少取？　①20　②5　③10　④15　點以上之溫度加以平均。

( ) 24. 對於高頻噪音監測，下列規格之微音器多少英吋者，方向性較小？　①1/2　②1.5　③1　④3/4。

( ) 25. 綜合溫度熱指數使用在高溫作業勞工作息時間標準時，係採某一時段測得之？　①最高值　②算術平均　③時量平均　④最低值。

( ) 26. 任職大發公司的郝聰明，專門從事技術研發，有關研發技術的專利申請權及專利權歸屬，下列敘述何者錯誤？ ①職務上所完成的發明，雖然專利申請權及專利權屬於大發公司，但是郝聰明享有姓名表示權 ②大發公司與郝聰明之雇傭契約約定，郝聰明非職務上的發明，全部屬於公司，約定有效 ③職務上所完成的發明，除契約另有約定外，專利申請權及專利權屬於大發公司 ④郝聰明完成非職務上的發明，應即以書面通知大發公司。

( ) 27. 雇主不得使勞工在任何時間暴露於峰值超過多少分貝之衝擊性噪音？ ①90 ②115 ③140 ④100。

( ) 28. 下列那一個不是影響人體與環境間熱交換之主要因素？ ①空氣分子成份 ②空氣流動速率 ③空氣中水蒸氣壓 ④空氣溫度。

( ) 29. 噪音傳送途徑不受下列那個因素之影響？ ①地形地表 ②氣象條件 ③四周壁材 ④環境的電場。

( ) 30. 雇主要求確實管制人員不得進入吊舉物下方，可避免下列何種災害發生？ ①缺氧 ②墜落 ③感電 ④物體飛落。

( ) 31. 受濕度影響最大的溫度計是？ ①自然濕球 ②乾球 ③卡達 ④黑球。

( ) 32. 監測發生源之噪音，如選擇 C 權衡電網時，監測值以什麼單位表示？ ①dBA ②dBC ③dBD ④dBF。

( ) 33. 使用風扇可影響下列何者？ ①傳導 ②輻射 ③對流與輻射效應 ④對流。

( ) 34. 下列何者是酸雨對環境的影響？ ①湖泊水質酸化 ②增加森林生長速度 ③土壤肥沃 ④增加水生動物種類。

( ) 35. 攝氏 30 度等於華氏多少度？ ①86.0 ②76.0 ③90.0 ④79.8。

( ) 36. 根據消除對婦女一切形式歧視公約(CEDAW)，下列何者正確？ ①未要求政府需消除個人或企業對女性的歧視 ②只關心女性在政治方面的人權和基本自由 ③傳統習俗應予保護及傳承，即使含有歧視女性的部分，也不可以改變 ④對婦女的歧視指基於性別而作的任何區別、排斥或限制。

( ) 37. 周界對音波完全吸收的音場為下列何者？ ①等音場 ②回音場 ③自由音場 ④近音場。

( ) 38. 職業安全衛生設施規則規定作業場所使用人工照明時，一般辦公場所需有多少米燭光以上？ ①200 ②300 ③100 ④50。

( ) 39. 下列何者是造成聖嬰現象發生的主要原因？ ①溫室效應 ②臭氧層破洞 ③颱風 ④霧霾。

( ) 40. 對於職業災害之受領補償規定，下列敘述何者正確？ ①受領補償權，自得受領之日起，因 2 年間不行使而消滅 ②須視雇主確有過失責任，勞工方具有受領補償權 ③勞工得將受領補償權讓與、抵銷、扣押或擔保 ④勞工若離職將喪失受領補償。

( ) 41. 當左右二耳都正確地戴用耳塞，說話時感覺自己說話的聲音為下列何者？ ①相符 ②較大 ③大小不一定 ④較小。

( ) 42. 音波為正弦波，其振幅最大值為 3，則均方根(rms)振幅為多少？ ①3 ②1.414 ③0.707 ④2.121。

( ) 43. 容許誤差為最小者的噪音計為下列何者？ ①第二型 ②第三型 ③第四型 ④第一型。

( ) 44. 下列何者非屬勞工作業環境監測實施辦法之監測項目？ ①二氧化碳濃度 ②綜合溫度熱指數 ③照度 ④噪音音壓級。

( ) 45. 在量測黑球溫度時，其所用黑球是由什麼材質所製成的？ ①鋅 ②鋁 ③銅 ④鐵。

( ) 46. 下列何者為重工作？ ①走動巡查 ②開堆高機 ③以鏟、掘等全身運動之工作 ④書寫。

( ) 47. 下列何種現象不是直接造成台灣缺水的原因？ ①降雨季節分佈不平均，有時候連續好幾個月不下雨，有時又會下起豪大雨 ②因為民生與工商業用水需求量都愈來愈大，所以缺水季節很容易無水可用 ③台灣地區夏天過熱，致蒸發量過大 ④地形山高坡陡，所以雨一下很快就會流入大海。

( ) 48. 事業單位之勞工代表如何產生？ ①由勞工輪流擔任之 ②由產業工會推派之 ③由勞資雙方協議推派之 ④由企業工會推派之。

( ) 49. 下列何者不是造成全球暖化的元凶？ ①汽機車排放的廢氣 ②火力發電廠所排放的廢氣 ③工廠所排放的廢氣 ④種植樹木。

( ) 50. 防止噪音危害之治本對策為 ①使用耳塞、耳罩 ②實施特殊健康檢查 ③消除發生源 ④實施職業安全衛生教育訓練。

( ) 51. 高溫作業勞工之需要蒸發熱(E_{req})通常可由那一個式子來表示？ ①R±M±C ②C±M±R ③M±R±C ④M＋R＋C。

( ) 52. 隨著年歲漸增，由於老化作用，聽力漸差，這種現象符合下列何敘述？
①低頻音較顯著　②與頻率無關　③高頻音較顯著　④中低頻音較顯著。

( ) 53. 洗碗、洗菜用何種方式可以達到清洗又省水的效果？　①把碗盤、菜等浸
在水盆裡，再開水龍頭拼命沖水　②對著水龍頭直接沖洗，且要盡量將水
龍頭開大才能確保洗的乾淨　③用熱水及冷水大量交叉沖洗達到最佳清洗
效果　④將適量的水放在盆槽內洗濯，以減少用水。

( ) 54. 勞工健康保護規則規定體格檢查結果應至少保存多少年？　①五　②三
③三十　④七。

( ) 55. 有一點音源之音功率為 20 瓦特(W)，在全無響室自由音場中，距離 10 公
尺的接受者音強度約為多少 W/m2？　①0.05　②1.6　③0.016　④0.8。

( ) 56. 1/3 八音度頻帶，f_2、f_0、f_1 分別為上限、中心、下限頻率，則下列關係
式何者錯誤？　① $f_0 = 1.12 f_1$　② $(f_2 - f_1)/f_0 = 0.231$　③ $f_0 = 1.26 f_2$
④ $f_0 = \sqrt{f_2 \times f_1}$　。

( ) 57. 中心頻率為 500 赫之八音度頻帶，上限頻率為 707 赫，則下限頻率(赫)為
下列何者？　①293　②407　③354　④307。

( ) 58. 根據職業安全衛生法，噪音劑量計之監測係使用何種參數？　①Leq　②
Lmax.　③Ln　④TWA（時量平均音壓級）。

( ) 59. 作業環境勞工熱暴露日時量平均 WBGT 值超過法定連續性作業暴露限值
時，下列那一種作業不屬法定之高溫作業？　①熔煉作業　②燒窯作業
③電焊作業　④鍋爐房作業。

( ) 60. 非公務機關利用個人資料進行行銷時，下列敘述何者「錯誤」？　①當事
人表示拒絕接受行銷時，應停止利用其個人資料　②若已取得當事人書面
同意，當事人即不得拒絕利用其個人資料行銷　③倘非公務機關違反「應
即停止利用其個人資料行銷」之義務，未於限期內改正者，按次處新臺幣
2 萬元以上 20 萬元以下罰鍰　④於首次行銷時，應提供當事人表示拒絕行
銷之方式。

二、複選題

( ) 61. 下列有關噪音監測之描述何者正確？　①應考量音源之聲音特性　②應考
量相關法規之規定　③應考量背景噪音之干擾　④應考量聲音之傳送途
徑。

( ) 62. 下列何者為職業安全衛生法所稱具有危害性化學品？ ①菸草 ②符合 CNS 15030 分類，具有健康危害者 ③符合 CNS 15030 分類，具有物理性危害者 ④生理食鹽水。

( ) 63. 雇主對在職勞工定期實施一般健康檢查之規定為何？ ①未滿 40 歲者每五年檢查一次 ②年滿 65 歲者每年檢查一次 ③40 歲以上未滿 65 歲者每三年檢查一次 ④全體在職勞工每三年檢查一次。

( ) 64. 依據高溫作業勞工作息時間標準，勞工之作業性質可分為下列何者？ ①高度工作 ②輕工作 ③重工作 ④中度工作。

( ) 65. 作業環境監測機構之監測人員組成，應為下列何者？ ①三人以上甲級監測人員 ②八人以上乙級監測人員 ③一人以上執業工礦衛生技師 ④五人以上乙級監測人員。

( ) 66. 依據勞工健康保護規則，勞工有下列何種條件時不得使其從事高溫作業？ ①高血壓 ②腎臟疾病 ③無汗症 ④心臟病。

( ) 67. 下列何者為噪音劑量計必要的基本組成？ ①前置放大器 ②A 權衡電網 ③微音器 ④B 權衡電網。

( ) 68. 下列何者為噪音測定時應記載的氣象條件？ ①風速 ②相對濕度 ③風向 ④溫度。

( ) 69. 下列何者為噪音作業場所進行噪音監測時，應考慮之因素？ ①量測儀器位置 ②測定條件（如天氣、風速等） ③量測時間 ④測定點照度強弱。

( ) 70. 測定乾球溫度所用溫度計之規格為？ ①準確度(accuracy)：±0.5℃ ②測量範圍：-5℃~ 50℃ ③測量範圍：-5℃~ 100℃ ④測量範圍：0℃~ 50℃。

( ) 71. 監測機構除必要之採樣及測定儀器設備之外，應具備下列何種資格條件？ ①三人以上甲級監測人員或一人以上執業工礦衛生技師 ②監測專用車輛 ③專屬之認證實驗室 ④二年內未經撤銷或廢止認可。

( ) 72. 有關時間率音壓級 $L_x(L_{90}, L_{50}, L_{10})$ 之敘述，下列何者正確？ ①$L_{90}<L_{50}$ ②$L_{50}>L_{10}$ ③$L_{50}<L_{10}$ ④$L_5<L_{90}$。

( ) 73. 以劑量計進行變動性噪音暴露監測評估時，有關劑量計功能之選擇或設定，下列何者正確？ ①功能鍵設定 F 回應特性 ②選擇符合 IEC 651 Type2 以上之劑量計 ③功能鍵設定取 A 權衡 ④功能鍵設定 S 回應特性。

( ) 74. 身體中暑常見症狀為下列何者？ ①體溫冷而濕 ②體溫會超過 41℃ ③ 死亡率高 ④精神不清。

( ) 75. 於一穩定性音源下，分別以 F、I、S 回應特性進行量測時，其達穩定狀態 之時間常數關係何者正確？ ①S 回應特性>I 回應特性 ②F 回應特性>S 回應特性 ③F 回應特性>I 回應特性 ④I 回應特性>F 回應特性。

( ) 76. 對於自然濕球溫度計測定時，易受下列環境因素影響？ ①溫度 ②風速 ③輻射 ④濕度。

( ) 77. 衝擊性噪音之評估，應測定下列何者？ ①工作日均能音壓級(Leq) ②工 作日時間率平均音壓級 ③工作日時量平均音壓級 ④Lpeak。

( ) 78. 噪音測定應以控制對策所需的基本資料為著眼點，須考慮事項包括下列何 者？ ①噪音源的音響特性 ②傳送途徑的掌握 ③特定目標噪音與背景 噪音值比較 ④相關法令規定。

( ) 79. 使用黑球溫度計測定，下列敘述何者正確？ ①黑球直徑為 15 公分 ② 要面向熱源 ③要避光 ④黑球材質應使用銅製並塗不反光黑色。

( ) 80. 依法令規定對於勞工八小時日時量平均音壓級超過 85 分貝之工作場所， 雇主應採取下列那些聽力保護措施？ ①定期監測及暴露評估 ②聽力保 護教育訓練 ③設置監視人員 ④健康檢查及管理。

三、解答

1.(4)	2.(1)	3.(1)	4.(1)	5.(1)	6.(1)	7.(2)	8.(1)	9.(1)	10.(3)
11.(3)	12.(3)	13.(3)	14.(1)	15.(3)	16.(2)	17.(2)	18.(2)	19.(1)	20.(3)
21.(4)	22.(4)	23.(3)	24.(1)	25.(3)	26.(2)	27.(3)	28.(1)	29.(4)	30.(4)
31.(1)	32.(2)	33.(4)	34.(1)	35.(1)	36.(4)	37.(3)	38.(2)	39.(1)	40.(1)
41.(2)	42.(4)	43.(4)	44.(3)	45.(3)	46.(3)	47.(3)	48.(4)	49.(4)	50.(3)
51.(3)	52.(3)	53.(4)	54.(4)	55.(3)	56.(3)	57.(3)	58.(4)	59.(3)	60.(2)
61.(1234)	62.(23)	63.(123)	64.(234)	65.(13)	66.(1234)	67.(123)	68.(1234)	69.(123)	70.(12)
71.(134)	72.(13)	73.(234)	74.(234)	75.(24)	76.(1234)	77.(134)	78.(1234)	79.(124)	80.(124)

四、難題解析

3. $Lp = Lw-20\log2-11$，$Lw = 10\log100/10^{-12} = 140$ 分貝

   $Lp = 140-20\log2-11 = 123$

6. 參考本書 P95。

9. TWA＝16.61log2+90＝95。

11. TWA＝16.61log0.75+90＝88。

13. 參考本書 P44 2.5.2。

19. 能聽到頻率為 20~20000Hz。

22. D＝4÷4＝1，TWA＝16.61 log1+90＝90。

35. 30×9÷5+32＝86。

42. 參考本書 P117 第二行，均方根值為峰值的 0.707，3×0.707＝2.121。

43. 參考本書 P117 6.1.2 第一型 誤差±1.0，第二型 誤差±1.5，第三型 誤差±2.0。

51. 參考本書 P36，(2.1)式 △H＝0，E＝M±C±R。

55. 參考本書 P87 第二行 W＝I × 4×3.14×r²，I＝20÷(4×3.14×10×10)＝0.016。

56. 上限頻率>中心頻率>下限頻率 f2＝2^{1/3} f1，f0＝√ f2f1＝1.12f1。

57. 上限頻率為下限頻率 2 倍，下限頻率＝707÷2＝353.5。

72. L90＜L50＜L10。

112 年 11 月物理性因子作業環境監測甲級技術士技能檢定學科測試試題

本試卷有選擇題 80 題，單選選擇題 60 題，每題 1 分；複選選擇題 20 題，每題 2 分，測試時間為 100 分鐘，請在答案卡上作答，答錯不倒扣；未作答者，不予計分。

一、單選題

( ) 1. 估算身體產生熱量多寡時，下列何者不使用？ ①工作方法 ②工作姿勢 ③WBGT ④基礎代謝。

( ) 2. 在均勻等方向性之介質中，介質周界對音波之作用，可予忽略之音場為下列何種音場？ ①遠音場 ②自由音場 ③半自由音場 ④近音場。

( ) 3. 特殊健康檢查結果列入第幾級管理以上之勞工，應由職業醫學科專科醫師重新評估？ ①一 ②三 ③二 ④四。

( ) 4. 下列何種行為無法減少「溫室氣體」排放？ ①使用再生紙張 ②多吃肉少蔬菜 ③騎自行車取代開車 ④多搭乘公共運輸系統。

( ) 5. 依能源局「指定能源用戶應遵行之節約能源規定」，下列何場所未在其管制之範圍？ ①住家 ②餐廳 ③旅館 ④美容美髮店。

( ) 6. 在計算對流熱時交換率(C)，人體皮膚平均溫度假設為 ①36 ②34 ③37 ④35 ℃。

( ) 7. 下列何者非屬活塞式音響校正器特性？ ①易受大氣壓力變化影響 ②可產生多種頻率音源 ③利用往復壓縮空氣產生音源 ④僅能產生單一頻率音源。

( ) 8. 勞工工作日噪音暴露總劑量為 200%，則其工作日八小時日時量平均音壓級為多少分貝？ ①93 ②90 ③85 ④95。

( ) 9. 某一事業單位有甲、乙、丙、丁四個噪音作業場所，各場所勞工噪音暴露情形相同，人數則分別為 50、40、30、20 人，如噪音控制所需費用相同時，應以改善那一個場所為最優先？ ①乙 ②甲 ③丁 ④丙。

( ) 10. 人耳的痛覺閾值(threshold of pain)為 140 分貝，相當於音壓為多少 Pa？ ①20 ②10 ③100 ④200。

( ) 11. 人體與環境進行熱交換時，下列何者不受風速影響？ ①熱輻射 ②熱傳導對流 ③基礎代謝熱 ④汗水蒸發熱。

( ) 12. 下列那一項作業不是特別危害健康作業？ ①異常氣壓 ②游離輻射 ③噪音 ④振動。

( ) 13. 何謂水足跡，下列何者是正確的？ ①水循環的過程 ②水利用的途徑 ③每人用水量紀錄 ④消費者所購買的商品，在生產過程中消耗的用水量。

( ) 14. 下列何者非屬應對在職勞工施行之健康檢查？ ①體格檢查 ②特殊健康檢查 ③一般健康檢查 ④特定對象及特定項目之檢查。

( ) 15. 沙賓(Sabins)定義為多少面積之聲音吸收值？ ①1 平方呎英 ②1 平方公分 ③1 平方英吋 ④1 平方米。

( ) 16. 距線音源 7 公尺處測得音壓級為 85dB，則距離該線音源 70 公尺處之音壓級為多少分貝？ ①65 ②60 ③75 ④70。

( ) 17. 下列何項不是照明節能改善需優先考量之因素？ ①照明之品質是否適當 ②照度是否適當 ③照明方式是否適當 ④燈具之外型是否美觀。

( ) 18. 依法令規定噪音作業場所應每幾個月監測一次以上？ ①6 ②3 ③9 ④12。

( ) 19. 長時間電腦終端機作業較不易產生下列何狀況？ ①腕道症候群 ②眼睛乾澀 ③體溫、心跳和血壓之變化幅度比較大 ④頸肩部僵硬不適。

( ) 20. 一般人生活產生之廢棄物，何者屬有害廢棄物？ ①廚餘 ②廢日光燈管 ③廢玻璃 ④鐵鋁罐。

( ) 21. 沒有熱應力(strain)影響時，熱危害指標(HSI)為 ①50 ②100 ③60 ④0。

( ) 22. 某離職同事請求在職員工將離職前所製作之某份文件傳送給他，請問下列回應方式何者正確？ ①視彼此交情決定是否傳送文件 ②由於該項文件係由該離職員工製作，因此可以傳送文件 ③若其目的僅為保留檔案備份，便可以傳送文件 ④可能構成對於營業秘密之侵害，應予拒絕並請他直接向公司提出請求。

( ) 23. 下列何者並非熱危害評估指標？ ①ET ②WGT ③Clo ④WBGT。

( ) 24. 測某戶外日曬高溫作業場所得自然濕球溫度為 24.0℃，乾球溫度為 28.0℃，黑球溫度為 32.0℃，則綜合溫度熱指數為 ①25.6 ②26.4 ③26.0 ④28.0 ℃。

( ) 25. 人體皮膚與環境最大汗水蒸發熱交換率隨「大氣水蒸氣壓」與「35℃下濕潤皮膚飽和蒸氣壓」之差值成 ①反比 ②平方正比 ③正比 ④平方反比。

( ) 26. 在評估熱危害時所謂的平均人(average man)，係假設其體重為 70kg，體表面積為 ①2.6 ②1.8 ③2.4 ④2.8 平方公尺。

( ) 27. 下列何者屬從事高溫作業勞工作息時間標準所稱高溫作業勞工之特殊健康檢查項目？ ①腎臟、肝臟等之物理檢查 ②心臟血管、呼吸等之理學檢查 ③胸部 X 光攝影檢查 ④耳道物理檢查。

( ) 28. 從事噪音暴露八小時日時量平均音壓級超過 85 分貝作業勞工之特殊健康檢查之頻率為列何者？ ①依一般健康檢查結果再進一步實施 ②僅於受僱或變更從事特別危害健康作業 ③每二年一次 ④每一年一次。

( ) 29. 有三部機器置於同一處，當機器運轉時，其音壓分別為 87dB，89dB，87dB，一齊運轉時其音壓級量為多少分貝？ ①97.5 ②92.5 ③90.5 ④95。

( ) 30. 從事電信線路、水電煤氣管道之敷設、拆除及修理之事業屬於下列何者？ ①修理服務業 ②營造業 ③製造業 ④水電燃氣業。

( ) 31. 下列有關平行式濾波器描述，何種不正確？ ①所有頻帶同時分析 ②適用於變動性音源 ③量測時較長 ④適用於穩定性音源。

( ) 32. 當左右二耳都正確地戴用耳塞，說話時感覺自己說話的聲音 ①較大 ②較小 ③不變 ④大小不一定。

( ) 33. 公務機關首長要求人事單位聘僱自己的弟弟擔任工友，違反何種法令？ ①未違反法令 ②貪污治罪條例 ③刑法 ④公職人員利益衝突迴避法。

( ) 34. 在單一自由度系統的振動絕緣器(vibration isolator)，若需要有振動絕緣功能，其頻率比 r（＝外力激振頻率/結構共振頻率）應落在何種範圍內為最佳？ ①$0.5 \leq r \leq 1$ ②$r < 0.5$ ③$r > 1.5$ ④$1 < r \leq 1.5$。

( ) 35. 63~8000Hz 範圍內之 1/1 八音度頻帶共有幾個？ ①7 ②5 ③3 ④8。

( ) 36. 勞工於穩定性噪音 90 分貝之作業場所，一天工作八小時，如該勞工戴用噪音劑量計其劑量為 ①100 ②150 ③200 ④80 ％。

( ) 37. 同一厚度下列何者阻尼能力最大？ ①硬質塑膠板 ②金屬板 ③木板 ④橡膠板。

( ) 38. 一般人體皮膚與環境進行熱交換時，正常穿著者之熱輻射交換率較半裸者 ①高 ②無相關 ③一樣 ④低。

( ) 39. 某吸音材料在各八音度頻帶的吸音率分別為：0.2(125Hz)，0.4(250Hz)，0.6(500Hz)，0.7(1kHz)，0.7(2kHz)，0.8(4kHz)：請問此一吸音材料的 NRC 值為多少？ ①0.6 ②0.7 ③0.55 ④0.5。

( ) 40. 對於八音度頻帶而言，若已知下限頻率為 355Hz，則其上限頻率為多少 Hz？ ①2840 ②710 ③1420 ④1000。

( ) 41. 航空器之排氣產生之噪音特性為下列何者？ ①純音 ②寬頻帶 ③窄頻帶 ④純音或窄頻帶。

( ) 42. 自然濕球溫度計潤濕用之紗布要如何包紮？ ①將紗布包到 20℃ 刻度的高度 ②將整支溫度計包住 ③自球部上方約 2.5 公分位置以下之部位以紗布包住 ④將紗布包住球部即可。

( ) 43. 噪音計慢(slow)回應之時間常數為 ①1 ②0.0035 ③0.035 ④0.125 秒。

( ) 44. 連續性噪音監測結果 dBA 與 dBC 幾乎相同，則此噪音的主要特徵頻率為何者？ ①超低頻音 ②超音波 ③低頻音 ④高頻音。

( ) 45. 正常人之最小可聽閾值的平均值為多少 dB？ ①5 ②20 ③0 ④10。

( ) 46. 下列有關著作權之概念，何者正確？ ①以傳達事實之新聞報導，依然受著作權之保障 ②公務機關所函頒之公文，受我國著作權法的保護 ③著作權要待向智慧財產權申請通過後才可主張 ④國外學者之著作，可受我國著作權法的保護。

( ) 47. 人體熱誘發疾病演變過程中，對於血液中鹽份不足，會產生下列何種症狀？ ①熱暈厥 ②熱中暑 ③熱痙攣 ④體溫升高。

( ) 48. 照明控制可以達到節能與省電費的好處，下列何種方法最適合一般住宅社區兼顧節能、經濟性與實際照明需求？ ①晚上關閉所有公共區域的照明 ②走廊與地下停車場選用紅外線感應控制電燈 ③加裝 DALI 全自動控制系統 ④全面調低照明需求。

( ) 49. 依法令規定多少歲以上的勞工每年至少要做一次定期健康檢查？ ①40 ②35 ③30 ④65。

( ) 50. 下列何者非屬電氣之絕緣材料？ ①絕緣油 ②漂白水 ③氟氯烷 ④空氣。

( ) 51. A 權衡電網在何聲音頻率下回應曲線為最大？ ①250 ②1000 ③20000 ④2500 赫。

( ) 52. 八音度頻帶之定義係上限頻率等於多少？ ①二倍下限頻率 ②下限頻率 ③二分之一倍下限頻率 ④四倍下限頻率。

( ) 53. 響度的單位為下列何者？ ①秒 ②唪(phon) ③松(sone) ④分貝。

( ) 54. 防音防護具的聲衰減(sound attenuation)指標有多種選擇，但以下列何者指標最能有效的評估防音防護具在特定噪音環境下的保護效果？ ① HML(high, medium, low method) ② SNR(single number rating) ③ NRR(noise reduction rating) ④八音度頻帶法(octave band method)。

( ) 55. 有關承攬管理責任，下列敘述何者正確？ ①勞工投保單位即為職業災害之賠償單位 ②承攬廠商應自負職業災害之賠償責任 ③原事業單位交付廠商承攬，如不幸發生承攬廠商所僱勞工墜落致死職業災害，原事業單位應與承攬廠商負連帶補償及賠償責任 ④原事業單位交付承攬，不需負連帶補償責任。

( ) 56. 根據性騷擾防治法，有關性騷擾之責任與罰則，下列何者錯誤？ ①意圖性騷擾，乘人不及抗拒而為親吻、擁抱或觸摸其臀部、胸部或其他身體隱私處之行為者，處 2 年以下有期徒刑、拘役或科或併科 10 萬元以下罰金 ②對他人為性騷擾者，如果沒有造成他人財產上之損失，就無需負擔金錢賠償之責任 ③對於因教育、訓練、醫療、公務、業務、求職，受自己監督、照護之人，利用權勢或機會為性騷擾者，得加重科處罰鍰至二分之一 ④對他人為性騷擾者，由直轄市、縣（市）主管機關處 1 萬元以上 10 萬元以下罰鍰。

( ) 57. 在計算輻射熱時，人體表面溫度係假設為多少℃？ ①35 ②34 ③37 ④36。

( ) 58. 雇主於僱用勞工時，應施行體格檢查，其費用應由誰負擔？ ①勞工 ②工會 ③法令上未明確規定 ④雇主。

( ) 59. 電源插座堆積灰塵可能引起電氣意外火災，維護保養時的正確做法是？ ①可以用金屬接點清潔劑噴在插座中去除銹蝕 ②直接用吹風機吹開灰塵就可以了 ③應先關閉電源總開關箱內控制該插座的分路開關 ④可以先用刷子刷去積塵。

( ) 60. 臺灣嘉南沿海一帶發生的烏腳病可能為哪一種重金屬引起？ ①鉛 ②鎘 ③砷 ④汞。

二、複選題

( ) 61. 聲音在空氣中傳送的速度會受下列哪些變數之影響？ ①頻率 ②空氣密度 ③空氣溫度(K) ④波長。

( ) 62. 用噪音劑量計量測某勞工暴露劑量之結果，勞工暴露之總劑量為 105%，則該勞工之噪音暴露為下列何者？ ①違反噪音暴露標準之規定 ②該勞工之暴露音壓級超過 90dBA ③符合噪音暴露標準之規定 ④該勞工之暴露音壓級低於 90dBA。

( ) 63. 對於多孔板材料吸音特性，下列何者敘述正確？ ①對高頻率聲音吸音效果佳 ②材料厚度有助於提昇中低頻率聲音吸音率 ③對高頻率聲音吸音效果差 ④材料厚度會降低中低頻率聲音吸音率。

( ) 64. 下列何者可擔任甲級物理性因子監測人員？ ①領有中央主管機關發給之作業環境測定服務人員證明並經講習者 ②領有工礦衛生技師證書者 ③職業安全衛生管理員 ④領有物理性因子作業環境監測甲級技術士證照。

( ) 65. 噪音對人類健康之影響，下列敘述何者正確？ ①會造成聽覺器官之危害 ②會造成心理危害 ③會造成聽力損失 ④會造成生理危害。

( ) 66. 對防音牆設置，下列敘述何者正確？ ①牆密度大於 $20kg/cm^2$ ②牆面愈粗糙愈佳 ③牆面愈光滑愈佳 ④對立姿受音者牆高大於 4 米。

( ) 67. 對於中暑危害，下列敘述何者正確？ ①身體須立即降溫 ②死亡率低 ③體溫會超過 41℃ ④身體失去調節能力。

( ) 68. 雇主對在職勞工定期實施一般健康檢查之規定為何？ ①全體在職勞工每三年檢查一次 ②年滿 65 歲者每年檢查一次 ③40 歲以上未滿 65 歲者每三年檢查一次 ④未滿 40 歲者每五年檢查一次。

( ) 69. 在進行熱危害工程控制前，須先瞭解下列何者？ ①最大蒸發熱交換率 ②輻射熱交換率 ③對流熱交換率 ④勞工代謝熱的產生量。

( ) 70. 下列何者為熱誘發之疾病？ ①中暑 ②熱衰竭 ③熱痙攣 ④熱暈厥。

( ) 71. 人體皮膚與傳導對流熱受下列何者影響？ ①皮膚平均溫度 ②環境風速 ③大氣蒸氣壓 ④環境溫度。

( ) 72. 有關噪音測定，下列何者正確？ ①對噪音有吸音、反射等影響時，微音器距牆壁等反射物至少 1m 以上 ②濕度不至影響噪音計之測定結果 ③測定由機械運轉產生的噪音時，不易受到電磁波影響 ④風速超過 5m/s 測定時，微音器應使用防風罩。

( ) 73. 有關開孔吸音板的敘述，下列何者正確？ ①為各種板類穿孔並與剛壁間置空氣層 ②開孔率約為 0.03~0.2 ③開孔率約為 0.3~0.7 ④板後貼付多孔吸音材效果增加。

( ) 74. 雇主實施物理性因子作業環境監測時，可由下列何者實施？ ①執業之工礦衛生技師 ②僱用物理性因子作業環境監測乙級技術士 ③認可之作業環境監測機構 ④職業安全衛生管理員。

( ) 75. 對於聽力保護計畫實施，應包含下列何者？ ①健康檢查 ②噪音危害控制 ③防護具佩戴 ④噪音監測。

( ) 76. 依據勞工健康保護規則，勞工有下列何種條件時不得使其從事高溫作業？ ①高血壓 ②心臟病 ③無汗症 ④消化性潰瘍。

( ) 77. 工作場所高達 130 分貝設備運轉中，經量測勞工其噪音暴露工作日八小時日時量平均音壓級未達 85 分貝，雇主依法應採取下列那些措施？ ①應採取工程控制降低噪音 ②應定期實施噪音作業環境監測 ③公告噪音危害之預防事項 ④應定期實施噪音特殊健康檢查。

( ) 78. 下列有關聲音之描述何者正確？ ①人類對聲音的感受受音壓級、頻率、頻帶寬度等因素的影響 ②人耳覺得高頻率噪音常較相同響度的低頻率噪音來得小聲 ③人耳聽覺頻率範圍在 20Hz~20KHz ④響度級常以嗦(phon)為單位。

( ) 79. 下列何者可以改善噪音之發生之音量？ ①以通風降低音量 ②以吸音材料消音 ③以阻尼降低音量 ④以遮音材料隔離音量。

( ) 80. 下列有關噪音計量測之精準度的描述何者為誤？ ①Type 0 型噪音計主要頻率容許偏差為 ±0.3 dB ②Type 2 型噪音計主要頻率容許偏差為 ±1.0 dB ③Type 1 型噪音計主要頻率容許偏差為 ±1.0 dB ④Type 3 型噪音計主要頻率容許偏差為 ±1.5 dB。

三、解答

1.(3)	2.(2)	3.(2)	4.(2)	5.(1)	6.(4)	7.(2)	8.(4)	9.(2)	10.(4)
11.(3)	12.(4)	13.(4)	14.(1)	15.(1)	16.(3)	17.(4)	18.(1)	19.(3)	20.(2)
21.(4)	22.(4)	23.(3)	24.(3)	25.(3)	26.(2)	27.(2)	28.(4)	29.(2)	30.(2)
31.(3)	32.(1)	33.(4)	34.(3)	35.(4)	36.(1)	37.(4)	38.(4)	39.(1)	40.(2)
41.(2)	42.(3)	43.(1)	44.(4)	45.(3)	46.(4)	47.(3)	48.(2)	49.(4)	50.(2)
51.(4)	52.(1)	53.(3)	54.(4)	55.(3)	56.(2)	57.(1)	58.(3)	59.(3)	60.(3)

61.(1234)62.(12)　63.(12)　64.(124)　65.(1234)66.(124)67.(134)68.(234)　69.(1234)70.(1234)

71.(124)　72.(14)　73.(124)74.(123)　75.(1234)76.(123)77.(13)　78.(1234)79.(234)　80.(124)

四、難題解析

8.　$L = 16.61\log 200\% + 90 = 95$ 。

10.　$140 = 20\log P \div \left(20 \times 10^{-6}\right)$ ， $P = 200$ 。

16.　$85 - L = 10\log 70 \div 7$ 　　$L = 75$ 。

24.　$0.7 \times 24 + 0.2 \times 32 + 0.1 \times 28 = 26$ 。

25. 最大蒸發熱交換率與(Psk- Pa) 成正比，參考本書 P38。

26. 參考本書 P37。

29. 參考本書 P93，公式(5.10) 。

34. 頻率比 r 越大越好，參考本書 P173。

35. 參考本書 P99。

37. 參考本書 P171，表 7.3。

39.　$\left(0.4 + 0.6 + 0.7 + 0.7\right) \div 4 = 0.6$（250~2000Hz 吸音率的算術平均），參考本書 P160。

43. 參考本書 P117。

44. 參考本書 P114，圖 6.3。

51. 參考本書 P114，圖 6.3。

52. 參考本書 P100。

54. 參考本書 P174。

80. 參考本書 P117。

REFERENCES 參考文獻

1. 噪音管制手冊,行政院衛生署,民國七十六年。

2. Wilson, C.E, 1989, Noise Control, Krieger Publishing Company, Malabar, Florida。

3. 勞工作業環境測定訓練教材,勞工行政雜誌社,民國八十年。

4. 陳俊六,噪音理論與測定,行政院勞委會勞工檢查員作業環境測定訓練教材,民國八十年。

5. 蘇德勝,噪音原理及控制,台隆書局,民國八十二年。

6. 工業振動與噪音之基本防治方法,經濟部工業局汙染防治技術服務團,民國八十二年。

7. 何先聰、林宜長、劉玉文等,甲級物理性因子勞工作業環境測定訓練教材,行政院勞委會,民國八十四年。

8. 張錦松、韓先榮,噪音振動控制,高立圖書有限公司,民國八十五年。

9. 八十五年度勞工作業環境測定研討會參考資料,台灣省勞工處,民國八十五年。

10. 洪銀忠,作業環境控制工程,揚智文化公司,民國九十年。

11. 工業安全科技,經濟部工業局,39,民國九十年六月。

12. 林子賢、賴全裕、呂牧蓁,作業環境控制(第六版),新文京開發出版股份有限公司,民國 110 年。

MEMO

MEMO

MEMO

MEMO

國家圖書館出版品預行編目資料

物理性作業環境監測：含甲、乙級技能檢定學科試題/陳淨修編著. -- 第九版. -- 新北市：新文京開發出版股份有限公司, 2024.05
面；　公分

ISBN　978-626-392-017-0（平裝）

1. CST：工業安全　2. CST：職業衛生

555.56　　　　　　　　　　　　113005761

物理性作業環境監測：
含甲、乙級技能檢定學科試題（第九版）　　　（書號：B146e9）

編 著 者	陳淨修
出 版 者	新文京開發出版股份有限公司
地　　址	新北市中和區中山路二段 362 號 9 樓
電　　話	(02) 2244-8188（代表號）
Ｆ　Ａ　Ｘ	(02) 2244-8189
郵　　撥	1958730-2
第 五 版	2016 年 07 月 10 日
第 六 版	2017 年 11 月 15 日
第 七 版	2019 年 07 月 05 日
第 八 版	2022 年 04 月 10 日
第 九 版	2024 年 05 月 20 日

新文京開發出版股份有限公司

新世紀‧新視野‧新文京 — 精選教科書‧考試用書‧專業參考書